AF554534

RETRONEWS
Le site de presse de la BnF
SE CONNECTER
S'ABONNER
Au quotidien
Par époque
RECHERCHE AVANCÉE +
Rechercher parmi 3 siècles de presse en ligne
NAPOLÉON
LAMARTINE
BASTILLE
VICTOR HUGO
BORDEAUX

BULLETIN DES SCIENCES,

1815.

PAR

LA SOCIÉTÉ PHILOMATIQUE

DE PARIS.

Sur la conversion de l'amidon en matière sucrée ; par M. TH. de SAUSSURE.

Extrait de la Bibliothèque britannique.

EN répétant le procédé au moyen duquel M. Kirchoff est parvenu à changer l'amidon en matière sucrée par l'acide sulfurique très-étendu d'eau, M. Th. de Saussure s'est convaincu, ainsi que MM. Delarive et Vogel l'avaient déjà observé, que cette conversion avait lieu sans le contact de l'air, sans le dégagement d'aucun gaz, et enfin sans que l'acide sulfurique fût décomposé ou fixé; mais il a vu en outre que l'on obtenait plus de matière sucrée que l'on avait employé d'amidon. Il a conclu de ces observations réunies, que l'amidon se changeait en sucre en fixant de l'eau, et que l'influence de l'acide sulfurique se bornait à rendre la solution d'amidon plus fluide qu'elle ne l'est ordinairement et à faciliter par là la combinaison de ce principe avec l'eau. L'analyse a effectivement prouvé que la matière sucrée contenait une plus grande quantité d'eau réduite à ses élémens, que l'amidon d'où elle provenait.

100 parties d'amidon desséché à la température de 100° ont donné :

Carbone........	45,39
Oxygène.......	48,31
Hydrogène......	5,90
Azote..........	0,40
	100,00

100 parties de sucre d'amidon traitées comme le précédent ont donné,

Carbone........	37,29
Oxygène.......	55,87
Hydrogène......	6,84
	100,00

Il suit de ces analyses, que 100 parties d'amidon contiennent 50,48 parties d'eau réduite à ses élémens, et 3,76 parties d'oxygène en excès, et que 100 parties de sucre contiennent 58,44 parties d'eau réduite à ses élémens, et 4,26 d'oxygène en excès.

M. de Saussure a trouvé, abstraction faite des cendres, que 100 d'amidon séché à 100°, donnaient 110,14 parties de sucre également desséché. Ce résultat indique que l'eau fixée par l'amidon est à peu près la moitié de la quantité qu'on déduit de l'analyse; mais la première détermination n'est pas susceptible d'une aussi grande précision que la seconde.

Le sucre de raisin paraît être identique avec le sucre d'amidon, car tous les deux sont fusibles à 100; ils ont une saveur douce, fade et fraîche; ils passent à la fermentation alcoolique; ils cristallisent de même en groupes globuleux; ils ont à peu près la même solubilité dans l'eau et dans l'alcool faible; enfin ils sont formés des mêmes élémens unis sensiblement dans la même proportion. M. Th. de Saussure a retiré de 100 parties de sucre de raisin :

Carbone........	36,71
Oxygène.......	56,51
Hydrogène......	6,78
	100,00

Le sucre de canne diffère de celui de raisin, car celui-ci contient entre 42 et 43 de carbone et de l'eau réduite à ses élémens.

M. Th. de Saussure a fait ces analyses en brûlant cinq ou six centigrammes de matière végétale, très-divisée et mêlée avec cinquante fois son poids de sable siliceux, dans un tube de verre contenant 200 centimètres cubes de gaz oxygène.

M. Th. de Saussure a fait les analyses suivantes par le même procédé :

Gomme arabique (1).

Carbone	45,84	On trouve dans ces produits 7,05 d'oxygène en excès, sur 46,67 parties d'eau réduite à ses élémens.
Oxygène.......	48,26	
Hydrogène.....	5,46	
Azote	0,44	

Manne.

Carbone.... ...	38,53	Ces produits contiennent 0,77 d'hydrogène en excès, sur 60,7 parties d'eau réduite à ses élémens.
Oxygène	53,60	
Hydrogène	7,87	

Fil de coton.

Carbone	47,82	L'oxygène et l'hydrogène se trouvent dans les proportions requises pour former l'eau.
Oxygène........	45,80	
Hydrogène	6,06	
Azote	0,32	

C.

(1) La gomme adragante a donné des résultats presque semblables.

Sur l'existence des Hydriodates et des Hydrochlorates; par M. Gay-Lussac.

Institut. Août 1814.

Lorsqu'on met l'iode dans une solution de potasse, il se produit un iodate; mais est-ce l'oxygène d'une portion de potasse, ou l'oxygène d'une portion d'eau qui forme l'acide iodique? Il faut admettre, dans le premier cas, qu'il se produit de l'iodure de potassium, et dans le second, de l'hydriodate de potasse. L'iode dégageant l'oxygène de la potasse et de la soude, à une température rouge, on peut croire que le même résultat a lieu au milieu de l'eau, et que l'affinité de l'acide iodique pour la portion d'alcali qui ne perd pas son oxygène, contribue à l'effectuer; mais l'iode ne décompose la barite, la strontiane, la chaux et la magnésie à aucune température, en conséquence, il peut arriver que l'affinité de l'iode pour le métal et l'affinité de l'acide iodique pour l'alcali ne soient pas suffisantes pour désoxyder le métal; alors il doit se former un hydriodate : c'est ce que M. Gay-Lussac cherche à établir, en ne dissimulant pas les objections qu'on peut faire à cette opinion. Il prend les chlorures pour objet de discussion, parce qu'ils sont mieux connus que les iodures, et qu'ils sont absolument dans le même cas.

Première objection. Il est difficile d'admettre qu'en dissolvant un chlorure dans l'eau, il se forme un hydrochlorate, et qu'en évaporant la dissolution il se reproduise un chlorure.

Réponse. Si les hydrochlorates de potasse, de soude et de barite sont changés en chlorures par l'acte de la cristallisation, il n'en est pas de même des hydrochlorates de chaux et de magnésie : il faut, pour que ce résultat ait lieu, exposer ces derniers à une température élevée, et à cette température, il se dégage de l'acide hydrochlorique, de l'hydrochlorate de magnésie, conséquemment l'acide hydrochlorique ne réduit pas la magnésie dans cette circonstance.

Si l'on admet 1.° que le chlorure de calcium dissous dans l'eau mêlé avec du sous-carbonate d'ammoniaque, décompose l'eau pour former de l'hydrochlorate d'ammoniaque et du carbonate de chaux; 2.° que l'hydrochlorate d'ammoniaque chauffé avec de la chaux, reproduit du chlorure de calcium, du carbonate d'ammoniaque et de l'eau, il est évident que l'on admet que l'eau peut se composer et se décomposer par une variation de température peu considérable et par des forces peu énergiques (telles que celles qui opèrent la double décomposition des sels); or pourquoi la dissolution d'un chlorure dans l'eau et sa cristallisation ne détermineraient-elles pas la formation et la décomposition de ce liquide.

Deuxième objection. Mais si l'eau est décomposée par les chlorures, il devrait se produire une élévation de température plus ou moins considérable, quand on dissout un chlorure dans l'eau.

Réponse. Si l'eau se décompose et se recompose facilement dans les doubles décompositions salines, il faut que l'état de condensation de ses élémens soit peu différent de celui où ils sont dans l'hydrochlorate; conséquemment les variations de température qui sont une suite de la décomposition et de la recomposition de l'eau, doivent être peu sensibles.

S'il est vrai que le barium et le calcium soient à l'état de chlorure, lorsqu'ils sont dans l'eau; et il est évident qu'en les mêlant avec du sulfate d'ammoniaque, la décomposition d'eau qui aura lieu devra produire beaucoup de chaleur, or, le chlorure de calcium et le sulfate d'ammoniaque, mêlé à volume égal, produisent une élévation de température de 0,3 degré, et le mélange de chlorure de barium et de sulfate d'ammoniaque, une élévation de 2 degrés. Si l'on regarde le dernier résultat favorable à l'existence du chlorure de barium, le premier ne l'est guère pour l'existence du chlorure de calcium.

Enfin l'analogie qu'il y a entre les sulfures, les iodures et les chlorures, appuie encore l'existence des hydriodates et des hydrochlorates, car il est de la dernière évidence que le sulfure de potassium dissous dans l'eau, se change en hydrosulfure de potasse, et il en est de même des sulfures à bases de métaux très-combustibles.

M. Gay-Lussac conclut de cette discussion, que la plupart des chlorures et des iodures décomposent l'eau en s'y dissolvant; ceux qui peuvent s'y dissoudre, sans altération, sont les chlorures et les iodures dont les métaux sont peu combustibles.

C.

Rapport sur l'élévation de l'eau de la Seine à Marly; par MM. Carnot, Poisson *et* Prony.

Mécanique.

Institut.
2 décembre 1814.

Il résulte de ce rapport, que M. Brunet est le premier qui ait établi un appareil permanent, propre à élever l'eau en un seul jet, du niveau de la Seine jusqu'à l'aqueduc qui la conduit ensuite de Marly à Versailles, c'est-à-dire, à une hauteur d'environ 160 mètres (500 pieds). En théorie, l'élévation de l'eau à toutes hauteurs est possible au moyen d'une pompe foulante, et en employant une force suffisante; mais dans la pratique, il faut trouver des tuyaux capables de résister, sans se briser, aux pressions et aux chocs qu'ils éprouvent. Quand la colonne fluide est en repos, la pression qu'elle exerce en chaque point est proportionnelle à sa hauteur au-dessus de ce point, de sorte que dans le cas d'une élévation de 160 mètres, elle est énorme à la partie inférieure du canal de conduite; cependant, ce n'est pas en cela que consiste la plus grande difficulté, et l'on trouve aisément des tuyaux assez forts et surtout assez bien fabriqués pour supporter une semblable charge; ce qui fait cette difficulté, c'est principalement l'intermittence du jet, qui produit une suite de chocs dus au retour de la colonne fluide sur elle-même, et à ses changemens brusques de vîtesse, lesquels chocs, en se répétant continuellement, finissent par rompre les tuyaux les plus forts qu'on puisse employer. Le problême qu'on avait à résoudre à Marly, consistait donc à éviter toute intermittence et à produire un jet aussi continu qu'il était possible; et c'est à quoi M. Brunet est parvenu, en faisant usage d'un réservoir d'air, ainsi qu'on l'avait déjà pratiqué en de semblables occasions; mais dans la circonstance présente, ce moyen a des inconvéniens graves que l'expérience n'a pas tardé à manifester, et qui ont forcé de l'abandonner pour en employer un autre.

MM. Cécile et Martin, qui sont maintenant chargés de l'élévation de l'eau à Marly, ont entièrement supprimé le réservoir d'air; ils font simplement usage d'un systême de pompes, arrangées de manière que les pistons de la moitié d'entr'elles s'abaissent, tandis que ceux de l'autre moitié s'élèvent: la vîtesse de l'eau dans le canal particulier à chaque pompe, est variable et intermittente; mais ces canaux se réunissent très-près de leur origine, en un seul tuyau de conduite qui se continue sans interruption jusqu'à l'aqueduc, et dans lequel la vîtesse de l'eau est à-peu-près constante; d'où il résulte que dans ce long tuyau, la colonne fluide n'a plus de retours sur elle-même, et n'exerce plus que de très-légers chocs sur les parois qui la contiennent. Nous ne pouvons pas indiquer dans cet extrait le mécanisme ingénieux que ces auteurs employent pour transmettre le mouvement à leur systême de pompes, non plus que tous les autres détails de l'exécution de la machine, qui méritent l'attention des praticiens; nous ferons seulement connaître le produit effectif de la machine provisoire, et le produit présumé de celle qu'on se propose d'établir définitivement.

Dans l'état actuel, l'eau est poussée dans le grand tuyau de conduite, par quatre pompes qui jouent comme nous venons de le dire. Le mouvement leur est transmis au moyen d'une des roues de la vieille machine; elles fournissent ainsi au bassin de l'aqueduc, cinq pouces de fontainiers par chaque tour de roue. Le jour de la visite des commissaires de l'Institut, la roue faisait un tour en 14 secondes, ou, à peu près, quatre tours par minute; et, par conséquent, la machine devait produire et produisait en effet un peu plus de 20 pouces de fontainiers. Dans le projet définitif, l'eau doit être poussée par douze pompes au lieu de quatre; et MM. Cécile et Martin évaluent leur produit à plus de 75 pouces, ce qui surpasse d'un quart, la quantité d'eau demandée par le gouvernement pour le service de Versailles. Il faut observer aussi que cette machine, composée d'un systême de pompes alternatives, a d'ailleurs l'avantage d'être indépendante du moteur que l'on préférera d'employer. Elle peut également être mise en mouvement par la chute d'eau de la Seine, au moyen d'une ou plusieurs roues, ou par une pompe à feu, qu'on paraît vouloir appliquer à cet usage. P.

Mémoire sur les Ascidies et sur leur anatomie ; par M. G. Cuvier.

Zoologie.

Institut, Décembre 1814.

Rondelet nomma, d'après Aristote, *Thetyum*, les mollusques qui sont l'objet de ce Mémoire; mais il en distingua à tort ses *mentulœ marinœ*, qui doivent leur être rapportées. Gesner et Aldrovande les confondirent avec les thethyes de Belon qui ne sont que des alcyons. Linné, (*Syst. Nat.*, 4.e édit.), les nommant *thethys*, remarqua le premier l'analogie qui existe entre eux et les animaux des coquillages bivalves; puis joignant l'être fabuleux nommé *microscomus* par Bartholin, à l'ascidie à laquelle Redi applique la même dénomination, il en fit un genre particulier qui disparut néanmoins dans sa 10.e édition : dans celle-ci, les ascidies sont appelées *priapus*, et les *thetis* se rapportent à nos *aplysies*, avec lesquelles cependant se trouvent confondues les *thetis* d'aujourd'hui.

C'est à Baster que le nom d'*ascidie* est dû. Cet auteur est avec Bohatsch et Plancus, l'un de ceux qui décrivirent les animaux de ce genre avec le plus de soin. Après eux viennent Oth. Fr. Muller, Oth. Fabricius, Diquemarre et Pallas, dont Bruguière et Gmelin ont rassemblé les observations, mais presque sans critique. Linné dans sa 12e. édition, adopta le genre *ascidie* de Baster, et depuis, cette distinction s'est maintenue.

On sait que ces animaux de forme peu régulière et tout à fait mous, sont fixés par leur base sur les corps étrangers et rassemblés en groupes plus ou moins considérables, et que chacun d'eux offre supérieurement deux ouvertures dont une est plus développée que l'autre. On avait cru pendant long-temps, que la première de ces ouvertures était l'issue antérieure d'un intestin qui admettait l'eau et que la seconde était l'issue postérieure de cet intestin qui rejetait cette eau. On n'avait d'ailleurs que des notions fausses ou vagues sur leurs autres organes, qu'on croyait très-simples; M. Cuvier (*Bull. Phil.* n.° 1.), en les regardant avec Linné comme les analogues nus, des testacés bivalves, compara leur enveloppe extérieure qui est toujours plus ou moins coriace, à la coquille de ceux-ci : et il reconnut le premier que le corps, beaucoup plus petit, renfermé dans cette enveloppe, y était comme attaché par ses deux ouvertures, dont l'une conduisait l'eau entre les branchies, jusqu'à la bouche, et l'autre était l'anus. Il remarqua aussi que l'estomac et le canal intestinal étaient enveloppés dans la masse du foie. Il a ajouté depuis quelques nouveaux détails à ces premières recherches, dans ses *Leçons d'anatomie comparée*. Enfin, dans le Mémoire dont nous donnons l'extrait, il traite à fond l'histoire naturelle des ascidies, et il ajoute de nombreuses observations à celles qu'il avait publiées jusqu'alors sur ces animaux.

Il commence par décrire la forme générale commune à toutes les ascidies, ensuite il examine leur enveloppe extérieure qu'il regarde comme une sorte de sac dont les parois presque cartilagineuses et transparentes sont garnies d'une multitude de troncs veineux et artériels. Ce sac est doublé à l'intérieur par une autre membrane mince et séreuse ou un peu coriace, selon les espèces, mais toujours garnie de vaisseaux. Le corps proprement dit de l'animal est compris dans ce sac; mais il ne le remplit pas, il y a entre eux un espace assez considérable, qui sans doute contient un fluide propre à l'animal : toutefois parait-il très-probable que l'eau de la mer ne peut s'y introduire. Ce n'est que par les bords des deux ouvertures dont nous avons parlé, que le corps est joint au sac extérieur qui le contient.

Le corps est enveloppé dans une tunique propre, laquelle a une lame extérieure séreuse, un tissu musculaire, des vaisseaux, des nerfs très-ramifiés, et c'est à elle qu'adhère le plus fort ganglion nerveux qu'on observe dans ces animaux. Cette tunique a deux productions dont l'une se rend à la première ouverture du sac et ne renferme que le col de la cavité branchiale, et l'autre ne comprend que l'anus et sans doute les organes de la génération.

La cavité branchiale est souvent spacieuse et s'enfonce plus ou moins dans l'intérieur de la tunique propre du corps; elle communique au-dehors par un col ou tube d'introduction plus étroit qu'elle même, garni de tentacules très-déliés, destiné à avertir l'animal de la présence des objets nuisibles qui pourraient se présenter avec l'eau qui se rend aux branchies et à la bouche, en portant à cette dernière les petits animaux qu'elle contient.

Le tissu de cette cavité consiste en une infinité de petits vaisseaux qui se croisent à angle droit, et interceptent des mailles quadrangulaires subdivisées elles-mêmes par des vaisseaux plus petits. Tous ces vaisseaux aboutissent définitivement à 2 troncs principaux situés de chaque côté de la cavité, et que M. Cuvier regarde, l'un comme l'artère, l'autre comme la veine des branchies. Cette conformation paraît indiquer que les ascidies n'ont qu'un seul ventricule gauche ou aortique au cœur, ainsi que cela s'observe dans les gastéropodes et les acéphales. Le cœur de ces mollusques est difficile à voir à cause de sa minceur et de sa transparence ; sa position varie selon celle de la bouche et la dimension de la cavité branchiale, sa forme est généralement oblongue et amincie des deux bouts : son péricarde n'est pas traversé par le rectum comme celui des acéphales.

La bouche située au fond de la cavité branchiale, diffère de position suivant la forme de cette cavité ; son ouverture est ronde, ou en fente ou sillonnée selon les espèces ; elle n'a jamais de lèvres. L'œsophage court et plissé en long, communique à un estomac simple, médiocrement développé, souvent adhérent au foie qui dans ce cas y verse la bile par divers orifices, ou bien par un seul canal lorsqu'il est isolé. L'intestin est simple, ne fait qu'un ou deux replis, n'a pas de cœcum, a ses parois formées d'un tissu glanduleux qui y répand vraisemblablement quelque liqueur particulière ; il se termine par un *anus* ouvert dans la seconde production du corps dont nous avons parlé plus haut.

Lorsqu'on ouvre ce canal, on ne trouve dans l'estomac qu'un *magma* très-atténué, et dans les intestins que des excrémens terreux, moulés en petits filets courts.

M. Cuvier regarde comme servant à la génération, un organe glanduleux blanchâtre, placé entre les replis de l'intestin, avec le foie, mais dont le canal excréteur suit le rectum et débouche tout près de son extrémité. Il a vu quelquefois de petits grains qu'il est disposé a prendre pour des œufs, entre le sac branchial et la tunique propre du corps.

Le système nerveux n'est pas toujours facile à observer ; néanmoins, dans quelques espèces, on voit un ganglion situé dans l'épaisseur de la tunique, lequel donne des branches faciles à suivre, dont deux se rendent à l'œsophage et l'entourent d'un anneau, ce qui porte (par analogie) à les regarder comme le cerveau.

M. Cuvier passe ensuite aux observations particulières que lui ont fournies les diverses espèces qu'il a examinées. La forme et la dimension du sac branchial, lui indiquent les moyens de subdiviser de la manière suivante les mollusques qui appartiennent à ce genre.

1.° Sac branchial plissé longitudinalement descendant jusqu'au fond de la tunique propre, sans s'y recourber.

Une ascidie qui appartient à cette division est le *microscomus* de Redi, auquel il faut sans doute rapporter le *mentula marina informis* de Plancus, et l'*ascidia sulcata* de Coquebert (Bull. Soc. Phil., n° 1.). A l'extérieur elle est rugueuse, coriace, de forme variable, et d'une couleur grise jaunâtre ; ses orifices en mamelons, légèrement striés en rayons ; son corps, proprement dit, muni d'une lame musculaire très-épaisse, et ses productions garnies de fibres longitudinales et de fibres annulaires bien distinctes ; son sac branchial ayant douze à quinze plis saillans et longitudinaux en dedans, avec cinq petits replis en forme de valvules à son entrée, au dessous desquels sont d'abord une membrane circulaire festonnée, garnie de filamens, et encore en dessous, une rangée de tentacules convergens, courts et fourchus à leur extrémité; sa bouche grande et plissée; son estomac, entouré par le foie, qui y verse la bile au moyen de plusieurs vaisseaux, ayant son pylore garni de cinq petites papilles. Son intestin ne formant qu'un repli, et l'anus qui le termine étant embrassé par deux valvules semilunaires placées à la base du second orifice; le cœur et les nerfs étant difficiles à observer. Cette espèce est l'une des plus grandes du genre (elle a jusqu'à six pouces de longueur).

2.° Sac branchial non plissé, descendant jusqu'au fond de la tunique propre sans s'y recourber.

M. Cuvier place dans cette division une ascidie qu'il croit pouvoir rapporter à l'*alcyonum phusca* de Forskaël (figuré pl. 27, fig. D. E), lequel diffère beaucoup de l'animal décrit sous ce nom par le même auteur, quoiqu'il soit du même genre. Son sac extérieur est mince, demi-transparent, élastique, légèrement cartilagineux, lisse en dehors, produisant des ramifications qui le fixent sur les corps étrangers, ayant ses orifices en mamelons striés. La tunique propre de son corps est mince et transparente; sa cavité branchiale n'est point plissée, et présente à son col une rangée de tentacules longs et très-fins; son estomac est membraneux, peu plissé; son intestin forme un seul repli, et ensuite se roule en spirale avant de donner le rectum.

3.° Sac branchial descendant jusqu'au fond de la tunique propre, se recourbant ensuite, et remontant jusqu'au milieu du corps.

Dans cette division doivent être placées les deux ascidies suivantes :

D'abord l'espèce, qui paraît être le *pudendum marinum alterum* de Rondelet, ou la véritable *ascidia mentula* de Linné, et non celle de Muller et de Gmelin. Celle-ci a son sac extérieur mamelonné ou comme bosselé, cartilagineux, jaunâtre, avec une arrête intérieure servant à maintenir la cavité branchiale. La tunique propre de son corps est mince, mais musculeuse, avec le système nerveux assez développé. Son estomac est sillonné en long.

Ensuite l'*ascidia mentula* de Muller, ou reclus marin de Dicquemarre, et qu'il ne faut pas confondre avec l'*ascidia rustica* de Bruguière. Sa forme est ovale aplatie, et son sac extérieur peu bosselé. Elle diffère à peine de la précédente..

4.° Sac branchial, ne pénétrant pas jusqu'au fond de la tunique propre.

M. Cuvier place dans cette division l'espèce décrite par Redi, op. III t. 21, 6; Planchus, Conc. min. not. 5, fig. 5; Muller, Zool. dan. 55; e,

Gmelin (sous le nom d'*ascidia canina*). Il croit devoir y réunir le *sac animal* de Dicquemarre, ou *asc. virescens* de Bruguière, le *tethyum* de Bohatsch, le *thetyum sociabile* de Gunner, Mém. de Drontheim, 111, 111, 3; l'*ascid. intestinalis* de Gmelin, et peut-être les *ascid. patula* et *corrugata* de Muller. Dans cette espèce, le sac extérieur est mou, mince et transparent, légèrement rugueux, scabre en dehors, et doublé d'une membrane plus opaque et plus consistante; la tunique propre du corps est transparente, avec des faisceaux de fibres musculaires longitudinales; l'estomac est lisse à l'intérieur.

M. Cuvier range aussi dans cette division l'*ascidia clavata* de Bolten (Pallas, spicil.), qui est voisine de la précédente; sa cavité branchiale est très-petite; son estomac peu ou point dilaté, et ses intestins allongés.

Tel est le précis du Mémoire de M. Cuvier sur les ascidies. Il résulte des nombreuses observations qu'il renferme, que ces animaux doivent trouver leur place, dans un systême naturel, à côté des bivalves ou mollusques acéphalés, et sur-tout auprès de ceux qui sont pourvus de siphons. Ils leur ressemblent principalement par le manque d'organes de la locomotion, par la forme de leur corps renfermé dans un sac à deux tuyaux, ainsi que par la position de leur bouche au fond de ce sac et au-delà des branchies. Leur différence principale consiste dans celle que présente l'organisation de ces dernières parties. Les *salpa* se rapprochent jusqu'à un certain point des ascidies, mais elles sont libres, et se meuvent au moyen des contractions de leur sac branchial. C'est à leur genre qu'on doit joindre les *dagysa* de Banks, dont une sur-tout est très-voisine de la *salpa tileri* de M. Cuvier.

A. D.

Mémoire relatif à la réalité et aux signes des racines des équations; par M. Dubourguet.

MATHÉMATIQUES.

Institut. août 1814.

Ce Mémoire renferme de grands tableaux dans lesquels l'auteur a exposé l'analyse complète de tout ce qui peut arriver dans les équations du cinquième et du sixième degré, relativement au nombre des racines réelles, à leurs signes, à l'égalité de deux ou d'un plus grand nombre de racines, et même à l'expression de quelques unes d'entre elles lorsque certaines relations ont lieu entre les coëfficiens de ces équations. Ces tableaux sont au nombre de 8 pour les équations du cinquième degré, et de 16 pour celles du sixième. La méthode qu'il a suivie pour les former, est fondée sur la discussion des courbes. Il construit, par exemple, l'équation générale du sixième degré, au moyen d'une section conique rapportée à ses axes principaux, et d'une courbe parabolique du troisième ordre. La question consiste alors à reconnaître la possibilité de l'intersection de ces deux courbes; le nombre de points dans lesquels elles peuvent se couper ou se toucher, et la situation de ces points à droite ou à gauche de l'origine des abscisses. Pour y parvenir, l'auteur emploie différentes considérations, fondées sur la forme de ces courbes, et s'appuie particulièrement sur un principe qui ne serait pas exact si on l'énonçait sans restrictions, mais qui est toujours vrai, dans les cas où il en fait usage. Ce principe consiste en ce que, si deux courbes se coupent en deux points, l'ordre de grandeur des sous-tangentes, se renverse en passant d'une intersection à l'autre, c'est-à-dire, que celle des deux lignes qui a la plus petite sous-tangente à la première intersection, a au contraire la plus grande à la seconde. Il n'est vrai qu'autant que la tangente de chaque courbe ne devient pas parallèle à l'une des abscisses, entre les deux intersections, ainsi que l'auteur le suppose toujours dans les applications qu'il en fait. Il en conclut qu'entre ces deux points, les sous-tangentes des deux courbes deviennent égales pour une même abscisse, ce qui lui fournit une équation de condition qui n'est que du quatrième degré, et dont, par conséquent, on connaît le nombre et les signes des racines réelles.

Maintenant que M. Cauchy a donné une méthode directe et applicable aux équations littérales de tous les degrés, (1) pour déterminer le nombre et les signes de leurs racines réelles, les recherches de M. Dubourguet ont moins d'intérêt qu'à l'époque, déjà très-éloignée, où il les a entreprises; mais les résultats auxquels il est parvenu, peuvent néanmoins être utiles, et l'on doit lui savoir gré du travail immense qu'ils supposent. P.

Tentamen experimentale quædam de Sanguine complectens etc.; par J. Davy.

Médecine.

Ouvrage nouveau.

Voici les principaux résultats de cette thèse, soutenue à Edimbourg, par M. John Davy, frère du célèbre chimiste de ce nom; 1.° le sang artériel et le sang veineux ont à peu près la même capacité pour le calorique, la légère différence qui sous ce rapport existe quelquefois

---

(1) Voyez page 95 de ce Bulletin, année 1814.

entre ces deux espèces de sang; paraît dépendre de la proportion d'eau plus grande que contient le sang veineux.

2.° La température du ventricule gauche et du sang tiré de la carotide est plus élevé d'un ou deux degrés que celle du ventricule droit et du sang tiré de la veine jugulaire.

3.° La température des diverses parties du corps est d'autant plus basse qu'elles sont plus éloignées du cœur.

4.° Aucune chaleur apparente n'est produite dans la coagulation du sang.

5.° Le sang artériel se concrète plutôt que le sang veineux.

6.° Le sang qui sort en dernier lieu d'une veine ouverte depuis quelque temps se concrète plutôt que celui qui en est sorti auparavant, et sa pesanteur spécifique est moindre.

7.° La densité du sang veineux est un peu plus grande que celle du sang artériel; il en est de même pour la densité respective du serum de ces deux espèces de sang.

8.° Le sang de la femme est un peu plus léger que celui de l'homme.

9°. Peut-être la densité du sang augmente-t-elle dans les maladies inflammatoires.

10°. La densité des particules rouges du sang est à peu près à la densité de l'eau comme 1130 : 1000.

Ces résultats sont déduits d'un grand nombre d'expériences faites sur l'homme et les animaux; l'auteur annonce qu'il continue ce genre de recherche. F. M.

Mémoire sur les plantes auxquelles on attribue un placenta central libre, et revue des familles auxquelles ces plantes appartiennent; par M. Auguste de Saint-Hilaire.

Botanique.

Institut, 1814.

Parmi les dicotylédones à fleurs complètes, il en est un assez grand nombre auquel on attribue un placenta central *libre* dans un fruit uniloculaire. L'auteur établit en thèse générale, qu'aucun placenta n'a toujours été *libre*, et que ce caractère n'est que le résultat d'un commencement de destruction.

§ Ier.

De la famille des Primulacées. (1)

De toutes les familles de monopétales, celle des *Primulacées* est la seule dont le fruit uniloculaire renferme un placenta central. Du fond de leur ovaire, s'élève un support au sommet duquel naît le placenta, qui, le plus souvent, est globuleux et dont la substance, s'épanchant inférieurement autour du support, l'emboîte plus ou moins et quelquefois le cache entièrement. Avant la fécondation, le placenta est surmonté par un *filet* celluleux qui pénètre dans le style; mais après l'émission du pollen, les ovules, prenant de l'accroissement, se pressent autour du filet, il se brise, et c'est alors seulement que le placenta devient *libre*. Quelquefois le *filet* subsiste encore long-temps après la fécondation.

Quelque soit l'usage du *filet*, il est évident que l'organisation des ovaires de *Primulacées*, particulière à cette famille, suffirait pour en exclure les genres *Tozzia*, *Menyanthes*, *Globularia*.

Le *Menyanthes* dont les ovules sont pariétaux, a été rejeté avec juste raison parmi les *Gentianées*.

L'auteur, conjointement avec M. Desvaux, ayant trouvé deux loges dans un ovaire desséché de *Tozzia*, pense que cette plante doit être placée, comme l'a dit M. Decandolle, parmi les *Scrophularinées*.

La place des *Globulaires* est moins facile à déterminer. La présence d'une corolle dont l'insertion est hypogyne, ne permet pas de les rapprocher des *Thymélées* ni des *Protéacées*. On ne peut non plus les placer, comme on l'a proposé, entre les *Nyctaginées* et les *Lysimachies;* car elles n'ont de commun avec ces dernières que l'insertion hypogyne, et elles diffèrent des *Nyctaginées* par la position de l'ovule dans l'ovaire, celle de l'embryon dans la graine, et la nature du périsperme. M. Auguste de Saint-Hilaire, croit que c'est auprès des *Dipsacées* qu'il faut ranger les *Globulaires*, parce qu'à l'exception du double calice, elles présentent tous les caractères des *Dipsacées*, un réceptacle muni d'un involucre et garni de paillettes, une corolle irrégulière et tubulée, quatre étamines, un *ovule également attahé au sommet*

(1) M. de Saint-Hilaire a rapproché des Primulacées, comme on l'a vu dans le Bulletin de décembre 1814, le genre *Glaux*. Adanson avait déjà reconnu cette analogie; il paraît que M. de Saint-Hilaire l'ignorait. C'est aussi Adanson qui avait observé que le *Glaux* portait quelquefois, non pas une corolle, mais un pétale. On ne peut guère révoquer en doute la vérité de ce fait, avancé par un si excellent botaniste. **B. M.**

de la loge et enfin un *embryon droit à radicule tournée vers l'ombilic, située dans l'axe d'un périsperme charnu.* A la vérité, les *Globulaires* ont un ovaire libre, et les auteurs ont attribué aux *Dipsacées* un ovaire adhérent, mais s'il est des *Scabieuses* où l'ovaire est réellement adhérent, il en est beaucoup d'autres où il est parfaitement libre.

Il n'en est pas du *Samolus* comme des *Globulaires*. Malgré son ovaire demi-inférieur, ce genre doit rester parmi les *Primulacées*, puisqu'il a, comme elles, des étamines insérées devant les divisions de la corolle, que son placenta est organisé comme le leur, que son périsperme est charnu et que son *embryon est placé transversalement dans la graine et parallèle à l'ombilic ;* caractère que l'auteur a rencontré dans toutes les semences qui, comme celles des *Primulacées* et du *Samolus*, sont incrustées dans un placenta charnu et qui sont anguleuses avec la surface extérieure convexe.

Non loin du *Samolus* M. de Jussieu plaçait le *Conobea*, qu'Aublet avait décrit comme ayant un placenta central libre ; mais ce caractère apparent n'est que le résultat de la déhiscence. M. Auguste de Saint-Hilaire, a reconnu deux loges dans l'ovaire, et dans chaque loge un placenta qui couvre presqu'entièrement la cloison. De plus, il a trouvé dans la semence, un *embryon droit à radicule tournée vers l'ombilic, occupant l'axe d'un périsperme charnu.* Ces caractères sont ceux des *Scrophularinées* qui réclament encore le *Conobea* à cause de sa corolle labiée et de ses étamines didynames.

L'auteur soupçonne aussi qu'on a mal à propos attribué au *Mecardonia* de Ruis et Pavon un placenta central dans une capsule uniloculaire, et il pense que ce genre dont la corolle est labiée, les étamines didynames et la capsule à deux valves, doit être placé parmi les *Scrophularinées* près du *Calytriplex*.

M. de Jussieu avait laissé parmi les plantes dont la place est incertaine, l'*Eriphia* de Brown ; mais on pourrait être tenté de l'admettre parmi les *Primulacées*, à cause de sa corolle régulière et de son fruit indiqué comme ayant une seule loge avec un placenta central. La description de Brown, étudiée par M. Auguste de Saint-Hilaire, lui fait croire que le fruit est réellement à deux loges ; et comme ce fruit est succulent, il propose de placer l'*Eriphia* parmi les *Solanées* à moins que l'avortement d'une des cinq étamines, ne fasse considérer ce genre comme plus voisin du *Cyrtandra*, rangé jusqu'ici à la suite des *Scrophularinées*.

Quoique dans les monopétales, l'inégalité de la fleur annonce un fruit biloculaire ou tendant à le devenir, les genres *Utricularia* et *Pinguicula*, présentent une exception à cette espèce de règle. L'auteur a trouvé leur ovaire absolument organisé comme celui des *Primulacées ;* ainsi ces genres doivent rester à la suite de cette famille; mais à l'exemple de MM. Richard et Brown, on peut en former, sous le nom de *Lentibulariées*, un groupe distinct bien caractérisé par l'irrégularité de la fleur, le nombre des étamines, etc.

Le genre *Limosella*, placé par M. de Jussieu au milieu des *Primulacées*, a été rejeté parmi les *Personées* par Ventenat et Decandolle. Non seulement M. de Saint-Hilaire a trouvé dans les graines un perisperme et un embryon semblables à ceux des *Personées;* mais encore la structure de l'ovaire, décrit jusqu'ici d'une manière incomplète, confirme à ses yeux le sentiment des deux auteurs cités plus haut. Il a vu dans cet ovaire une cloison qui s'étend jusqu'à la moitié de la longueur du péricarpe; un peu au-dessous de la base de la cloison commence dans chaque loge un placenta charnu, et lorsque les deux placentas arrivent au sommet de la cloison, ils se confondent et ne forment plus qu'une seule masse terminée par un *filet* qui, avant la fécondation, pénètre dans le style. Lors de la déhiscence, la capsule s'ouvre, comme dans les *Personées*, parallèlement aux placentas, ces deux valves se détachent de la cloison, et l'on ne voit alors qu'une seule masse libre, ce qui a fait dire à tant d'auteurs que la *Limoselle* avait un placenta central libre dans une capsule uniloculaire.

La *Limoselle* appartenant donc en quelque sorte aux *Primulacées* par la partie supérieure de son ovaire et aux *Personées* par ses autres caractères, se liera aux *Lentibulariées* par l'irrégularité de sa corolle, et aidera ainsi à former une chaîne non-interrompue depuis les *Primulacées* les plus régulières jusqu'aux *Personées*. A la vérité, jusqu'ici les *Rhinanthées* ont été placées à la suite des *Primulacées*, tandis que les *Personées* en étaient fort éloignées; mais comme les *Rhinanthées* et les *Personées* avaient été séparées uniquement à cause de la différence qu'offre la déhiscence de leur capsule et que les deux modes de déhiscence se rencontrent dans un même genre, et sont quelquefois réunis dans une même capsule; M. de Saint-Hilaire propose, à l'exemple de M. Brown, de confondre les deux groupes dont il s'agit sous le nom de *Scrophularinées*. De cette manière, la *Limoselle* pourra occuper la place qu'elle doit avoir à la suite des *Lentibulariées;* et puisqu'on ne peut lui donner cette place sans confondre les *Rhinanthées* et les *Personées*, par là même, la nécessité de cette réunion achève d'être démontrée.

§ II.

De la famille des CARYOPHYLLÉES.

Pour retrouver des plantes qui offrent un placenta central dans une capsule uniloculaire, il faut arriver jusqu'aux *Caryophyllées;* mais l'organisation du placenta dans cette famille, ou plutôt de ses placentas réunis, ne lui donne pas le moindre rapport avec les *Primulacées.*

Quand l'ovaire des *Caryophyllées* est à une seule loge, il est traversé par un axe en forme de colonne et qui, avant la fécondation, ne présente aucune interruption dans toute sa longueur.

Cet axe est composé d'autant de *filets blancs et extérieurs*, presque toujours cylindriques, qu'il y a de styles, et d'une *substance verte* interposée entre eux.

Les groupes longitudinaux d'ovules sont en nombre égal à celui des styles et des *filets*, et alternes avec ces derniers. Les cordons ombilicaux naissent à droite et à gauche des filets, mais seulement au point où ceux-ci s'appliquent sur la *substance verte et centrale.*

Jamais la *substance verte* ne s'élève jusqu'au sommet de l'axe, et l'on ne trouve pas d'ovule au-delà du point où elle s'arrête. Au-dessus de ce même point les *filets*, sont immédiatement appliqués les uns sur les autres, mais ils n'ont entre eux qu'une adhérence légère. En passant par le péricarpe, ils se confondent et ne forment plus qu'un seul tout qui sort à l'extérieur, divisé en autant de branches qu'il y a de styles; mais par une singularité remarquable, les styles et par conséquent les branches qui pénètrent dans leur intérieur, se trouvent alternes avec les *filets* de l'axe qui les produisent.

Après la fécondation, tout change dans l'ovaire; l'axe se brise au sommet; il devient libre, et bientôt sa partie supérieure qui était nue et privée de la *substance verte et centrale*, s'oblitère entièrement. Les métamorphoses s'étendent souvent jusqu'aux ovules. Dans le *Dianthus*, par exemple, ils ont la forme d'une virgule et sont attachés par le gros bout, tandis que la semence mure est elliptique, applatie et a son ombilic placé au milieu de son grand diamètre.

L'organisation qui vient d'être décrite trouve cependant plusieurs exceptions de différente nature. Voici les deux plus remarquables. L'axe du *Gypsophila muralis*, dépourvu de *substance centrale* est uniquement composé de deux *filets* entièrement couverts d'ovules. Celui des *Buffonia* est aussi formé simplement de deux filets et tout-à-fait à leur base, qui est un peu renflée, sont attachés deux ovules.

Après l'analyse extérieure des parties qui composent l'axe des *Caryophyllées*, l'auteur entre dans des détails sur l'organisation interne de ces mêmes parties.

Les *filets blancs* sont formés d'une légère couche extérieure de tissu cellulaire et d'un faisceau de fibres de forme variée, toujours appliqué sur un tissu cellulaire intérieur.

La *substance centrale* se compose de tissu cellulaire et d'un ou plusieurs faisceaux de fibres, et c'est toujours devant le tissu cellulaire que sont placés les *filets blancs et extérieurs.*

Dans les genres à plus de deux styles, c'est-à-dire ceux où les *filets* sont rapprochés, la *substance centrale* de l'axe contient autant de faisceaux de fibres rayonnans qu'il y a de *filets* ou bien un seul faisceau de fibres qui se projette en autant de rayons. Ici le nombre des placentas est égal à ceux des filets qui alternent avec les rayons centraux et avec les placentas.

Dans les genres à deux styles où les filets sont très-écartés, le faisceau central fournit un nombre de branches et de placentas double de celui des styles et des *filets.*

Dans tous les cas, l'extrémité des faisceaux du centre ou des branches du faisceau central, aboutit à l'extérieur sur les côtés du faisceau des *filets;* et les ovules produits par les rayons du faisceau central, ont constamment aussi par leurs cordons ombilicaux une communication latérale avec les filets.

L'auteur considère comme *nourriciers*, les faisceaux du centre qui n'ont aucune communication avec le style, et il regarde comme autant de *conducteurs* les faisceaux des *filets* qui passent dans les styles et se brisent après la fécondation.

Il résulte de là que dans les genres de *Caryophyllées* à deux styles, un seul *conducteur* suffit à deux placentas, et dans les autres genres où les placentas et les *conducteurs* sont en nombre égal, le même *conducteur* est en communication avec la moitié de chacun des deux placentas les plus voisins.

Excepté dans le *Mollugo verticillata*, l'auteur a trouvé les styles parfaitement distincts depuis leur origine.

Les stigmates sont latéraux et formés par une suite de glandes qui, commençant plus ou moins bas; s'étendent jusqu'au sommet des styles du côté qui regarde l'axe de la fleur.

En général, l'auteur distingue deux sortes de stigmates. Dans certaines plantes l'épiderme du style s'entrouvre pour laisser à découvert la surface stigmatique boursoufflée, couverte de papilles ou de glandes; ici les limites du stigmate sont faciles à déterminer. Chez d'autres espèces aucun épiderme ne s'étend, à quelque époque que ce soit, sur la partie du pistil destinée à être stigmatique, parce que les sucs visqueux qui sans doute arrivent au stigmate dès le premier âge de la fleur, empêchent les cellules extérieures de se durcir; dans ce dernier cas, il n'y a pas toujours de limites bien fixes entre le style et le stigmate. L'auteur pense que les stigmates des *Caryophyllées* doivent être rapportés à ceux de la première sorte.

La distinction des styles, leur nombre égal à celui des stigmates, et la position latérale de ceux-ci, invariable chez les *Caryophyllées*, forment aux yeux de l'auteur, des caractères encore plus importans pour cette famille que la situation de l'embryon; car dans l'*Holosteum* et le *Dianthus*, par exemple, cette situation n'est pas la même que dans les autres genres.

Les caractères des styles et des stigmates aideront donc à exclure plusieurs genres du milieu des *Caryophyllées*, entre autres, l'*Elatine* et le *Linum*. Celui-ci doit former avec le *Lechea* une famille des *Linées*, déjà indiquée avec doute par M. Decandolle. M. Auguste de Saint-Hilaire observe qu'il a trouvé dans le *Linum*, *un embryon droit à radicule tournée vers l'ombilic, entourée d'un périsperme charnu.*

Le *Donatia* qui avait été mal connu jusqu'ici et qu'on avait placé parmi les *Caryophyllées*, doit sortir de cette famille à cause de ses stigmates en tête, de ses étamines périgynes, de son ovaire adhérent et biloculaire, et de son périsperme charnu. L'auteur le rapporte à la famille des *Saxifragées*.

Le *Sarothra* ne doit pas non plus rester chez les *Caryophyllées*. Les points glanduleux qu'on observe sur les feuilles, paraissent seuls avoir inspiré à quelques botanistes, l'idée de le ranger parmi les *Millepertuis*. Sa corolle polypetale l'éloigne également des *Gentianées*. Ce genre et le *Frankenia* dont on avait également fait une *Caryophyllée*, présentent des étamines en nombre déterminé, un style unique, une capsule trigone, de *nombreux ovules attachés aux parois de l'ovaire, un embryon droit à radicule tournée vers l'ombilic, placée dans l'axe d'un périsperme charnu.* Tous ces caractères sont ceux des *Violettes*, mais les deux genres dont il s'agit en diffèrent parce que leur capsule, au lieu de s'ouvrir entre les placentas, s'ouvre par leur milieu. Si les botanistes croient que ce caractère, joint à la différence de port, ne permet pas d'intercaller le *Sarothra* et le *Frankenia* dans la famille des Violacées, on en pourra former un nouveau groupe sous le nom de *Frakeniées*.

M. de Saint-Hilaire adopte le genre *Drosophyllum*, formé par M. Linck avec le *Drosua Lusitanica L.*; mais il ne croit pas, comme le botaniste allemand, que ce nouveau genre doive faire partie des *Caryophyllées*; car s'il présente ainsi qu'elles, un placenta central, il s'en éloigne par ses feuilles alternes et glanduleuses, et par son *embryon extraire conique dont la radicule aboutit à l'ombilic et dont les cotylédons sont appliqués contre le périsperme qui est charnu.* Ce caractère assez rare, et ceux des feuilles ne permettent pas d'éloigner le *Drosophyllum* des *Drosua*, quoique ceux-ci ayent leurs ovules attachés à des placentas pariétaux.

§ III.

Des Portulacées.

Les Portulacées à fruit uniloculaire ont, comme les Caryophyllées, leur ovaire traversé par un axe séminifère qui se brise après l'émission du pollen. Dans le *Portulaca*, l'axe est composé de cinq filets distincts chargés d'ovules jusqu'aux deux tiers, entre lesquels aucune substance verte n'est interposée et qui se confondent en un seul faisceau, avant de pénétrer dans le style. On avait attribué au *Montia* trois semences attachées au fond de la capsule; M. de Saint-Hilaire a reconnu dans l'ovaire un axe filiforme composé de trois filets, et il a vu que les trois ovules étaient attachés tout-à-fait à la base de cet axe qui est un peu épaissie; après la fécondation, l'axe brisé s'oblitère, et les ovules paraissent simplement attachés au fond de la loge. L'ovaire du *Claytonia* est organisé comme celui du *Montia*; cependant l'auteur n'a pas reconnu trois branches dans l'axe central, et l'analogie seule les lui fait supposer. Avec un style trifide et trois stigmates, le *Talinum* présente un axe parfaitement simple et tout entouré d'ovules. Dans le *Telephium*, l'ovaire est traversé par un axe composé de trois filets, la partie supérieure de son péricarpe est uniloculaire, mais dans sa partie inférieure trois cloisons tombent sur les filets de l'axe; c'est dans l'angle des cloisons seulement que sont attachés les ovules, et jusqu'au point où finissent les cloisons et les ovules, il existe une substance verte interposée entre les filets : on voit par cette description que le *Telephium* forme un passage entre les *Portulacées* uniloculaires et celles à plusieurs loges.

D'après ce qui précède, il est clair que la structure intérieure de l'axe des *Portulacées* n'est point uniforme comme chez les *Caryophyllées*. Dans celui du *Portulaca*, chaque filet doit réunir tout à la fois des faisceaux conducteurs et des nourriciers. Il en est de même de l'axe parfaitement simple du *Talinum*. Le renflement qui existe à la base de l'axe du *Montia* et du *Claytonia*, annonce la présence des nourriciers unis aux conducteurs, mais ce sont ces derniers qui seuls s'élèvent au-dessus du renflement. Le *Telephium* présente une structure plus analogue à celle des *Caryophyllées*, puisque chez lui on trouve une substance verte entre les filets, que les ovules s'arrêtent où cesse la substance verte et qu'ainsi il existe dans l'axe de cette plante comme chez les *Caryophyllées* deux systêmes vasculaires bien distincts.

Si l'axe des *Portulacées* ne présente pas des caractères constans, il n'en est pas de même de leur style que l'on trouve toujours unique et divisé en un certain nombre de branches stigmatiques. Il ne s'agit ici que des *Portulacées* à fruit uniloculaire, les autres ont besoin d'être revus.

Le *Bacopa* qui a le port de la *Gratiole*, doit être éloigné des *Portulacées*, et malgré l'adhérence de la base du calice, il passera dans la famille des *Scrophularinées*, parce que sa corolle est monopétale, que son ovaire est biloculaire, et que ses semences oblongues et étroites ne peuvent renfermer un embryon circulaire.

Le *Turnera*, dont la physionomie n'est point celle des *Portulacées*, doit également sortir de cette famille, puisque sa capsule n'a point d'axe central, qu'elle est formée de trois valves séminifères, et qu'enfin ses semences présentent un *périsperme charnu succulent dans l'axe duquel est un embryon droit à radicule tournée vers l'ombilic.*

M. Auguste de Saint-Hilaire discute les rapports de ce genre avec tous ceux de la 14ᵉ. classe de Jussieu, qui offrent aussi des placentas pariétaux; et il prouve que, malgré ses étamines en nombre déterminé, son ovaire libre et ses trois styles, le *Turnera* doit être réuni aux *Loasées* dont il a tous les caractères importans, et dans lesquelles M. de Saint-Hilaire a trouvé un périsperme et un embryon absolument semblables à ceux du genre dont il s'agit.

L'absence d'un axe central, des semences couronnées par une aigrette, le défaut de périsperme et un port totalement différent de celui des *Portulacées*, éloignent le *Tamarix* de cette famille. Ce n'est pas avec plus de fondement qu'on a voulu le rapprocher du *Reaumuria*, où les étamines sont hypogynes et en nombre indéterminé, dont l'ovaire présente des singularités remarquables, et où l'embryon est entouré jusqu'à la radicule, par un périsperme farineux. M. Auguste de Saint-Hilaire trouve qu'aucune famille n'a autant de rapport avec le *Tamarix*, que les *Salicariées*, et c'est auprès d'elles qu'il place ce genre en le faisant précéder par les *Onagrariées*. L'absence du périsperme lui donne des rapports avec ces deux groupes; l'aigrette de ses graines et leur position en établit d'autres en particulier entre lui et l'*Epilobium*; enfin il se rapproche des *Salicariées* par ses étamines en nombre déterminé, par son ovaire libre, ses tiges arborescentes, etc. L'auteur pense au reste que le *Tamarix* est destiné à être le type d'une nouvelle famille à laquelle on pourra donner le nom de *Tamaricinées*, et il prouve déjà par la comparaison des *T. germanica* et *gallia* qu'il y a plus de différence entre ces deux espèces qu'entre une foule de genres généralement adoptés.

(*La suite à la Livraison prochaine.*)

De la différence chimique entre l'arragonite et le spath calcaire rhomboïdal, par M. Stromeyer.

M. Stromeyer prouve dans ce mémoire que l'arragonite diffère du spath calcaire, en ce qu'elle contient, outre le carbonate de chaux, du carbonate de strontiane et de l'eau combinée. Voici les résultats de son travail.

Extrait d'un Mémoire lu à la Soc. royale des Scienc. de Gottingue le 31 juillet 1813.

	Le spath rhomboïdal d'Islande.	*Spath rhomboïdal d'Andréasberg.*
Chaux	56,15	55,9802.
Acide carbonique	43,70	43,5635.
Protoxyde de manganèse et un atome de fer	0,15	0,3563.
Eau de décrépitation	0,00	0,1000.
	100,00	100,000.

Le protoxyde de manganèse se trouve à l'état de carbonate dans ces minéraux ; quant à l'eau contenue dans le spath d'Andréasberg, elle n'y est pas chimiquement combinée, elle est simplement interposée entre les lames des cristaux.

	Arragonite du Bearn.	*d'Arragon.*	*d'Auvergne.*
Carbonate de chaux	94,8249	94,5757	97,7227.
—de strontiane	4,0836	3,9662	2,0552.
—de manganèse et hydrate de peroxyde de fer	0,0939	0,7070(1)	(2) 0,0098.
Eau de cristallisation	0,9831	0,3000	0,2104.
	99,9855	99,5489	99,9981.

Le protoxyde de manganèse contenu dans quelques variétés d'arragonite est à l'état de carbonate; il est la cause de la couleur rougeâtre que prend l'arragonite lorsqu'on la calcine dans un creuset.

L'hydrate de fer est accidentel. Il y a des parties d'arragonite qui en sont absolument dépourvues.

L'eau contenue dans l'arragonite y est en véritable combinaison, aussi

(1) Cette arragonite ne contient pas d'oxyde de manganèse, mais 0,7070 d'hydrate de peroxyde de fer, du sulfate de chaux et du sable.

(2) L'arragonite d'Auvergne ne contient que 0,0098 d'hydrate de peroxyde de fer.

observe-t-on, que quand on chauffe l'arragonite dans un tube à baromètre, il se dégage de l'eau et l'arragonite s'effleurit; les dernières portions d'eau se dégagent avec du gaz acide carbonique. Le spath calcaire, au contraire, ne s'effleurit jamais par la chaleur. Les variétés qui contiennent de l'eau interposée décrépitent sans perdre leur transparence.

M. Stromeyer a trouvé le carbonate de strontiane dans toutes les variétés d'arragonite qu'il a examinées; il le regarde comme étant essentiel à leur composition, par la raison que les mêmes variétés le contiennent dans une proportion qui est constante; ainsi l'arragonite du Bearn et d'Arragon contiennent deux fois autant de carbonate de strontiane que l'arragonite d'Auvergne, et celle-ci deux fois autant que celle d'Iberg et de Ferroë.

M. Stromeyer en considérant l'arragonite comme un composé de carbonate de chaux, de carbonate de strontiane et d'eau, explique pourquoi elle diffère du spath calcaire par ses propriétés physiques.

Il nous reste à exposer le procédé de M. Stromeyer pour reconnaître la strontiane dans l'arragonite.

Il a neutralisé une certaine quantité d'acide nitrique par 10 grammes d'arragonite. Il a fait évaporer la dissolution à consistance de miel, et l'a portée dans un lieu froid. La liqueur s'est troublée et a déposé des cristaux octaëdres de nitrate de strontiane. Il a décanté l'eau-mère, l'a fait concentrer légèrement et l'a abandonnée à elle-même. Il a répété cette opération jusqu'à ce qu'elle ait cessé de donner du nitrate de strontiane. Puis il a rassemblé tous les cristaux de ce dernier sel, les a fait dessécher et les a traités par l'alcool absolu pour en séparer le nitrate de chaux.

M. Stromeyer n'a pas trouvé de carbonate de strontiane dans le *flos ferri*, que M. Cordier avoit rapproché de l'arragonite.

C.

Sur un mode particulier de polarisation qui s'observe dans la Tourmaline, par M. Biot.

Physique.

Institut.

Janvier 1815.

En étudiant l'action de la tourmaline sur la lumière, j'y ai reconnu la singulière propriété d'avoir la double réfraction quand elle est mince, et la réfraction simple quand elle est épaisse. Pour mettre ces phénomènes en évidence, j'ai fait polir les faces inclinées d'une grosse tourmaline, de manière à en former un prisme dont le tranchant fût parallèle à l'axe de l'aiguille, qui est aussi celui du rhomboïde primitif. Si l'on regarde la flamme d'une bougie à travers ce prisme, en dirigeant le rayon visuel dans la partie la plus mince, on voit deux images d'un éclat sensiblement égal, dont l'une, ordinaire, est polarisée dans le sens de l'axe de la tourmaline, et la seconde, extraordinaire, l'est dans un sens perpendiculaire à cet axe. Mais à mesure que l'on ramène le rayon visuel dans la partie du prisme la plus épaisse, l'image ordinaire s'affaiblit et enfin elle disparaît entièrement, tandis que l'image extraordinaire continue à se transmettre sans éprouver d'autre diminution d'intensité que celle qui provient de l'absorption.

Par une suite de ce fait, les plaques de tourmaline, dont les faces sont parallèles à l'axe de l'aiguille, ont lorsqu'elles sont suffisamment épaisses, la propriété de polariser en un seul sens toute la lumière qu'elles transmettent; et ce sens est perpendiculaire à leur axe. Conséquemment si on les présente à un rayon préalablement polarisé dans cette direction, elles le transmettent, mais s'il est polarisé parallèlement à leur axe elles le rejettent en totalité; et généralement la quantité qu'elles en transmettent va en décroissant d'une de ces limites à l'autre. Cette propriété est extrêmement commode pour découvrir tout de suite et sans équivoque le sens de polarisation des rayons lumineux.

Ces phénomènes ont beaucoup d'analogie avec ceux que M. Brewster a découverts dans l'agate. En examinant ceux-ci, je me suis assuré qu'ils n'ont lieu, comme dans la tourmaline, qu'au-delà de certaines limites d'épaisseur; car en amincissant suffisamment l'agate; on lui rend toutes les propriétés qui appartiennent aux cristaux doués de la double réfraction. B.

Sur la nature des forces qui produisent la double réfraction, par M. Biot.

PHYSIQUE.

Institut. Janvier 1815.

LORSQU'UN rayon de lumière pénètre dans un cristal dont la forme primitive n'est ni l'octaèdre régulier ni le cube, on observe en général qu'il se divise en deux faisceaux inégalement réfractés. L'un, que l'on nomme le faisceau ordinaire, suit la loi de réfraction découverte par Descartes, et qui est commune à tous les corps cristallisés ou non cristallisés; l'autre suit une loi différente et plus compliquée; on le nomme le faisceau extraordinaire.

Huyghens a déterminé cette dernière loi, par observation, dans le carbonate de chaux rhomboïdal vulgairement appelé spath d'Islande; et il l'a exprimée par une construction aussi ingénieuse qu'exacte. En combinant ce fait avec les principes généraux de la mécanique, comme Newton avait combiné les lois de Kepler avec la théorie des forces centrales, M. Laplace en a déduit l'expression générale de la vitesse des particules lumineuses qui composent le rayon extraordinaire. Cette expression indique qu'elles sont séparées des autres par une force émanée de l'axe du cristal, et qui dans le spath d'Islande, se trouve être répulsive.

On croyait généralement qu'il en était ainsi dans tous les autres cristaux doués de la double réfraction. Mais de nouvelles expériences m'ont fait découvrir que, dans un grand nombre, le rayon extraordinaire est attiré vers l'axe au lieu d'être repoussé. De sorte que, sous le rapport de cette propriété, les cristaux doivent être partagés en deux classes, l'une que je nomme *à double réfraction attractive*, l'autre *à double réfraction répulsive*. Le spath d'Islande fait partie de cette dernière; le cristal de roche est compris dans l'autre. Du reste il m'a paru que la force, soit attractive, soit répulsive, émane toujours de l'axe du cristal et suit toujours les mêmes lois; de sorte que les formules de M. Laplace s'y appliquent toujours.

Des recherches précédentes m'avaient déjà conduit à reconnaître une opposition singulière dans la nature des impressions que divers cristaux impriment à la lumière en la polarisant. J'avais exprimé cette opposition par les termes de *polarisation quartzeuse* et de *polarisation berillée*, d'après les noms des substances qui me l'avaient offerte d'abord. A présent, je trouve que tous les cristaux doués de la polarisation quartzeuse sont attractifs, et tous ceux qui exercent la polarisation bérillée sont répulsifs. Le spath d'Islande est dans ce dernier cas.

Ces résultats montrent qu'il existe dans l'action des cristaux sur la lumière la même opposition de forces que l'on a déjà reconnue dans plusieurs autres actions naturelles, comme les deux magnétismes et les deux électricités. C'est à quoi conduisent également les autres observations que j'ai déjà publiées sur les oscillations et les rotations des particules lumineuses.

B.

Note sur les aérolites tombées aux environs d'Agen, le 5 septembre 1814; par M. Vauquelin.

Chimie.

Extrait d'un rapport fait à l'Institut le 23 janvier 1815.

Les aérolites qui font l'objet de cette note, ne diffèrent de celles qui ont été précédemment analysées, que par l'absence du nickel, elles contiennent, comme celles-ci, et à peu près dans les mêmes proportions de la silice, de la magnésie, du fer, du soufre, et des traces de chaux et de chrome.

M. Vauquelin pense que la silice qu'on obtient à l'état gélatineux des aérolites en général, y était unie avec la magnésie. Quant au soufre, il s'y trouve certainement en combinaison avec le fer, car lorsqu'on dissout dans l'acide sulfurique ou muriatique, du fer qui a été séparé mécaniquement d'un aérolite, il se dégage un mélange de gaz hydrogène et de gaz hydrogène sulfuré; il est très-vraisemblable que le soufre n'est pas combiné avec la totalité du fer, qu'il ne sature que la portion qui est nécessaire pour constituer le proto-sulfure de ce métal. S'il en est ainsi, la plus grande partie du fer doit être à l'état de pureté, car le gaz hydrogène est plus abondant que le gaz sulfuré.

Lorsqu'on traite les aérolites par les acides faibles, la totalité du chrome reste mélangé à la silice et lui donne une teinte grise. Le chrome est à l'état métallique, car il est insoluble dans les acides, et on ne peut en opérer la dissolution qu'en traitant par la potasse le résidu où il se trouve. Ce métal paraît être libre de toute combinaison, puisqu'on l'aperçoit assez souvent dans les aérolites en parties assez volumineuses qui sont absolument isolées de tout corps étranger.

Recherches sur l'existence de l'Iode dans l'eau de la mer et dans les plantes qui produisent la soude de Varec, et analyse de plusieurs plantes de la famille des Algues; par M. GAULTIER DE CLAUBRY.

CHIMIE.

Ouvrage nouveau.

LE but principal de l'auteur, en entreprenant ce travail, a été de rechercher la présence de l'iode dans l'eau de la mer et les fucus; ce n'est que pour donner plus d'intérêt à ses recherches, qu'il a fait l'analyse complète de ces plantes. Parmi les substances de nature végétale qu'on rencontre dans les fucus, il en est une que M. Gaultier a particulièrement examinée, c'est la matière sucrée qui s'effleurit à la surface de leurs feuilles.

§ Ier. *De la matière sucrée du Fucus.*

Elle est sous la forme de petites aiguilles soyeuses, dont la solubilité dans l'eau chaude est telle, qu'elles se fondent à une douce chaleur dans leur eau de cristallisation.

Elle est très-soluble dans l'alcool bouillant, la dissolution saturée se prend en masse par le refroidissement.

L'acide nitrique la convertit en acide oxalique sans qu'il se forme d'acide malique.

Elle n'est pas susceptible de fermenter et de se convertir en alcool.

Elle forme avec l'iode un composé verdâtre d'une saveur amère et piquante sur lequel l'eau froide n'a pas d'action.

Le chlore dissous dans l'eau ne la convertit pas en acide malique.

L'acide sulfurique concentré et froid, la tient en suspension parfaite sans la charbonner.

La chaux, la barite et la potasse s'y unissent, et forment des composés dont la saveur est amère et désagréable.

Elle ne rend pas l'huile miscible à l'eau.

La matière sucrée des Fucus est analogue à la partie cristallisable de la manne, et du suc d'oignon qui a éprouvé la fermentation alcoolique. Le *fucus siliquosus* est celui qui donne le plus de matière sucrée. M. Gaultier pense qu'elle n'existe pas toute formée dans la plante; mais qu'elle provient de la décomposition d'une matière gommeuse.

§ II. *De l'Iode dans le Fucus.*

M. Gaultier s'est assuré que l'eau enlevait de l'hydriodate de potasse aux fucus, en opérant de la manière suivante : il a fait bouillir de l'eau avec le fucus; il a filtré et fait concentrer la liqueur, le chlore et le sublimé corrosif n'y ont point dénoté la présence de l'iode, mais quand il y a eu mis de l'amidon et ensuite de l'acide sulfurique, il s'est produit une belle couleur bleue, parce que l'acide hydriodique a été décomposé par l'acide sulfurique, et que l'iode mis en liberté a formé avec l'amidon une combinaison bleue. M. Gaultier assure que par ce moyen on reconnaît des quantités d'iode qui échappent au sublimé corrosif et au chlore.

M. Gaultier s'est ensuite convaincu que l'iode était à l'état d'hydriodate de potasse, en traitant le *fucus saccharinus* par l'alcool chaud, faisant évaporer la liqueur à siccité, reprenant par l'eau, faisant concentrer fortement la solution aqueuse, et traitant le résidu par l'alcool concentré; celui-ci dissout de l'hydriodate de potasse, qu'on peut obtenir cristallisé et séparé d'une petite quantité d'hydrochlorate de magnésie qui se dissout avec lui, en traitant par l'acide sulfurique étendu, puis par l'ammoniaque, et reprenant par l'alcool.

On peut, en traitant à chaud par l'acide sulfurique concentré, les fucus desséchés et réduits en poudre, obtenir de l'iode.

§ III. *De l'analyse des Fucus.*

Le fucus saccharinus contient : 1.° en substances solubles :

La matière sucrée dont nous avons parlé,

Une matière mucilagineuse qui donne de l'acide saccholactique quand on la traite par l'acide nitrique.

Une matière végéto-animale, analogue à l'albumine.

Une matière colorante verte.

De l'acide oxalique et *de l'acide malique*, qui sont probablement combinés avec la potasse.

Du sulfate de potasse.
Du sulfate de soude.
Du sulfate de magnésie.
De l'hydrochlorate de potasse.
De l'hydrochlorate de soude.
De l'hydrochlorate de magnésie.
Du sulfite sulfuré de soude.
De l'hydriodate de potasse.

2.° En matières insolubles.

Du sous-phosphate de chaux.
Du sous-phosphate de magnésie.
De l'oxyde de fer, probablement à l'état de *phosphate*.
De l'oxalate de chaux.
De la Silice.

La lessive des cendres du fucus saccharínus contient

Du sulfate de potasse.
——— *de soude.*
——— *de magnésie.*
De l'hydrochlorate de soude.
——— *de potasse.*
——— *de magnésie.*
Du sous-carbonate de soude.
——— *de potasse.*
De l'hydriodate de potasse.
Du sulfite sulfuré de soude.

Le *fucus digitatus*, le *vesiculosus*, le *serratus*, le *siliquosus*, le *filum*, ont donné des résultats à peu près semblables quant à la nature des produits, mais très-différens quant aux proportions.

Les *fucus digitatus et serratus* contiennent moins d'iode que le *fucus saccharinus*, mais ils en contiennent plus que le *vesiculosus*, le *siliquosus* et le *filum*.

§ IV. *Recherche de l'iode dans l'eau de la mer.*

M. Gaultier n'a pu trouver de traces sensibles d'iode dans 60 pintes d'eau de mer réduites à cinq onces de liquide. L'eau sur laquelle il a opéré avait été prise à Fécamp et au Hâvre. Elle était parfaitement limpide C.

Sur les centres de Développoïdes; par M. Hachette.

Mathématiques.

Société Philomat. Janvier 1815.

Si par tous les points d'une courbe plane, on mène des droites qui fassent avec les tangentes à cette courbe un angle constant, ces droites sont les tangentes d'une seconde courbe qu'on nomme *développoïde* de la première; la développoïde devient une développée, lorsque l'angle constant est droit. Ayant mené, par un point quelconque d'une courbe, une tangente à sa développoïde, le point de contact est le *centre de développoïde*. Réaumur a le premier démontré que le lieu de tous ces centres, pour un même point et pour des inclinaisons variables, était un cercle d'un diamètre égal au rayon de courbure, qui correspond à ce point de la courbe plane proposée.

La proposition analogue pour les trois dimensions, est celle-ci:

« La sphère est le lieu de tous les centres de développoïdes, qu'on
» obtient en passant d'un point quelconque d'une surface courbe, à
» tous les points infiniment voisins des sections planes de cette surface
» menés par une même droite qui lui est tangente; la section normale
» qui passe par la même tangente, a, pour rayons de courbure au point
» commun à toutes les sections planes, un diamètre de cette sphère. »

Cette proposition est une conséquence du théorême de Meunier sur la courbure des sections planes d'une surface, dont les plans passent par une tangente à cette surface. D'après ce théorême, tous les cercles osculateurs des sections planes, pour le point de contact de la surface et de la tangente, sont sur une même sphère; d'où il suit que tous les cercles dont les diamètres sont égaux aux rayons des cercles osculateurs, appartiennent à une autre sphère. Réaumur a démontré que les cercles de la seconde sphère, sont les lieux des centres des développoïdes des courbes planes; donc ces centres sont sur une sphère dont le diamètre est égal au rayon de courbure de la section normale, qui passe par la tangente commune à toutes les sections planes de la surface courbe proposée.

Sur une loi de la cristallisation, appelée Loi de Symétrie, par M. Hauy.

Minéralogie.

Mém. du Muséum d'His. natur., t. 1.

Parmi les lois remarquables auxquelles est soumise la cristallisation de tous les corps, quelle que soit d'ailleurs leur nature ou même leur origine, l'une des plus intéressantes par ses conséquences, des plus simples, et cependant des moins bien appréciées jusqu'à présent par les minéralogistes, est celle qui a été observée depuis long-temps par M. Hauy, et à laquelle il a donné le nom de loi de symétrie.

Cette loi détermine quels sont, sur une forme primitive quelconque, les angles plans et les côtés des faces sur lesquelles les décroissemens doivent être les mêmes, ou doivent être différens.

Tous les angles identiques dans une forme primitive, c'est-à-dire, tous ceux qui ayant exactement la même valeur, et leurs côtés respectivement égaux, donnent naissance, lorsqu'il y a lieu, à des décroissemens égaux, et par conséquent à des facettes qui sont semblablement situées et également inclinées par rapport aux faces du cristal primitif sur lesquelles elles se sont formées.

Tous les bords identiques dans une forme primitive, c'est-à-dire, tous ceux qui sont d'égale longueur et qui appartiennent à des faces d'égale dimension et également inclinées entre elles, donnent naissance à des décroissemens égaux, etc.

L'inverse est également vrai, c'est-à-dire, que des angles ou des bords non identiques ne donnent jamais naissance à des facettes qui soient en même temps produites par la même loi de décroissement, également situées et également inclinées par rapport aux faces du cristal primitif sur lesquelles elles se sont formées. Ainsi dans un cube, ou dans un octaèdre régulier, tous les angles et toutes les arêtes sont identiques; dans un prisme droit à base carrée, les angles et les bords des bases le sont entre eux, mais ne le sont pas avec les angles et les bords des pans, qui eux-mêmes ne le sont dans chaque pan que deux à deux pris parallélement; dans un rhomboïde, les angles des sommets et les trois bords supérieurs partant de ces sommets sont identiques entre eux, mais ils ne le sont ni avec les angles, ni avec les bords inférieurs, etc.

Cette loi ne souffre d'exception non expliquée que dans le cobalt gris partiel.

Mais d'ailleurs elle est si précise, que la plus légère différence de valeur entre des angles établit aussitôt des lois de décroissement différentes sur ces angles différens; ainsi quoique les rhomboïdes que la chabasie et le fer oligiste ont pour forme primitive ne diffèrent du cube que de 3 à 4°, dans les cristaux secondaires de ces espèces toutes les faces secondaires ne sont point identiques comme cela auroit eu lieu dans le cas où leur forme primitive eut été un cube.

L'identité ou la différence des faces ne se manifeste pas seulement par l'effet de la différence des lois de décroissement qui s'y produisent, le défaut d'identité est indiqué par un moyen encore plus grossier, s'il est permis de le dire: ainsi les faces identiques ont toujours le même éclat dans la division mécanique, tandis que cet éclat diffère suivant que les faces, d'un parallélipède par exemple, ont plus ou moins d'étendue.

Les différences que l'on remarque dans les décroissemens qui ont lieu sur des parties identiques dans les tourmalines, les topases, la magnésie boratée et autres minéraux électriques par chaleur, s'expliquent très-bien par l'influence qu'a eue cette propriété particulière sur les phénomènes de la cristallisation.

M. Hauy donne comme application des lois que nous venons d'exposer, la description de deux nouvelles variétés de chaux anhydrosulfatée, et quelques observations sur la détermination de la forme primitive de ce sel.

La première, qu'il nomme *Périoctaèdre*, est un prisme droit à huit pans; les pans qui remplacent les arêtes verticales de la forme primitive sont inclinées de 140° 4′ sur la face M de cette forme, et de 129° 56′ sur la face T, ce qui doit, d'après la loi de symétrie, prouver que la base du prisme de la forme primitive est un rectangle et non un carré.

Le signe de cette variété est M ${}^{1}G^{1}$ TP.

La seconde variété est nommée *progressive*; c'est un parallipipède rectangle dont les angles solides des bases sont remplacés par trois facettes obliques, deux sont des trapèzes, et la troisième est un triangle; ces facettes se rejettent sur les faces latérales M de la forme primitive, tandis que les faces T n'en offrent aucun indice, nouvelle application de la loi de symétrie, et nouvelle preuve que la base du prisme qui représente la forme primitive est un rectangle.

Le signe de cette variété est MT $A^{3}\,{}^{3}A$ $A^{2}\,{}^{2}A$ $A^{1}\,{}^{1}A$ P.

Cette variété présentant des facettes inclinées sur la base, a donné à M. Hauy les moyens de déterminer la hauteur du prisme primitif de la chaux anhydrosulfatée, ce qu'il n'avait pas pu faire jusqu'à présent; il a reconnu que les trois dimensions de ce prisme, c'est-à-dire, les côtés C, B, G, étaient entre eux comme les quantités $\sqrt{30}$ $\sqrt{21}$ $\sqrt{17}$.

A. B.

Sur quelques propriétés des intégrales doubles et des rayons de courbure des surfaces; par M. RODRIGUE.

MATHÉMATIQUES.

Société philomat. Janvier 1815.

SOIENT x, y, z les coordonnés d'un point quelconque d'une surface; soit aussi

$$\frac{dz}{dx} = p,\ \frac{dz}{dy} = q,\ \frac{d^2z}{dx^2} = r,\ \frac{d^2z}{dx\,dy} = s,\ \frac{d^2z}{dy^2} = t:$$

M. Rodrigue considère l'intégrale double

$$\iint \mathrm{U}\,(rt - s^2)\,dx\,dy$$

prise dans des limites données, et dans laquelle U est une fonction de p et q; il observe que l'on a identiquement

$$(rt - s^2)\,dx\,dy = \left(\frac{dp}{dx}\cdot\frac{dq}{dy} - \frac{dp}{dy}\cdot\frac{dq}{dx}\right)dx\,dy;$$

or, l'analogie de cette formule avec celle qui sert à changer les variables dans les intégrales doubles, est manifeste, de sorte que si l'on veut substituer les variables p et q aux variables x et y, on aura

$$\iint U(rt - s^2)\, dx\, dy = \iint U\, dp\, dq;$$

d'où M. Rodrigue conclut que l'intégrale proposée est une fonction de p et q, indépendante de l'équation de la surface, et dépendante uniquement des limites de l'intégration. Il vérifie ce résultat en montrant que la variation de cette intégrale ne renferme que des termes relatifs à ces limites ; il montre aussi qu'il existe dans tous les ordres de différences partielles, des formules qui jouissent d'une semblable propriété.

Il considère ensuite spécialement l'intégrale

$$\iint \frac{(rt - s^2)\, dx\, dy}{(1 + p + q^2)^{\frac{3}{2}}};$$

dans laquelle la quantité sous le signe $\iint$, représente l'élément de la surface divisé par le produit des deux rayons de courbure principaux. D'après ce qu'on vient de dire, elle est la même chose que

$$\iint \frac{dp\, dq}{(1 + p^2 + q^2)^{\frac{3}{2}}}.$$

Si l'on y change les variables p et q, en d'autres X et Y, fonctions des premières, elle deviendra

$$\iint (1 + p^2 + q^2)^{-\frac{3}{2}} \left(\frac{dp}{dX} \cdot \frac{dq}{dY} - \frac{dp}{dY} \cdot \frac{dq}{dX}\right) dX\, dY;$$

et si l'on prend

$$p = \frac{-X}{\sqrt{1 - X^2 - Y^2}}, \quad q = \frac{-Y}{\sqrt{1 - X^2 - Y^2}},$$

on aura enfin

$$\iint \frac{dX\, dY}{\sqrt{1 - X^2 - Y^2}};$$

formule qui représente l'aire d'une portion de sphère dont le rayon est égal à l'unité.

Pour déterminer cette portion de sphère qui répond à une portion donnée de la surface que l'on considère, M. Rodrigue donne cette construction : « Concevez une sphère d'un rayon égal à l'unité; faites mouvoir son ra yon, ensorte qu'il soit successivement parallèle à toutes « les normales de la portion de surface que vous considérez; l'aire sphérique décrite par l'extrémité de ce rayon sera la valeur de l'intégrale. »

S'il s'agit d'une portion quelconque de surface développable, le rayon mobile ne décrira qu'une simple courbe, et l'intégrale sera nulle; ce qui est d'ailleurs évident, puisqu'on a alors $rt - s^2 = o$. Dans le cas d'une surface fermée et convexe dans toute son étendue, telle qu'un ellipsoïde, on aura

$$\iint \frac{(rt - s^2)\, dx\, dy}{(1 + p^2 + q^2)^{\frac{3}{2}}} = 4\pi;$$

l'intégrale étant prise pour la surface entière, et π désignant le rapport de la circonférence au diamètre; pour une surface ouverte, telle qu'un paraboloïde, la valeur de l'intégrale serait simplement 2π; enfin pour une surface en partie concave et en partie convexe, elle aurait différentes valeurs dont M. Rodrigue donne des exemples en considérant les hyperboloïdes à une et à deux nappes.

Au reste, une considération géométrique fort simple montre que dans tous les cas cette intégrale se réduit à une quadrature sphérique. En effet, en désignant par ds et ds', les élémens des deux lignes de courbure principales qui se coupent au même point, et observant que ces lignes sont perpendiculaires l'une à l'autre, on voit que l'élément de la surface peut être représenté par le produit $ds\, ds'$; appelant en outre ρ et ρ' les deux rayons de courbure principaux, l'intégrale deviendra

$$\iint \frac{ds}{\rho} \cdot \frac{ds'}{\rho'};$$

or les fractions $\frac{ds}{\rho}$ et $\frac{ds'}{\rho'}$ sont les élémens de deux cercles décrits d'un rayon égal à l'unité, et perpendiculaires entre eux; leur produit est donc l'élément de la sphère du même rayon; et par conséquent l'intégrale représente l'aire d'une portion de cette sphère. Cette démonstration du théorème de M. Rodrigue a été donnée par M. J. Binet.

P.

Notice sur les Glandes odoriférantes des Musaraignes; par M. GEOFFROY SAINT-HILAIRE.

ZOOLOGIE.

Institut. Janvier 1815.

Ces glandes, ovales et oblongues, sont placées de chaque côté du corps, sur les hypocondres : elles s'ouvrent à la surface de la peau, qui dans cet endroit n'est couverte que de poils rares et courts.

L'odeur qu'elles exhalent et qui se conserve très-long-temps après la mort de l'animal, et même dans les peaux bourrées, est tout-à-fait semblable à celle du musc. M. Geoffroy-Saint-Hilaire pense que c'est elle qui empêche les chats de manger ces animaux.

Cette observation confirme les rapports évidens que les Musaraignes ont avec les Desmans (*Mygale*), Cuv., chez lesquels, d'après Pallas, des espèces de glandes, probablement analogues, sont situées dans la racine de la queue, en même temps que la position différente confirme aussi la séparation de ce genre, ainsi que MM. Cuvier et Geoffroy-Saint-Hilaire avaient cru devoir l'établir sur d'autres caractères. (Extrait du procès-verbal de la Société, du 28 janvier 1815.).

Fin du Mémoire sur les plantes auxquelles on attribue un placenta central libre, et revue des familles auxquelles ces plantes appartiennent; par M. AUGUSTE DE SAINT-HILAIRE. (1).

§. IV.

Des Paronychiées; digression sur le double point d'attache des ovules et sur le mycropyle.

Si le *Tamarix* et le *Turnera* doivent être éloignés des *Portulacées*, il n'en est pas de même du *Scleranthus*, sa graine ne permet point de le rapprocher des *Thymélées*, ni ses feuilles des *Chenopodium*. La structure de son ovaire semblable à celui de la *Corrigiole*, prouve qu'il ne doit pas être mis à une grande distance des *Portulacées*. En effet, dans l'un et l'autre genre, le jeune fruit est libre, uniloculaire et monosperme; l'ovule a la forme d'une virgule et son tronc étroit est tourné vers le sommet du péricarpe. Un long cordon ombilical, naissant du fond de la loge, va se rattacher au point intermédiaire entre le gros bout et le bout étroit, et celui-ci tient en outre au sommet de la loge.

Le *Mniarum* laissé autrefois parmi les genres dont la place est incertaine, doit suivre le *Scleranthus*, dont il diffère à peine.

C'est aussi près de ces genres qu'il faut ranger le *Queria* réduit à ses véritables espèces, puisqu'il a le même port; que ses feuilles sont également connées, linéaires, subulées; qu'il n'a point de corolle; que son ovaire à une seule loge renferme un seul ovule attaché à un long filet qui naît du fond de la loge; et qu'enfin ses étamines, quoique insérées extrêmement bas, sont réellement périgynes.

Le *Minuartia* et le *Lœflingia*, dont les étamines sont également pégynes, doivent sortir, comme le *Queria*, de la famille des *Caryophyllées;* et quoiqu'ils aient une corolle et des ovules en nombre indéterminé, attachés à un axe central, ils resteront auprès du *Queria*, dont ils offrent d'ailleurs les autres caractères.

Voilà donc cinq genres, les *Scleranthus, Mniarum, Queria, Minuartia, Lœflingia* qui, avec une physionomie semblable, présentent encore pour caractères communs, des tiges étalées, des feuilles connées, linéaires, subulées, des fleurs sessiles, des étamines périgynes en nombre déterminé, un ovaire libre, et enfin un embryon roulé cir-

---

(1) *Voyez* page 16, la première partie de ce Mémoire.

culairement ou demi-circulairement autour d'un périsperme farineux. Ce groupe auquel l'auteur propose de donner le nom de *Scléranthées* se divisera en deux sections. La première, composée des genres *Minuartia* et *Lœflingia*, distinguée par la présence d'une corolle et par des ovules en nombre indéterminé, doit se placer immédiatement à la suite des *Caryophyllées*. La deuxième section qui a plus de rapport avec les *Portulacées*, sera caractérisée par l'absence de la corolle et par un ovaire monosperme. Ce groupe par ses rapports avec les *Caryophyllées* et les *Portulacées*, prouve tout à la fois la nécessité de laisser la 14e. classe de Jussieu, à la suite de la 13e., et celle de rapprocher les *Portulacées* des *Caryophyllées*.

La physionomie des *Scléranthées* leur donne plus d'analogie avec cette dernière famille qu'avec les *Portulacées*; mais un nouveau groupe va combler l'intervalle.

On a rangé parmi les *Caryophyllées* deux genres qui n'ont pas la physionomie de la plupart d'entre elles, et qui doivent nécessairement sortir de cette famille, parce que leurs étamines sont bien certainement périgynes: ce sont le *Polycarpon* et l'*Hagea*. Leur calice est un peu urcéolé à la base, et les étamines et la corolle sont insérées au sommet de l'urcéole; mais comme celui-ci est continu avec le pédoncule, et que l'ovaire est élevé à la hauteur de l'urcéole par un petit pédicelle qu'on n'a pas aperçu, on a cru que les étamines étaient hypogynes. Le *Facies* de ces plantes est celui de la plupart des *Amaranthacées*; mais c'est principalement avec la dernière section de cette famille que la ressemblance est frappante, puisque, dans cette section, comme chez le *Polycarpon* et l'*Hagea*, les feuilles sont opposées et munies de stipules scarieuses.

La dernière section des *Amaranthacées* doit elle-même être séparée des deux qui la précèdent; car dans celles-ci les étamines sont bien certainement hypogynes, tandis qu'elles sont périgynes dans la dernière.

Cette dernière section jointe au *Polycarpon* et à l'*Hagea*, formera sous le nom de *Paronychiées* un groupe bien distinct qui, outre ses étamines périgynes, ses feuilles opposées et stipulées, son ovaire libre et uniloculaire, son embryon roulé circulairement ou demi-circulairement autour d'un périsperme farineux (1), présentera encore des bractées scarieuses, des calices membraneux sur les bords, des fleurs d'un aspect souvent argenté.

L'auteur retrouve ces caractères dans le *Gymnocarpus* placé par L. de Jussieu parmi les *Portulacées*, et il le rapporte aux *Paronychiées*.

---

(1) L'*Illecebrum verticillatum*, qui doit former un genre particulier, présente une exception à ce caractère.

Ce groupe se divise naturellement en deux sections. L'une qui comprend les genres *Polycarpon* et *Hagea*, se distinguera par des ovules en nombre indéterminé attachés à un axe central. L'autre qui embrasse la dernière section de la famille des *Amaranthacées*, et de plus le *Gymnocarpus*, sera caractérisé par un ovaire monosperme, où l'ovule est attaché à un cordon partant du fond de la loge.

Quoique les *Paronychiées* se distinguent des *Scléranthées* par leur *Facies*, par des feuilles simplement opposées et munies de stipules; cependant il existe entre ces deux groupes des rapports si intimes qu'il est impossible de ne pas les réunir en une seule famille qui portera le nom de *Paronychiées*, et sera divisée en deux groupes principaux, celui des *Scléranthées*, et celui des *Paronychiées proprement dites*, dont chacun comprendra deux sections.

Outre la série extrêmement naturelle qui résultera de l'établissement de cette famille, sa formation contribuera à en circonscrire plusieurs autres d'une manière plus parfaite. Ainsi on ne trouvera plus de stipules dans toute la septième classe de Jussieu. Celles des *Amaranthacées* qui ont le plus de rapports avec les *Caryophyllées*, s'en trouveront rapprochées d'avantage. On ne verra plus de genres à étamines périgynes parmi les Amaranthacées et les Caryophyllées, etc.

Cette dernière famille présentera cependant une exception à cette règle dans le *Stellaria aquatica* où l'auteur a vu et fait voir à plusieurs botanistes un calice urcéolé jusqu'au tiers portant les étamines et les pétales au sommet de l'urcéole. Cette plante est d'ailleurs absolument organisée comme les caryophyllées, et l'auteur pense qu'on fera bien de la laisser dans cette famille, en reconnaissant ainsi que la méthode naturelle admet tous les genres d'exception. Cependant pour mieux signaler celle-ci il propose de faire du *Stellaria aquatica* un genre qu'il dédie à M. l'abbé de Larbre, auteur de la Flore d'Auvergne, et qu'il caractérise comme il suit:

Calix 5 fidus basi urceolatus: petala 5 bipartita perigyna. Stamina 10 perigyna. Ovarium uniloculare polyspermum, loculis axi centrali affixis. Capsula apice sexvalvis.

A la suite des *Caryophyllées*, M. Aug. de Saint-Hilaire place la section des *Scléranthées* à fleurs polypétales. Après la seconde section de ce groupe distinguée par des ovaires monospermes, viendront celles des *Paronychiées proprement dites*, qui présentent le même caractère; et enfin la section des *Paronychiées* à fruit polisperme se nuancera avec les *Portulacées*. M. de Saint-Hilaire continue cette série, en motivant les divers rapprochemens qu'il propose. A la suite des *Portulacées* il place les *Crassulées*, puis les *Ficoïdes*, (1) ensuite les *Saxifragées* précédées par le *Donatia*,

(1) Parmi les *Ficoïdes*, M. Dutour de Salvert et l'auteur ont trouvé des plantes

les *Groseillers*, les *Nopalées*, les *Loasées*, les *Myrtées*, les *Mélastomées*, les *Fuchsiées ou onagraires* à fruit succulent, les *Combrétacées*, les *Cercodiennes*, les vraies *Onagraires*, le *Tamarix*, les *Salicariées*, etc.

M. Aug. de Saint-Hilaire a dit en parlant du *Scleranthus* et de la *Corrigiole*, que leur ovule en forme de virgule étoit attaché à un long cordon ombilical partant du fond de l'ovaire, et qu'en outre il tenait par son bout étroit au sommet du péricarpe. L'ovule a donc ici un *double point d'attache*; mais ce caractère n'est point particulier aux deux genres dont il s'agit. M. de Saint-Hilaire l'a retrouvé avec des modifications très-variées et souvent fort singulières dans une foule de genres à ovaire monospermes appartenant aux familles des *Polygonées*, des *Chenopodées*, des *Plumbaginées*, des *Urticées*, des *Labiées*.

La *seconde attache* subsiste plus ou moins de temps après la fécondation, et elle a toujours lieu de la même manière dans les mêmes espèces, dans les mêmes genres et souvent dans la même famille.

L'auteur démontre qu'elle n'est point un reste de cette adhérence qu'on observe entre le péricarpe et la surface entière de l'ovule, lorsque l'ovaire commence à se former.

Ce n'est pas par le *second point d'attache* que les sucs nourriciers parviennent à l'ovule, puisque celui-ci continue à se développer, longtemps après que la *seconde attache* est rompue; mais sa destruction, qui le plus souvent a lieu aussitôt après l'émission du pollen, indique déjà que cette même *attache* a des rapports avec la fécondation.

M. Turpin a dit qu'outre l'ombilic, il existait dans les graines une autre cicatrice, qu'il appelle le *Micropyle*, et qui est destinée au passage des vaisseaux spermatiques. M. de Saint-Hilaire s'applique à prouver que le *second point d'attache* n'est autre chose que l'origine du micropyle; que celui-ci et l'ombilic ne sont pas toujours rapprochés, et que dans un grand nombre de plantes, les *Polygonées*, par exemple, où les deux points d'attache se trouvent aux extrémités de l'ovule, le micropyle et l'ombilic se retrouvent également aux deux mêmes extrémités dans la semence.

M. Turpin avait avancé que la radicule est toujours tournée vers le micropyle. Avant qu'on eût reconnu qu'il existe un *double point d'attache* pour certains ovules, et que le micropyle et l'ombilic peuvent n'être pas toujours rapprochés, les *Polygonées*, les *Orties*, etc., présentaient une exception remarquable au principe de M. Turpin, puisque chez ces plantes, la radicule regarde l'extrémité opposée à l'ombilic. L'exception cesse aujourd'hui, puisque c'est à cette même extrémité qu'est le second point d'attache, et par conséquent le micropyle.

---

dont l'ovaire, quoique multiloculaire, renferme des ovules attachés à des placentas pariétaux.

De ces observations M. A. de Saint-Hilaire déduit la loi carpologique suivante : *Lorsque le second point d'attache chez l'ovule ou le micropyle sur la semence sont opposés à l'ombilic, l'embryon doit être dirigé en sens contraire de la graine et vice versa.* Ainsi il suffira de connaître le *second point d'attache* pour connaître aussi la direction de la radicule dans la semence, ce qui sera fort avantageux pour déterminer les rapports des plantes dont les graines ne mûrissent pas dans nos climats.

§ V. *Des Salicariées.*

La famille des *Salicariées* est la dernière où se trouvent des genres auxquels on a attribué un placenta central libre dans une capsule uniloculaire ; mais chez quelques-uns d'entre eux, ce caractère est inexact dans toute son étendue.

La capsule du *Pemphis* est bien certainement à trois loges au moins dans une grande partie de sa longueur.

Celle du *Suffrenia* est biloculaire.

Dans l'*Adenaria* genre inédit de M. de Humboldt, la capsule paraît également uniloculaire avec un placenta libre ; cependant elle est réellement à deux loges, mais la cloison très-mince et couverte d'ovules peut échapper aisément à l'œil de l'observateur.

C'est aussi parce que la cloison a fort peu d'épaisseur dans le *Lythrum hyssopifolia*, que Scopoli a attribué quatre loges à son fruit qui n'en a réellement que deux. Dans chaque loge, les semences sont attachées sur deux rangs ; en coupant le péricarpe transversalement, on n'aperçoit point la cloison, et l'on peut croire qu'il existe autant de loges que de rangs d'ovules. Il résulte de là que l'on ne doit point faire un genre particulier du *Lythrum hyssopifolia.*

De ce qui précède, il ne faudroit pas conclure cependant qu'aucune *Salicariée* n'est uniloculaire. Voici ce que l'auteur a vu dans le *Cuphœa viscosissima.*

L'ovaire de cette plante, surmonté d'un style latéral, représente assez bien le pistil des *Légumineuses ;* il est uniloculaire, et renferme un axe un peu arqué, en forme de colonne, qui n'est point central, mais qui se trouve rejeté contre les parois du péricarpe du côté opposé à celui au-dessus duquel s'élève le style. Le sommet de l'axe ne peut pénètrer dans le style, puisque ce dernier n'est point placé au-dessus de lui, et que d'ailleurs l'axe est terminé par trois ovules ; mais au-dessus des cordons ombilicaux de ces ovules, il naît de l'axe deux filets parallèles, qui, s'élevant obliquement, vont se rattacher au péricarpe, immédiatement au-dessus du style, où ils s'enfoncent sans se confondre. Ces filets, élastiques et d'une roideur remarquable, subsistent encore quelque temps après la fécondation, et doivent être destinés, comme ceux des *Caryophillées*, au passage de l'*Aura seminalis*.

L'axe présente sous son épiderme une couche épaisse de tissu cellulaire, et un faisceau de fibres central en forme de fer à cheval; de ce faisceau partent des rameaux vasculaires ascendans, qui donnent naissance aux cordons ombilicaux.

Le *Rotala*, que M. de Jussieu avait admis parmi les *Caryophillées*, et dont les étamines sont certainement pérygines, doit passer dans la famille des *Salicariées*, où il est déjà, dans l'herbier de l'auteur des ordres naturels. Le *Rotala* sera placé entre l'*Ammania* et le *Suffrenia*, et ces trois genres, ainsi rangés, offriront une diminution bien nuancée, dans les parties de la fleur. B. M.

Quelques expériences sur la combustion du diamant et du carbone; par M. Davy.

Extrait de la Bibliothèque britannique.

M. Davy a opéré la combustion du diamant et du carbone, dans un petit ballon de verre rempli de gaz oxygène: le combustible était placé sur une capsule de platine percée de plusieurs trous; il était chauffé au moyen d'une grande lentille. On jugeait de la condensation du gaz oxygène par la quantité de mercure qui entrait dans un tube de verre étroit qu'on adaptait au ballon. La disposition de cet appareil a permis d'observer que le diamant fortement chauffé continue à brûler, après même qu'on l'a retiré du foyer de la lentille; la lumière qu'il dégage est fixe, d'un rouge très-brillant, et la chaleur produite est si grande, que dans une expérience où l'on avait fixé des fragmens de diamant à la capsule au moyen d'un fil de platine, ce fil fut fondu, quoique le combustible ne se trouvât plus exposé au foyer.

M. Davy s'est convaincu que le diamant se consumait sans qu'il y eût formation d'eau et condensation apparente dans le volume de gaz oxygène; il s'est assuré que tout le gaz qui avait été employé à la combustion était converti en acide carbonique; et qu'il n'y avait eu aucun autre produit de formé ou de dégagé. M. Davy n'a jamais observé de couleur noire sur les diamans qui avaient brûlé pendant quelque temps; le seul changement physique qu'ils eussent éprouvé étoit la perte de leur lustre.

L'acide carbonique produit par le diamant, a toutes les propriétés de l'acide carbonique ordinaire; car le potassium y brûle avec une flamme rouge, et l'on obtient de la potasse et du charbon; l'eau absorbe moins de son volume de ce gaz, et acquiert toutes les propriétés d'une dissolution aqueuse d'acide carbonique; comme celle-ci elle précipite l'eau de chaux et le précipité, décomposé par l'acide muriatique, donne la même quantité de gaz que le marbre de Carrare; et enfin il fournit du charbon et de la potasse quand on le décompose à chaud par la vapeur de potassium.

Le diamant exposé dans le chlore pendant plus d'une demi-heure, à l'état d'ignition intense, n'éprouve aucun changement.

La plombagine de Barowdal, le charbon formé par la réaction de l'acide sulfurique sur l'huile de térébenthine, le charbon formé par la réaction du même acide sur l'alcool ainsi que le charbon de chêne brulés comme le diamant, ont donné des traces sensibles d'eau, quoique chacun de ces corps eût été aussi bien desséché qu'il est possible (1); on ne peut d'après cela, se refuser à admettre dans ces combustibles, une combinaison de carbone et d'hydrogène.

On doit conclure des expériences de M. Davy : 1.° que le charbon et le diamant ne contiennent pas d'oxygène, ainsi qu'on l'avait soupçonné; 2.° que le diamant peut brûler dans le gaz oxygène comme la plombagine, et que s'il brûle en général moins facilement que le charbon, cela tient au rapprochement de ses parties et à l'absence de l'hydrogène; 3.° que la couleur noire du charbon n'est pas due à une combinaison de carbone avec les métaux des alcalis et des terres, ainsi qu'on pourrait le présumer d'après la couleur noire que prend le diamant par le contact prolongé de la vapeur de potassium, puisque le charbon de térébenthine est noir, et qu'il brûle cependant sans résidu; 4.° que la seule différence chimique qui existe entre le charbon et le diamant, est que le premier contient de l'hydrogène; mais comme le poids de cet élément est quelquefois inférieur à la $\frac{1}{50000}$ partie du poids du charbon, comme l'on peut enlever l'hydrogène au charbon, en chauffant celui-ci dans le chlore, sans lui faire perdre sa couleur noire et son pouvoir conducteur de l'électricité, M. Davy pense avec M. Tennant que c'est plutôt à la cristallisation des molécules du diamant, qu'à la présence de l'hydrogène dans le charbon, qu'il faut attribuer la cause des différences qu'on observe entre ces deux corps.

C.

---

(1) Les deux derniers charbons avaient été traités par l'acide nitrique, avant d'être exposés à une température très-élevée.

Nouvelles Expériences sur la lumière; par M. Brewster, *d'Edimbourg.* (*Extrait d'une lettre écrite par M. Brewster à M. Biot, en date du 24 janvier 1815.*)

Physique.

Société Philomat.

« Depuis que je vous ai écrit j'ai été très-heureux dans la continuation de mes expériences. Voici un extrait de quelques-uns des résultats que j'ai obtenus.

» 1.° La structure qui donne deux images diversement polarisées peut être communiquée par simple pression à des substances qui ne la possèdent pas naturellement, et alors cet arrangement de particules se défait lorsque la pression cesse. J'ai obtenu ces singuliers résultats avec des gelées animales, particulièrement avec de la gelée de pieds de veau et avec de la colle de poisson. Les expériences sur la colle de poisson doivent être faites immédiatement après qu'elle est coagulée, car elle acquiert d'elle-même l'arrangement de particules qui polarise la lumière lorsqu'elle est restée tranquille durant quelques heures.

» 2.° J'ai réussi à imiter les phénomènes de la nacre de perle, avec des gelées animales, qui, dans des circonstances particulières, ont leurs surfaces couvertes de stries si fines, qu'il y en a souvent jusqu'à trois mille dans la longueur d'un pouce; ces stries produisent les mêmes phénomènes de coloration que la nacre de perle.

» 3.° Lorsqu'un rayon de lumière est transmis à travers deux plaques de verre *à surfaces parallèles, d'une égale épaisseur, et inclinées l'une à l'autre d'un petit angle*, on aperçoit de très-belles franges colorées qui sont toujours parallèles à la commune section des glaces inclinées et qui diminuent en grandeur à mesure que l'inclinaison mutuelle des plaques augmente. Les franges centrales sont composées de bandes lumineuses et noires, et celles qui sont de chaque côté de celles-ci ont des bandes rouges et vertes. Le phénomène est le même lorsque les glaces *sont en contact* ou *placées à toutes distances l'une de l'autre*; il se produit encore lorsqu'un fluide est interposé entre elles; mais il cesse absolument lorsqu'on étend une couche de fluide sur la surface extérieure de l'une ou de l'autre. La largeur des franges est inversement proportionnelle à l'épaisseur des plaques qui les produisent. » (1)

Cette dernière découverte de M. Brewster étant extrêmement remarquable, je me suis empressé de la vérifier. Pour cela, je me suis d'abord servi de deux morceaux de glace coupés sur les bords d'un

---

(1) Ce qui suit est une note de M. Biot.

même miroir plan, à surface parallèles, qui avait été travaillé par M. Cauchoix. Chacune de ces glaces avait d'épaisseur environ 3 millimètres. Je les ai posées l'une sur l'autre en les séparant à leurs extrémités par de petites bandes coupées dans une même carte, et dont je multipliais à volonté le nombre, suivant que je voulais augmenter la distance des glaces et leur inclinaison. J'ai obtenu ainsi les franges colorées que M. Brewster annonce. Je les ai obtenues, même quand la distance des glaces était au moins de deux millimètres. Mais je dois prévenir que l'expérience est assez délicate quand on veut la faire sur d'aussi grandes distances et sur des glaces aussi épaisses, car il est alors très-facile de sortir des limites d'inclinaison où le phénomène se produit. Je l'ai obtenu beaucoup plus aisément avec des lames de verre plus minces, mais qui avaient cependant encore au moins un demi - millimètre d'épaisseur. Alors il m'a paru que, pour une distance donnée, le phénomène commençait à se produire avec ces lames, lorsque le rayon incident formait un angle beaucoup plus considérable avec leur surface. Il paraît aussi qu'à ce degré de minceur le parallélisme des surfaces de chaque lame, n'est plus une condition rigoureusement nécessaire; car celles dont je me suis servi, n'ayant pas été travaillées pour cet objet, étaient un peu prismatiques : il est d'ailleurs facile de s'assurer que la lumière qui produit les franges, a été réfléchie plusieurs fois d'une plaque à l'autre, ce qui explique pourquoi les franges cessent de se produire quand on mouille l'une des surfaces extérieures, comme M. Brewster l'a remarqué.

Ces belles expériences ont évidemment le plus grand rapport avec celles que Newton a exposées à la fin de son optique, relativement aux anneaux colorés formés avec des plaques épaisses de verre dont les deux surfaces étaient sphériques et d'un rayon presque égal. Dans les expériences de Newton, le rayon incident tombe d'abord perpendiculairement sur la plaque et la traverse une fois : une grande partie se réfléchit de même perpendiculairement sur la seconde surface, et sort par où elle était entrée; mais la portion de lumière réfléchie irrégulièrement à cette seconde surface rayonne dans tous les sens à partir du point de réflexion. Les molécules lumineuses qui en font partie traversent donc une seconde fois la glace, mais dans une direction différente; et ainsi la longueur de leurs accès change, tant par l'étendue différente du trajet qu'elles parcourent, que par l'obliquité de leurs directions par rapport aux surfaces réfléchissantes. Delà il résulte qu'en revenant à la première surface du miroir, quelques-unes de ces particules se trouvent dans les dispositions convenables pour sortir, d'autres pour rentrer. Connaissant donc la longueur de leur trajet primitif, celui qu'elles parcourent dans leur retour, et la proportion suivant laquelle les accès des particules sont modifiés par l'obliquité, on peut calculer dans quel point chaque couleur devra sortir, et dans quels autres elle devra de nouveau être réfléchie en dedans: puis en suivant la lumière émergente dans l'air, d'après la loi ordinaire de la réfraction, on peut calculer le diamètre des anneaux qui devront ainsi se former sur un carton blanc à une distance donnée du miroir. C'est ce qu'a fait Newton, sur des plaques qui avaient jusqu'à un quart de pouce d'épaisseur, et les résultats se sont trouvés exactement conformes à ses calculs, même lorsque les particules en traversant la première fois la plaque, éprouvaient plus de 34386 accès. Maintenant dans les expériences de M. Brewster, l'égale épaisseur des deux plaques et la petite inclinaison de leurs surfaces me paraît remplacer l'effet de l'égale courbure des deux surfaces réfléchissantes dans les expériences de Newton, l'inclinaison des plaques ayant, pour changer la longueur du trajet, la même influence que la sphéricité. Il me semble donc présumable que les deux résultats doivent pouvoir se calculer par les mêmes formules, et c'est ce que je me propose dans peu de vérifier; mais dans tous les cas, j'ai pensé que les physiciens verraient avec plaisir ces détails sur des expériences qui paraissent devoir nous faire tout-à-fait connaître le mode par lequel se produisent les anneaux colorés.

Mémoire sur l'Œsophage; par M. Magendie D. M. P.

PHYSIOLOGIE ANIMALE

Lu à l'Institut le 11 octobre 1813.

A l'époque où j'ai eu l'honneur de répéter devant les commissaires nommés par la première classe de l'Institut, mes expériences sur le vomissement, ces Messieurs, et particulièrement M. Cuvier, m'engagèrent à faire de nouvelles recherches, pour savoir quel rôle joue l'œsophage chez un animal qui vomit; le récit des premières tentatives que j'ai faites, pour répondre au désir de MM. les commissaires, forme l'objet de ce Mémoire.

Avant tout, je dois dire que les physiologistes se sont peu occupés de l'œsophage, soit qu'ils n'aient point attaché d'importance à l'étude de cet organe, soit que l'œsophage placé profondément au cou et dans la poitrine, ait échappé à leur investigation. On s'est contenté jusqu'ici de constater sa faculté contractile. C'est ainsi qu'on a examiné le cou d'un animal au moment de la déglutition ou de la rumination, et l'on a reconnu que la contraction de l'œsophage est la cause principale de la progression des alimens et des boissons. On a mis à découvert l'œsophage dans toute sa longueur sur un animal récemment mort, on l'a irrité de diverses manières, et on y a excité des contractions plus ou moins énergiques; de plus, on a fait sur l'homme et les animaux malades, certaines remarques qui ont démontré en même temps la contractilité de l'œsophage, et l'utilité de cette propriété.

Haller est encore sur ce point celui qui a fait les expériences les plus péremptoires, à la vérité elles ne sont qu'au nombre de quatre, mais elles lui ont suffi pour établir l'irritabilité de l'œsophage, et c'était là le but principal d'Haller.

Je n'ai trouvé aucune expérience faite directement dans l'intention de déterminer l'action de l'œsophage dans le vomissement; le sujet de recherche proposé par MM. les commissaires, était donc entièrement neuf.

Pour arriver à le traiter d'une manière convenable, je me suis proposé d'étudier d'abord l'œsophage dans l'instant où l'on peut le supposer en repos, je ne me suis point repenti d'avoir suivi cette marche, car dès mes premières expériences, j'ai reconnu un phénomène important, et qui jusqu'ici, je crois, paraît s'être soustrait à l'observation des physiologistes; savoir : que l'œsophage dans son tiers inférieur, est continuellement animé d'un mouvement alternatif de contraction et de relâchement qui semble indépendant de toute irritation étrangère.

Ce mouvement m'a paru limité à la portion du conduit qui est environné par le plexus des nerfs de la huitième paire, c'est-à-dire, à son tiers inférieur environ; il n'en existe aucune trace au cou, non plus qu'à la partie supérieure de la poitrine. La contraction se montre à la manière du mouvement péristaltique; elle commence à l'union des deux tiers supérieurs de l'œsophage, avec son tiers inférieur, et se prolonge jusqu'à l'insertion de ce conduit dans l'estomac. La contraction une fois produite, continue un temps variable, ordinairement c'est moins d'une demi-minute.

Contracté de cette manière dans son tiers inférieur, l'œsophage est dur comme une corde fortement tendue; quelques personnes à qui je l'ai fait toucher, dans cet état, l'ont comparé à une baguette. Quand la contraction a duré le temps que je viens d'indiquer, le relâchement m'a paru arriver tout-à-coup et simultanément dans chacune des fibres contractées, dans certains cas cependant le relâchement m'a paru se faire des fibres supérieures vers les inférieures; l'œsophage examiné durant l'état de relâchement, présente une flaccidité remarquable et qui contraste singulièrement avec l'état de contraction.

Le mouvement alternatif dont je parle, est sous la dépendance des nerfs de la huitième paire. Quand on a coupé ces nerfs sur un animal, le mouvement cesse complètement, l'œsophage ne se contracte plus, mais il n'est pas non plus dans l'état de relâchement, ses fibres soustraites à l'influence nerveuse se raccourcissent; c'est ce qui produit relativement au toucher, un état intermédiaire à la contraction et au relâchement (1).

(1) Ce mouvement n'existe pas dans le cheval; mais chez cet animal les piliers du diaphragme ont sur l'extrémité inférieure de l'œsophage une action bien différente de celle qu'a ce muscle sur l'œsophage dans les autres animaux.

Lorsque l'estomac est vide ou à demi rempli d'alimens, la contraction de l'œsophage revient à des époques beaucoup plus éloignées; mais si l'estomac est fortement distendu par une cause quelconque, la contraction de l'œsophage est ordinairement plus énergique, et elle se prolonge beaucoup plus long-temps. Je l'ai vu dans des cas de cette espèce se continuer plus de dix minutes; dans les mêmes circonstances, c'est-à-dire, lorsque l'estomac est rempli outre mesure, le relâchement est toujours beaucoup plus court.

Si durant la contraction dans l'œsophage, on veut, par une pression mécanique exercée sur l'estomac, faire passer une partie des alimens qui y sont contenus, dans l'œsophage, il faut, pour y réussir, employer une force très-considérable, encore le plus souvent n'y parvient-on pas. Il m'a semblé même que la pression faisait croître l'intensité de la contraction de l'œsophage, et qu'elle la prolongeait.

Quand, au contraire, c'est dans l'instant du relâchement que l'on comprime l'estomac, il est très-facile de faire passer les matières qu'il contient dans la cavité de l'œsophage; si c'est un liquide, par exemple, la plus légère pression, quelquefois même le simple poids du liquide, ou la tendance qu'a l'estomac à revenir sur lui-même, peuvent seuls amener ce résultat.

Il ne sera pas inutile, je pense, d'insister un instant sur cette entrée accidentelle du liquide dans la cavité de l'œsophage.

Si l'estomac n'est pas très-distendu par le liquide, on ne remarque pas le plus souvent qu'il en passe dans l'œsophage, à moins que l'animal étant couché sur le dos et l'abdomen ouvert, le liquide ne tende par son poids à y pénétrer; cependant le liquide entre presque toujours lorqu'on en remplit brusquement l'estomac par un moyen quelconque, je l'ai fréquemment vu, en poussant rapidement dans l'estomac une seringuée d'eau, à travers le pylore.

Quand l'estomac est à nu, et qu'on le distend outre mesure, le liquide n'entre pas ordinairement dans l'œsophage, ainsi que nous l'avons dit, parce que la distension de l'estomac est une cause qui fait prolonger la contraction de l'œsophage.

Le passage d'un liquide de l'estomac dans l'œsophage, est suivi tantôt de son retour dans l'estomac, et c'est le cas le plus fréquent, ou bien le liquide est rejeté au-dehors; ce cas est beaucoup plus rare, je l'ai cependant vu plusieurs fois.

Le retour du liquide dans l'estomac, dépend, comme on doit le penser, de la contraction de l'œsophage; la contraction, dans ce cas, a beaucoup d'analogie avec celle qui s'observe dans la déglutition, quelquefois elle suit immédiatement l'entrée du liquide, et dans d'autres cas l'œsophage se laisse distendre considérablement avant de repousser le liquide dans la cavité de l'estomac.

La connaissance du phénomène que je viens de décrire doit éclairer, ce me semble, plusieurs actes importans de la vie, qui sont encore peu connus sous le rapport de leur mécanisme; tels sont : la régurgitation, les vomituritions, l'éructation, etc. Cette connaissance ne peut encore manquer de faire entrevoir comment des malades peuvent avoir pendant plusieurs jours, quelquefois durant plusieurs semaines, l'estomac distendu par des gaz; comment on voit dans certains cas de maladie, des liquides s'accumuler en quantités énormes dans l'estomac sans qu'il s'en échappe une seule goutte par l'œsophage, ce que j'ai eu occasion de remarquer récemment sur le cadavre d'une jeune femme qui avait succombé à une affection organique du rein. Pourquoi certains gourmands conservent dans leur estomac pendant la durée de la digestion des quantités prodigieuses d'alimens et de boisson? Pourquoi quand l'estomac d'un moribond est rempli de boissons, celles-ci s'échappent par la bouche peu de temps après la mort? Pourquoi enfin l'estomac peut être comprimé très-fortement dans les efforts qu'on fait pour uriner ou pour aller à la garde-robe, etc., sans que les matières qu'il contient s'introduisent dans l'œsophage?

Après avoir examiné l'œsophage dans le moment où on pourrait le croire en repos, je l'ai observé au moment de la déglutition, et j'ai reconnu qu'Haller avait très-bien décrit l'action de l'œsophage dans cet instant. Tout ce qu'a dit ce grand physiologiste, m'a paru parfaitement exact pour les deux tiers supérieurs du canal, l'action du tiers inférieur est essentiellement différente, et Haller n'a point fait cette distinction. Haller dit que le relâchement de chaque fibre circulaire suit immédiatement la contraction, et cela est vrai pour la portion du conduit placé au cou et dans la partie supérieure de la poitrine; mais cela n'est plus exact pour la portion inférieure, où l'on aperçoit que la contraction de toutes les fibres circulaires se prolonge assez long-temps après l'entrée des alimens ou des boissons dans l'estomac. Dans cet instant, la membrane muqueuse de l'extrémité cardiaque de l'œsophage, poussée par la contraction des fibres circulaires, forme un bourlet assez considérable dans la cavité de l'estomac.

Voici maintenant quelques observations que j'ai faites sur un assez grand nombre d'animaux, elles ne montrent point le rôle que joue l'œsophage dans l'acte du vomissement, mais elles peuvent jeter quelque jour sur l'influence qu'il exerce dans la production de ce phénomène.

Si l'on coupe en travers l'œsophage au cou, l'on peut exciter le vomissement en portant des substances vomitives dans l'estomac ou dans le système circulatoire, soit par la voie de l'absorption, soit par celle de l'injection dans les veines.

Il en est de même si l'on coupe l'œsophage à diverses hauteurs dans la cavité de la poitrine, pourvu qu'on évite de le toucher à son attache au diaphragme.

L'œsophage étant coupé à un pouce au-dessus du diaphragme, si on le saisit au cou et qu'on l'extraie de la cavité de la poitrine, avec la précaution d'endommager le moins possible le plexus des nerfs de la huitième paire, on peut produire le vomissement par les deux moyens indiqués, en sorte qu'il est vrai de dire qu'un animal privé d'œsophage est encore susceptible de vomir, ce qui avait été nié par quelques personnes.

Après avoir fait ces remarques, j'ai sur un animal, ouvert l'abdomen, j'ai séparé l'œsophage de ses attaches au diaphragme, j'ai appliqué une ligature à l'endroit où il s'insère à l'estomac pour éviter que les matières contenues dans ce viscère ne tombassent dans l'abdomen, ayant eu soin de ne point comprendre dans la ligature les nerfs de la huitième paire; j'ai coupé l'œsophage immédiatement au-dessus de la ligature, je l'ai saisi au cou et je l'ai extrait en totalité : la plaie de l'abdomen étant réunie par des sutures, j'ai cherché à déterminer le vomissement par l'injection de l'émétique dans les veines, et il m'a été impossible d'exciter la moindre nausée; la dose d'émétique que j'ai employée était cependant très-forte. Voyant que l'injection de l'émétique ne produisait pas le vomissement, je l'ai introduite à doses égales dans l'estomac, et le vomissement n'a pas tardé à paraître. J'ai répété six fois cette expérience avec le même résultat.

Je ne me suis pas arrêté là, j'ai sur plusieurs autres animaux détaché l'œsophage de ses adhérences au diaphragme, j'ai appliqué une ligature près l'estomac, et j'ai coupé transversalement ce canal un peu au-dessous de son passage à travers le diaphragme; mais au lieu de l'extraire comme dans l'expérience précédente, je l'ai laissé dans sa position; j'ai injecté de l'émétique dans les veines, et il m'a été impossible d'exciter des efforts de vomissement, tandis qu'ils furent produits sans peine par le contact de l'émétique avec l'estomac.

Deux autres expériences qui suivirent celles-là, et dans lesquelles, après avoir détaché du diaphragme, je m'étais contenté d'appliquer une ligature sur la partie la plus inférieure de ce conduit, me donnèrent un résultat semblable; mais ayant depuis répété cette expérience plusieurs fois, j'ai vu l'injection de l'émétique dans les veines produire des efforts considérables de vomissement.

J'ai observé dans ces dernières expériences un phénomène assez singulier: l'air qui pendant les nausées cherche à entrer dans l'estomac est arrêté par la ligature et distend l'œsophage; mais bientôt cet organe se contractant à sa partie inférieure tend à le chasser, l'air en remontant, rencontre de nouvelles portions de fluide qui entrent dans l'œsophage et qui se dirigent vers l'estomac; du choc de ces deux courans, résulte un bruit remarquable et qui continue tout le temps que l'animal fait des efforts pour vomir.

Je conclus des expériences rapportées dans ce Mémoire :

1.° Que l'œsophage dans son tiers inférieur est animé d'un mouvement alternatif de contraction et de relâchement.

2.° Que ce mouvement est spécialement sous la dépendance des nerfs de la huitième paire.

3.° Que la distension de l'estomac par des gaz, des liquides ou des alimens, paraît être une cause qui prolonge la durée de la contraction de l'œsophage, tandis qu'elle semble diminuer le temps du relâchement.

4.° Qu'une compression mécanique exercée sur l'estomac, paraît être une circonstance qui augmente la durée et l'intensité de la contraction de l'œsophage.

5.° Que dans la déglutition, le tiers inférieur de l'œsophage reste quelque temps contracté immédiatement après l'entrée dans l'estomac d'une portion d'alimens solides ou liquides.

6.° Que le vomissement peut avoir lieu chez un animal privé d'œsophage, par l'introduction de l'émétique dans l'estomac, tandis qu'il ne paraît pas pouvoir être excité par l'injection de l'émétique dans les veines.

Peut-être serais-je en droit d'ajouter à ces conclusions, que l'adhérence du diaphragme à l'œsophage a une grande influence sur la production du vomissement; mais je me contente pour ce moment de présenter la chose comme probable, en attendant que de nouvelles expériences viennent la rendre positive.

Ce serait ici le lieu de rapporter les expériences que j'ai faites pour déterminer la part que prend l'œsophage dans l'acte du vomissement (objet principal de mon travail); c'est ce que j'ai consigné dans un Mémoire particulier, que j'aurai l'honneur de présenter à la classe dans l'une de ses prochaines séances.

Sur les moyens de produire une double distillation à l'aide de la même chaleur; par M. Smithson Tennant.

Physique.

Transact. philosop. 1814, 2ᵉ Partie.

Black a montré le premier, par des expériences ingénieuses, que la chaleur qui est nécessaire pour porter l'eau de la température de 10° centigrades à celle de l'ébullition, est seulement la sixième partie environ de celle que ce même liquide absorbe dans le passage de l'ébullition à l'état de vapeur. Cette portion de calorique qui est toute entière employée à convertir l'eau en fluide élastique, a été appelée la chaleur *latente*, parce qu'elle ne produit aucun effet sur le thermomètre; mais quelles que soient les circonstances dans lesquelles la vapeur se condense, la chaleur latente se montre de nouveau; aussi s'est-on servi dans beaucoup de cas de cette condensation pour échauffer divers corps.

C'est ainsi, par exemple, qu'en faisant traverser une masse d'eau par un courant de vapeur continu, on finira par élever sa température jusqu'à 100°. A ce terme la vapeur cessera de se condenser, puisqu'elle a précisément la température du liquide qu'elle traverse ; aussi ne semble-t-il pas possible de convertir par ce moyen l'eau en vapeur ; mais on peut remarquer que la chaleur qui est nécessaire pour porter un fluide donné à l'état d'ébullition, dépend de la pression que l'air exerce sur sa surface, de sorte que si cette pression est diminuée par un moyen quelconque, le fluide, l'eau, par exemple, entrera en ébullition avant 100 degrés, et pourra par conséquent être distillée par la seule condensation de la vapeur ordinaire : c'est d'après ces principes que l'appareil de distillation de M. Tennant a été construit.

Qu'on imagine une chaudière semblable à celles dont on se sert dans les laboratoires de chimie pour se procurer de l'eau distillée ; mais qu'on suppose que la plus grande partie du serpentin dans lequel la vapeur vient se condenser soit engagée dans un autre vase semblable au précédent et également rempli d'eau, et l'on aura une idée assez exacte de l'appareil à double distillation. L'ouverture par laquelle le serpentin s'engage dans la seconde chaudière et celle qui sert d'issue à son extrémité inférieure doivent être l'une et l'autre parfaitement lutées. Le second vase porte deux robinets qui sont placés l'un à sa partie supérieure, et l'autre à l'extrémité de son serpentin; pour faire le vide dans cette dernière chaudière, il suffit d'ouvrir les robinets dont je viens de parler, et d'élever la température de l'eau qu'elle renferme jusqu'à l'instant où les vapeurs commencent à se montrer; on ferme alors les deux robinets, et toute application ultérieure et immédiate de calorique à cette chaudière devient inutile; on se contente ensuite d'échauffer la première chaudière, et la condensation de la vapeur qu'elle fournit, dans le serpentin, suffit pour faire bouillir et pour distiller l'eau qui est contenue dans la seconde.

M. Tennant a trouvé ainsi, dans quelques expériences, que la quantité de liquide que fournit la *seconde* distillation, est les *trois quarts* de celle qui provient de la première chaudière ; il pense même que cette proportion serait encore sensiblement augmentée, si on avait la précaution de revêtir le second vase de flanelle ou de toute autre substance capable de retenir le calorique. (F. A)

De la différence entre les attractions exercées par une couche infiniment mince sur deux points très-rapprochés l'un de l'autre, situés l'un à l'intérieur, l'autre à l'extérieur de cette même couche; par A. L. CAUCHY, *ingénieur des ponts et chaussées.*

MATHÉMATIQUES.

Institut.
Mars 1815.

On sait que l'attraction exercée par une couche infiniment mince sur un point très-rapproché d'elle a deux expressions différentes, suivant que ce point est situé à l'intérieur ou à l'extérieur. On peut d'abord, vu l'épaisseur infiniment petite de la couche, supposer celle-ci réduite à une simple surface attirante, mais pour laquelle la force attractive en chaque point varieroit proportionnellement à l'èpaisseur dont il s'agit. Cela posé, si l'on considère deux points situés tout près de la surface et sur une même normale, l'un au dedans, l'autre au dehors, les actions exercées sur ces deux points suivant le plan tangent seront égales entre elles, et les actions exercées suivant la normale différeront d'une quantité égale au produit de *quatre fois le rapport de la circonférence au diamètre par la force attractive de la surface.* En général *la différence des actions exercées suivant une direction déterminée sera égale à la différence qu'on vient de citer multipliée par le cosinus de l'angle que forme cette direction avec la normale.* On trouve une démonstration synthétique de ce théorême dans le premier Mémoire de M. Poisson sur l'électricité. Je vais faire voir comment on peut le déduire des formules générales de l'attraction.

Soient M et N les deux points donnés situés tout près de la surface que l'on considère et sur une même normale, l'un à l'intérieur, l'autre à l'extérieur. Soient x_1, y_1, z_1, x_2, y_2, z_2 les coordonnées respectives des points M et N rapportés à trois axes rectangulaires; et supposons que la normale menée par ces deux points coupe la surface en un troisième point R, dont les coordonnées soient X, Y, Z. Enfin désignons par E la force attractive au point R, et par x, y, z les coordonnées variables de la surface. Si l'on représente par

$$(1)\quad z - Z = P(x - X) + Q(y - Y)$$

l'équation du plan tangent au point R, les coordonnées du point M satisferont aux équations

$$(2)\quad \begin{cases} x_1 - X + P(z_1 - Z) = 0, \\ y_1 - Y + Q(z_1 - Z) = 0. \end{cases}$$

Soit encore θ l'angle formé par la normale avec une droite déterminée. Si l'on prend cette droite pour axe des z, on aura

$$(3) \qquad \cos.\ \theta = \frac{1}{\sqrt{(1 + P^2 + Q^2)}}.$$

Voyons maintenant quelle est la différence des attractions exercées par la surface suivant cette même droite sur chacun des points M et N.

Désignons par O le point de la surface auquel appartiennent les coordonnées x, y, z : soit e la force attractive au même point; et r_1 la distance des points O et M, en sorte qu'on ait

$$(4) \quad r_1 = \left((x - x_1)^2 + (y - y_1)^2 + (z - z_1)^2 \right)^{\frac{1}{2}}.$$

Enfin, soit A l'attraction de la surface sur le point M suivant l'axe des z : en faisant à l'ordinaire $\frac{dz}{dx} = p$, $\frac{dz}{dy} = q$, on aura

$$(5) \quad \mathrm{A} = -\iint \frac{e\,(z - z_1)}{r_1^3} (1 + p^2 + q^2)^{\frac{1}{2}}\, dx\, dy,$$

l'intégrale double devant s'étendre à tous les points de la surface. De même, si l'on représente par B l'attraction de la surface sur le point N, et que l'on fasse

$$(6) \quad r_2 = \left((x - x_2)^2 + (y - y_2)^2 + (z - z_2)^2 \right)^{\frac{1}{2}};$$

on trouvera

$$(7) \quad \mathrm{B} = -\iint \frac{e\,(z - z_2)}{r_2^3} (1 + p^2 + q^2)^{\frac{1}{2}}\, dx\, dy,$$

la nouvelle intégrale étant prise entre les mêmes limites que la première.

Si l'on suppose maintenant les points M et N très-rapprochés l'un de l'autre et de la surface donnée; on aura à très-peu près

$$x_1 = x_2 = \mathrm{X}, \quad y_1 = y_2 = \mathrm{Y}, \quad z_1 = z_2 = \mathrm{Z}.$$

Dans le même cas, les élémens des intégrales doubles qui représentent les valeurs de A et de B seront sensiblement égaux entre eux, tant que les quantités

$$\frac{z - z_1}{r_1^3}, \quad \frac{z - z_2}{r_2^3}$$

auront une valeur finie; c'est-à-dire, tant que les quantités

$$x - x_1,\ y - y_1,\ z - z_1, \quad x - x_2,\ y - y_2,\ z - z_2,$$

ou, ce qui revient au même, les suivantes

$$x - \mathrm{X},\ y - \mathrm{Y},\ z - \mathrm{Z}$$

ne seront pas toutes à la fois infiniment petites. Ainsi, pour obtenir la différence des intégrales doubles qui représentent les attractions A et B, il suffira de déterminer les parties de ces intégrales qui correspondent à des valeurs de x, y, z très-peu différentes de X, Y, Z. On y parvient de la manière suivante.

Considérons d'abord l'intégrale double qui forme le second membre de l'équation (5), et faisons

$$(8)\quad\left\{\begin{array}{l} Z - z_1 = \alpha. \\ Y - y_1 = -Q\,\alpha. \\ X - x_1 = -P\,\alpha. \end{array}\right.$$

On aura, en vertu des équations (2)

De plus, les points M et R étant censés très-voisins l'un de l'autre, α sera une quantité très-petite; et, si l'on veut que le point O soit aussi très-rapproché du point R, il faudra supposer en outre

$$(9)\qquad x - X = \alpha\,x', \quad y - Y = \alpha\,y', \quad z - Z = \alpha\,z',$$

x', y', z' étant de nouvelles variables qui pourront obtenir de très-grandes valeurs positives ou négatives, mais telles néanmoins que les quantités $\alpha\,x'$, $\alpha\,y'$, $\alpha\,z'$ restent toujours fort petites. Ainsi, par exemple, si l'on considère α comme un infiniment petit du premier ordre, il sera permis de considérer x', y', z' comme des quantités infinies de l'ordre $\frac{1}{\alpha^n}$, pourvu que n soit < 1. Dans cette hypothèse, on aura à fort peu près

$$e = E, \ (1 + p^2 + q^2)^{\frac{1}{2}} = (1 + P^2 + Q^2)^{\frac{1}{2}} = \frac{1}{\cos.\,\theta}.$$

On aura de plus en vertu de l'équation (1)

$$z' = P\,x' + Q\,y';$$

et par suite les équations (8) et (9) donneront

$$\frac{z - z_1}{r_1^{\,3}}\,dx\,dy = \frac{P\,x' + Q\,y' + 1}{\left((x' - P)^2 + (y' - Q)^2 + (P\,x' + Q\,y' + 1)^2\right)^{\frac{3}{2}}}\,dx'\,dy'.$$

Cela posé, si l'on désigne par A′ la partie de l'intégrale A, qui correspond à des valeurs de x, y, z fort peu différentes de X, Y, Z, on trouvera

$$(10)\qquad A' = -\frac{E}{\cos.\,\theta}\iint \frac{P\,x' + Q\,y' + 1}{\rho^3}\,dx'\,dy',$$

pourvu que l'on fasse

$$(11)\quad \rho = \left((x' - P)^2 + (y' - Q)^2 + (P\,x' + Q\,y' + 1)^2\right)^{\frac{1}{2}}$$
$$= \left(\frac{1}{\cos.^2\,\theta} + (1 + P^2)\,x'^2 + 2\,P\,Q\,x'\,y' + (1 + Q^2)\,y'^2\right)^{\frac{1}{2}},$$

et que l'on prenne la nouvelle intégrale entre les limites $x' = -\infty$ $x' = +\infty, y' = -\infty, y' = +\infty$. D'ailleurs entre ces mêmes limites on a évidemment

$$\iint \frac{Px' + Qy'}{\rho^3} \, dx' \, dy' = 0.$$

L'équation (10) se réduira donc à

$$(12) \quad A' = -\frac{E}{\cos. \theta} \iint \frac{dx' \, dy'}{\rho^3} \quad \begin{bmatrix} x' = -\infty, x' = +\infty. \\ y' = -\infty, y' = +\infty. \end{bmatrix}$$

Soit maintenant $y' = x' t$: on aura entre les limites o et ∞ de toutes les variables

$$\iint \frac{dx' \, dy'}{\rho^3} = \iint \frac{x' \, dx' \, dt}{\left(\frac{1}{\cos.^2 \theta} + (\overline{1+P^2} + 2PQt + \overline{1+Q^2}\, t^2)\, x'^2\right)^{\frac{3}{2}}}$$

$$= \cos. \theta \int \frac{dt}{\overline{1+P^2} + 2PQt + \overline{1+Q^2}\, t^2} = \frac{\pi}{2} \cos.^2 \theta.$$

En quadruplant cette valeur, on obtiendra celle de l'intégrale $\iint \frac{dx' \, dy'}{\rho^3}$ prise entre les limites $-\infty$ et $+\infty$ des deux variables; et par suite la formule (12) deviendra

$$(13) \qquad A' = -2\pi E \cos. \theta.$$

Les calculs précédents supposent la quantité α, ou $Z - z_1$, positive. Si elle eût été négative, on aurait encore trouvé la même valeur de A', mais avec un signe différent. On aura donc généralement

$$(14) \qquad A' = \mp 2\pi E \cos. \theta,$$

le signe supérieur devant être adopté si Z surpasse z_1, et le signe inférieur dans le cas contraire.

De même, si l'on désigne par B' la partie de l'intégrale B qui correspond à des valeurs de x, y, z, très-peu différentes de X, Y, Z, on trouvera

$$(15) \qquad B' = \pm 2\pi E \cos. \theta,$$

le signe + devant être adopté si z_2 surpasse Z, et le signe — dans le cas contraire. D'ailleurs, les quantités

$$z_1 - Z \text{ et } z_2 - Z$$

étant toujours nécessairement de signes opposés, il en sera de même des quantités A' et B'. La différence de ces dernières, et par suite celle des quantités A et B, sera donc toujours égale, abstraction faite du signe, à $4\pi E \cos. \theta$; c. q. f. d.

Mémoire sur le mouvement de l'eau dans les tubes capillaires ; par M. GIRARD.

PHYSIQUE.

Institut.

Novembre 1814, et Janvier et Février 1815.

Si l'on appelle

g la gravité,

D le diamètre d'un tuyau cylindrique implanté dans la paroi d'un réservoir entretenu constamment plein,

h la différence de niveau entre la surface de l'eau du réservoir et le centre de l'orifice inférieur du tuyau,

l la longueur développée de ce tuyau,

u la vitesse uniforme avec laquelle l'eau s'écoule,

Enfin a et b deux coefficiens qui doivent être déterminés par l'observation ; on sait que les conditions du mouvement linéaire et uniforme de l'eau dans le tuyau sont donnés par la formule générale :

$$\frac{gDh}{4lu} = a + b\,u.$$

M. Girard a rendu compte à la première classe de l'Institut, dans les séances des 28. novembre 1814, 16 janvier et 13 février 1815, des expériences qu'il a faites sur le mouvement de l'eau dans des tubes capillaires de cuivre de 2 et 3 millimètres d'ouverture, sous des pressions d'eau qui ont varié depuis 5 jusqu'à 35 centimètres.

En appliquant à ces expériences la formule générale qui vient d'être rapportée, on trouve,

1.° Que sous une charge quelconque, lorsque le tube capillaire est parvenu à une certaine longueur, le terme proportionnel au quarré de la vitesse disparaît de la formule générale, de sorte qu'elle se réduit à celle-ci :

$$\frac{gDh}{4lu} = a\,,$$

laquelle exprime, comme il est aisé de s'en assurer, les conditions de l'uniformité du mouvement *linéaire* le plus simple ;

2.° Que dans tous les cas où les conditions du mouvement sont exprimées par cette formule, les variations de la température de l'eau exercent sur la vitesse d'écoulement de l'eau dans le tube une très-grande influence, de telle sorte que la charge d'eau, la longueur et le diamètre du tube restant les mêmes, la vitesse qui est exprimée par 10 à 0 degrés de température, est exprimée par 42 à 85 degrés du thermomètre centigrade ;

3.° Que dans tous les cas où la formule $\frac{gDh}{4lu} = a$ ne satisfait point aux observations, c'est-à-dire lorsque la longueur du tube est au dessous d'une certaine limite, les variations de la température n'exercent qu'une légère influence sur la vitesse d'écoulement, tellement que cette vitesse, par un ajutage de 55 millimètres de longueur à 5 degrés de température, étant représentée par 10, elle est représentée par 12 à 87 degrés, toutes les autres circonstances de l'observation étant les mêmes;

4.° Qu'à températures égales, l'expression $\frac{gDh}{4lu} = a$ décroît avec le diamètre du tube mis en expérience;

5.° Que l'influence de la température sur les vitesses d'écoulement suit la même loi dans des tubes capillaires d'un diamètre inégal, c'est-à-dire que les différences successives de l'expression $\frac{gDh}{4lu} = a$ deviennent d'autant moindres, pour des différences égales de température, que la température est plus élevée;

6.° Que cette loi se manifeste avec d'autant plus de régularité que les observations ont lieu sur des tubes d'un diamètre plus petit, ou, ce qui revient au même, que *la linéarité du mouvement est plus parfaite;*

7.° Que les valeurs du terme $\frac{gDh}{4lu} = a$, calculées dans les mêmes circonstances pour deux tubes de diamètres inégaux, diffèrent d'autant plus entre elles que la température est plus basse, et que ces valeurs paraissent tendre à devenir identiques à mesure que la température s'élève, de manière que si leur différence est représentée par 6 à 0 degrés de température, elle n'est plus représentée que par 1 lorsque la température approche de 80 degrés;

8.° Enfin, que la température, qui joue un si grand rôle dans les phénomènes de l'écoulement uniforme de l'eau par des tubes capillaires, n'exerce sur cet écoulement qu'une influence presque insensible lorsqu'il a lieu dans des tuyaux de conduite ordinaires, dont les diamètres sont hors des limites de la capillarité.

Sur l'existence de l'acide carbonique dans l'urine et le sang; par M. Vogel.

CHIMIE.

M. Proust avait annoncé l'existence de l'acide carbonique dans l'urine, mais on pouvait croire qu'il était le produit de la décomposition de l'urée. M. Vogel a tenté de démontrer qu'il était un des principes de l'urine fraîche, en opérant de la manière suivante :

Il a introduit un litre d'urine de boisson dans un flacon de deux litres de capacité, auquel il a adapté un tube qui plongeait un peu dans une éprouvette contenant de l'eau de chaux; il a placé cet appareil sous le récipient de la machine pneumatique, il a fait le vide; l'urine s'est couverte d'écume, et il s'est dégagé de l'acide carbonique, qui a précipité l'eau de chaux en carbonate.

L'urine de la digestion s'est comportée comme l'urine de boisson. Il en a été de même du sang de bœuf. Le lait récemment trait, et la bile de bœuf fraîche, ont présenté des traces si légères d'acide carbonique, que M. Vogel n'ose pas prononcer sur l'existence de cet acide dans ces deux derniers liquides.

Le lait abandonné un jour à lui-même, et placé ensuite sous le récipient pneumatique, a donné une quantité notable de carbonate de chaux.

C.

Démonstration d'un théorème sur la double réfraction; par M. Ampère.

Mathématiques.

Institut. Mars 1815.

Les rayons de lumière qui traversent un cristal doué de la double réfraction n'ont pas tous la même vitesse; celle de chaque rayon dépend de sa direction par rapport à un axe, et même, quelquefois, à deux axes du cristal. Or, en appliquant le principe de la moindre action au mouvement de la lumière dans ces cristaux, M. Laplace a exprimé, par des formules analytiques, la relation qui existe entre les directions et les vitesses, de telle manière que quand la loi des vitesses est donnée, on en conclut celle des directions, et réciproquement. M. Ampère, en partant du même principe, exprime cette dépendance par une construction géométrique renfermée dans un théorème fort élégant dont nous allons donner l'énoncé.

Concevons deux cristaux quelconques, superposés l'un à l'autre, et supposons que la lumière passe de l'un dans l'autre, par un de leurs points de contact, suivant toutes les directions possibles. A partir du point de passage, prenons sur chaque rayon émergent une droite dont la longueur soit en raison inverse de la vitesse de ce rayon; les extrémités de ces droites formeront une première surface dépendante de la loi des vitesses dans le cristal émergent. A partir du même point, prenons sur les prolongemens des rayons incidens, des droites qui soient en raison inverse des vitesses correspondantes à ces rayons, et dont les extrémités formeront une seconde surface dépendante de la loi de ces vitesses. Cela posé, M. Ampère démontre que si, par deux points correspondans sur les surfaces ainsi formées, c'est-à-dire par les extrémités d'un rayon émergent et du rayon incident qui lui correspond, on mène des plans tangens à ces surfaces, leur intersection commune se trouvera sur le plan de contact des deux cristaux. Ainsi, étant donnée la direction d'un rayon incident, si l'on veut connaitre celle du rayon émergent, on mènera, par l'extrémité du rayon donné, un plan tangent à la seconde surface; ce plan coupera le plan de contact des deux cristaux suivant une droite; par cette droite on mènera un autre plan tangent à la première surface: le point de contact de celui-ci, joint au point d'émergence du rayon incident, représentera la direction cherchée du rayon émergent.

Dans le cas où les rayons incidens sortent du vide, ou de l'air, ou d'un cristal qui n'a pas la double réfraction, leurs vitesses sont constantes, et la seconde surface que nous venons de construire est une sphère. Il en est de même de la première surface, si le cristal émergent n'a pas non plus la double réfraction, ou bien si l'on considère les rayons réfractés ordinaires; alors la construction de M. Ampère coïncide avec la loi connue de la réfraction simple. Dans le spath d'Islande et dans la plupart des autres cristaux, la surface correspondante aux rayons réfractés extraordinairement est un ellipsoïde de révolution, ainsi qu'il résulte de la loi découverte par Huighens, et constatée par les nombreuses expériences de Malus. Enfin, d'après ce que M. Biot a prouvé dernièrement (1), cet ellipsoïde est aplati dans les cristaux qu'il a nommés *attractifs*, et alongé dans ceux qu'il appelle *répulsifs*; et suivant le même physicien, il paraîtrait qu'il en existe d'autres, comme le *mica*, par exemple, où cette surface n'est plus un ellipsoïde de révolution.

P.

Sur l'extraction de la gélatine des os par le procédé de M. DARCET.

CHIMIE.

LES os sont formés de sels insolubles dans l'eau, et d'un tissu gélatineux. On peut séparer ces deux sortes de substances, ou par l'action de l'eau chaude, ainsi que Papin, Darcet père, et Proust, l'ont proposé,

---

(1) Bulletin des Sciences, année 1815, page 27.

ou par certains acides qui dissolvent les sels sans toucher au tissu gélatineux. C'est par ce dernier moyen que Stahl et Hérissant démontraient la composition des os et des yeux d'écrevisse (1). La première manière d'opérer, qui a été généralement suivie, présente des difficultés de plus d'un genre, qui se sont toujours opposées à ce qu'elle prît place parmi les procédés usuels de nos arts. La seconde, qui n'était consignée dans les traités de chimie du dernier siècle que comme expérience de curiosité, est devenue, dans les mains de M. Darcet, le fondement d'un art nouveau. Voici le procédé qu'il a mis en pratique dans l'établissement de M. Robert.

Après avoir dissous la partie saline des os dans l'acide hydrochlorique étendu, M. Darcet expose le tissu gélatineux qui reste à un courant d'eau froide et vive, ensuite il le met dans des paniers, qu'il plonge pendant quelques instans dans l'eau bouillante. Par ce moyen il le prive de l'acide et de la graisse qu'il retenait, ensuite il l'essuie avec des linges, et le fait dessécher.

100 parties d'os en donnent 30 de tissu gélatineux.

Le tissu gélatineux ainsi préparé peut se conserver pendant plusieurs années quand il a été complètement privé d'humidité.

Il se dissout promptement et presque en totalité dans l'eau bouillante, et forme un bouillon auquel il ne manque que l'arome pour être absolument semblable à celui qui est fait avec la viande de bœuf; mais on peut, jusqu'à un certain point, faire disparaître cet inconvénient en préparant le bouillon avec le quart de la viande qu'on emploie ordinairement, et une quantité de tissu gélatineux correspondante à la gélatine que les trois autres quarts de la viande auraient fourni; et l'on a cet avantage que ces trois parties de viande donnent deux parties de rôti, c'est-à-dire autant que quatre parties auraient donné de bouilli. L'économie de ce procédé surpasse de beaucoup le prix du tissu gélatineux employé; c'est ce que les exemples suivans démontrent.

1.° 100 livres de viande ne donnent que 50 livres de bouilli, et 100 livres de la même viande fournissent 67 livres de rôti; il y a donc près d'un cinquième à gagner en faisant usage du rôti.

2.° 100 livres de viande fournissent 50 livres de bouilli et 200 bouillons.

3.° 100 livres de viande, dont 25 pour faire le bouillon, avec 3 livres de tissu gélatineux, donneront 200 bouillons et 12 $\frac{1}{2}$ livres de

(1) Voyez la traduction française du Traité des Sels de Stahl, p. 167, et les Mémoires de l'Académie des Sciences.

bouilli, et les 75 livres restant fourniront 50 livres de rôti. On voit que, par ce moyen, l'on a une quantité égale de bouillon et 50 livres de rôti, de plus 12 ½ livres de bouilli. A la vérité, l'on a dépensé 7 fr. 50 c. pour le tissu gélatineux; mais 12 ½ livres de bouilli sont plus que suffisantes pour couvrir cette dépense.

Ce qui achevra de faire sentir toute l'importance du service que M. Darcet vient de rendre à la société par cette nouvelle application de la chimie aux arts économiques, c'est que son procédé est en activité depuis plusieurs mois à l'hospice de clinique externe de la faculté de médecine de Paris, et que les avantages qu'il présente ont été constatés dans un rapport public fait au nom d'une commission de cette même faculté; et enfin nous ajouterons qu'il vient d'être adopté par la maison des sourds-muets et cinq des grands hôpitaux de Paris.

Le tissu gélatineux préparé par le procédé de M. Darcet peut être employé pour coller les vins blancs, clarifier le café, faire des gelées, des crêmes, faire la soupe aux soldats et aux matelots. La gélatine qu'il donne, mêlée au jus de viande et de racine, offre aux officiers de terre et de mer un excellent aliment. Enfin le tissu gélatineux produit une colle forte et une colle à bouche supérieures à toutes celles que l'on connaît.

C.

ENTOMOLOGIE. *Strepsiptera, a new order of Insects proposed; and the characters of the order, with those of its genera, laid down. By the* W. KIRBY. — *Sur l'établissement d'un nouvel ordre d'Insectes nommés* STREPSIPTÈRES, *et sur les caractères de cet ordre et des genres qui le composent.*

ROSSI avait fait connaître, d'abord sous le nom d'*Ichneumon vesparum* (Bull. Sc. Soc. Phil., 1re série, mai et juin 1793, p. 49', pl. 4, fig. A B), et ensuite sous celui de *Xenos vesparum* (Faun. Etrusc. mantiss. append. p. 114), un insecte dont il croyait devoir former le type d'un nouveau genre dans l'ordre des hymenoptères. M. Kirby (monogr. apum angliæ i, pl. 14, n° 11, fig. 1 — 9, et ii, p. 110 — 114) avait appelé *Stylops melittæ* un autre insecte qui a beaucoup de caractères communs avec le *Xenos* de Rossi. M. Latreille ayant observé l'un et l'autre, les rapprocha, et annonça le premier que ces insectes ne se rapportaient à aucun ordre jusqu'alors établi (gener. insect. et crust., tom. 4, pag. ultim.)

Depuis la publication de cet ouvrage, M. Peck, savant entomologiste anglais, découvrit une nouvelle espèce, voisine de celle que Rossi a fait connaître, et il en communiqua la description à M. Kirby. 1815.

Enfin ce dernier naturaliste, réunissant les observations de tous ceux qui l'avaient précédés, a établi, dans le Mémoire dont nous rendons compte, un ordre nouveau dans la classe des insectes, sous le nom de STREPSIPTÈRES (*Strepsiptera*, ce qui signifie *ailes tordues*), lequel renferme et ses *stylops* et les *xenos* de Rossi.

Ces insectes participent, au premier aperçu, des formes qui appartiennent aux diptères et de celles des hemiptères. Leur grand écusson les rapproche sur-tout de ces derniers; mais leurs autres caractères les placent beaucoup plus près des premiers: en effet, ils n'ont que deux ailes apparentes, et leur métamorphose est complète, comme cela s'observe dans la plupart des diptères; de plus leur larve est apode, et sa peau sert d'enveloppe extérieure à la nymphe. Ce qui les distingue principalement, c'est l'existence de deux corps coriaces mobiles insérés à droite et à gauche de la partie antérieure du corcelet, lesquels sont alongés, linéaires, recourbés et comme tordus en dehors à leur extrémité libre. M. Kirby leur donne le nom d'*Elytres;* mais cette dénomination ne nous paraît pas devoir leur convenir, puisque leur point d'attache est totalement différent de celui qui sert aux véritables élytres, soit des coléoptères, soit des orthoptères ou des hemiptères, et que d'ailleurs ces parties ne recouvrent en aucune façon les ailes proprement dites. Celles-ci ont la forme d'éventail, et leurs nervures divergent, à partir de leur articulation.

Les habitudes de ces insectes les ont fait remarquer: ils sont parasites d'autres insectes, et notamment des guèpes solitaires (polistes Latr.), et des andrènes d'Olivier, dont M. Kirby a fait le genre melite. Leur larve, qui est, ainsi que nous l'avons dit, un ver apode, est composée de onze anneaux ou parties, dont l'antérieure, ou la tête, est séparée par une sorte de col. Cette larve vit dans l'intérieur du corps des insectes que nous venons de nommer, et lorsqu'elle veut se transformer en pupe, elle apparaît au dehors, et laisse saillir son corps, renfermé dans sa peau, qui alors est devenue sa coque, entre le troisième et le quatrième anneau de l'abdomen des hymenoptères aux dépens desquels elle vit. L'insecte parfait, en se développant, se dégage de sa coque, sans doute au moyen des mouvemens qu'il imprime aux deux moignons coriaces et tordus dont nous avons parlé, et que M. Kirby appelle *elytres*.

Les STREPSIPTÈRES, selon lui, ont pour caractère essentiel: les élytres ne couvrant pas les ailes; et pour caractère artificiel: les élytres, écartées l'une de l'autre, et tordues à leur extrémité; les ailes ouvertes-radiées, et pliées longitudinalement; leur écusson, très-développé, recouvrant la plus grande partie de l'abdomen. Quant aux caractères naturels, les principaux sont les suivans : *corps* oblong ou oblong alongé, presque cylindrique, coriace; *tête* sessile, plus large que le corps, transverse et grande; bouche dépourvue de lèvres supérieure ou inférieure, et de mâchoires; deux mandibules cornées, alongées, linéaires, aiguës, sans dentelures, se croisant, placées sous la tête, et portant à leur base deux palpes, bi-articulés (ce dernier caractère, qui n'appartient qu'aux mâchoires proprement dites, nous fait penser qu'il convient de changer ainsi le caractère que M. Kirby donne à ces insectes: *point de mandibules, des mâchoires cornées alongées*, etc,). Antennes insérées dans une cavité du front située entre les yeux, ayant chacune un péduncule épais à deux ou trois articles, et formées de deux branches alongées, cylindriques, terminées en pointe mousse; yeux proéminens globuleux, presque pédiculés, composés de cellules hexagones très-distinctes et en nombre peu considérable; yeux lisses manquant totalement; le corselet présentant principalement un écusson triangulaire très-alongé qui recouvre presque la moitié du corps; ailes amples, presque membraneuses, en forme d'éventail lorsqu'elles sont ouvertes; pattes longues, égales, les deux paires antérieures rapprochées, et les postérieures très-éloignées, parce que la poitrine se prolonge beaucoup en dessous du corps; tarses à quatre articles, en forme de pelotes, le dernier dépourvu d'ongles; abdomen linéaire rebordé latéralement, et formé de huit à neuf segmens.

Deux genres composent cet ordre.

1.° Stylops. Antennes fourchues, branche supérieure articulée, yeux péduncules, formés de cellules distinctes; abdomen mou, rétractile.

Une seule espèce le forme jusqu'à présent: c'est le *stylops melittæ*.

2.° Xenos. Antennes fourchues, avec leurs deux branches non articulées; yeux pedunculés, formés de cellules; abdomen corné, anus charnu ou mou.

On en distingue deux espèces, savoir.

Le *Xenos de Rossi* (*Xenos Rossii*). Il est noir; ses antennes ont leurs branches comprimées; les tarses sont bruns. On le trouve sur la *Vespa gallica* (*Polistes* Latr.).

Le *Xenos de Peck* (*Xenos Peckii*). Il est d'un brun noir, les branches de ses antennes sont demi-cylindriques, tachetées de blanc; l'anus est pâle, les pattes jaunâtres, livides, et les tarses bruns.

Celui-ci a été observé par M. Peck, sur une guèpe d'Amérique (*Polistes fuscata Fabr.*). A. D.

Analyse du prétendu plomb phosphaté de Zellerfeld, au Harz, par M. STROMEYER; *et, à ce sujet, Observation sur le plomb sulfaté; par* S. LÉMAN.

MINÉRALOGIE.

Société Philomat.

ON a d'abord regardé le plomb sulfaté du Harz comme du plomb phosphaté; la couleur verdâtre qu'il offre quelquefois semblait confirmer cette opinion, émise par M. de Trébra; ensuite on l'a considéré comme du plomb carbonaté vitreux (*Bleyglas*). Le docteur Jordan, essayeur des monnaies à Clausthal, en fit l'analyse; et quoiqu'il ne nous ait point fait connaître la vraie nature de ce minéral, il a prouvé qu'il ne contenait ni acide phosphorique ni acide carbonique. Les résultats de son analyse indiquaient: Plomb métallique, 59,05; oxygène 38; oxyde de fer 0,5; alumine 0,75; eau 1,25; perte 0,45.

M. Stromeyer, chimiste distingué, à qui nous devons l'intéressante découverte de la strontiane dans l'arragonite, guidé par la manière dont le prétendu *bleyglas* du Harz se comporte, soit au chalumeau, soit avec les acides et les alcalis; et surpris de la grande quantité d'oxygène indiquée, soupçonna qu'il y avait erreur dans l'analyse du docteur Jordan; en conséquence il la répéta, et il en a fait connaître les résultats dans un Mémoire lu à la Société royale de Gottingue. Voici son analyse, comparée aux analyses déjà connues du plomb sulfaté.

Par Stromeyer.		Par Klaproth. *Plomb sulfaté*		
Plomb sulfaté de Zellerfeld.			*d'Anglesey.*	*De Leadhills, en Ecosse.*
Oxyde de plomb	72,9146		71	70,5
Acide sulfurique	26,0146		24,8	25,75
Manganèse oxydulé	0,1654		0	0,0
Fer oxydulé	0,1151	Fer oxydé.	1	0,0
Silice	0,4608		0,0	0,0
Alumine emetrace	0,0		0,0	0,0
Perte par la décrépitation	0,1242	Eau	2	2,25
Perte	0,2008		1,2	1,50
	100,0000		100	100

Le silice, l'alumine, le fer et le manganèse paraissent accidentels, et proviennent de la gangue qui renferme, au Harz, le plomb sulfaté. Il est facile, au premier coup-d'œil, de confondre cette dernière substance avec le plomb carbonaté, et c'est peut-être une des causes qui ont retardé la découverte du plomb sulfaté dans la nature; maintenant il existe dans différens pays que nous allons indiquer, parce qu'aucun ouvrage de minéralogie ne les a encore tous fait connaître.

Anglesey (*île d'*). Le plomb sulfaté s'y présente en cristaux, remarquables par leur beauté et leur netteté. Ils ont pour gangue un fer ocreux très-poreux, qui paraît quelquefois comme imbibé de cette espèce de plomb. Les mines d'Anglesey ne donnent plus de plomb sulfaté; c'est cependant le plus commun dans les cabinets.

Wandlock Head, près Leadills, en Ecosse. Plomb sulfaté en masses vitreuses, volumineuses, sublaminaires, accompagnées de plomb carbonaté et de plomb sulfuré. Il offre quelques indices de cristallisations. Il est peu connu hors d'Angleterre.

San Pedro, au Chili. Il en existe un échantillon dans le cabinet de minéralogie de M. de Drée; il provient du cabinet que le célèbre minéralogiste espagnol Fontanelli avait rassemblé à Madrid; le plomb sulfaté y est en masses ou noyaux blancs sublamelleux ou vitreux, et épars dans cette substance terreuse bleue ou verte nommée *chrysocolle* par M. Werner, et que nos marchands vendent sous les noms d'*hydrate de cuivre* ou d'*alumine hydratée, colorée par du cuivre*, qui n'est indiquée dans aucun des ouvrages français sur la minéralogie.

Des mines de S.-Joachim, Bleyfeld et Aaron, district de Zellerfeld, au Harz. Trois superbes échantillons de cette mine extrêmement rare ont été rapportés du Harz par M. Beurard, bibliothécaire de la direction générale des mines, et sont maintenant dans la collection de M. de Drée. La gangue est un quartz cellulaire, accompagnée de fer ocreux, de plomb sulfuré et de plomb carbonaté. Le plomb sulfaté y est disséminé en petits noyaux ou en parties fragmentiformes. On y aperçoit aussi quelques petits cristaux octaëdres trop petits pour juger s'ils appartiennent à cette substance. M. Haussman, qui a sans doute été à même de voir des cristaux plus prononcés, trouve que leurs formes ont la plus grande analogie avec celles du plomb sulfaté d'Anglesey.

Nertchinski, en Daourie. Plomb sulfaté terreux compacte et à couches, comme les concrétions. La description de cette variété se trouve dans le catalogue de la collection de minéralogie de M. le comte de Bournon, p. 357, mais sans indication de pays. C'est la plus singulière de toutes. On en voit dans le cabinet de M. de Drée un échantillon qui a été donné avec sa localité par M. Heuland. Il offre dans le centre un noyau de galène, ce qui pourrait donner à penser que c'est à la décomposition successive de cette substance que le plomb sulfate terreux doit sa naissance.

Linarès, en Andalousie. Plomb sulfaté terreux semblable au précédent, mais traversé par des filets ou veines de plomb sulfaté vitreux, ainsi qu'on le remarque dans l'échantillon que nous avons sous les yeux. La découverte de ce plomb sulfaté est due à M. Proust. Il est même le premier naturaliste qui ait fait connaître l'existence du plomb sulfaté dans la nature, et l'on peut s'en assurer par la lecture d'une de ses lettres imprimée dans le Journal de Physique, 1787, p. 394. Il y fait observer que le plomb sulfaté d'Andalousie se trouve aussi en cristaux implanté dans la galène ou la recouvrant. Il ajoute que l'inspection d'un certain nombre de morceaux donne bien à connaître que ce vitriol (sulfate de plomb) est secondaire, et formé du débris des galènes.

Il est probable qu'on découvrira encore d'autres localités de plomb sulfaté, et que beaucoup de prétendus plombs carbonatés terreux endurcis rentreront dans cette espèce lorsqu'ils seront mieux connus.

S. L.

Note sur la manière d'obtenir le muriate ammoniaco du rhodium régulièrement cristallisé ; par M. Laugier.

Chimie.

Société Philomat. Mars 1815.

Les chimistes qui ont travaillé sur les métaux du platine brut, n'avaient obtenu le muriate ammoniaco de rhodium que sous la forme d'une poudre rouge, brillante, cristalline.

M. Laugier, en répétant les procédés indiqués par MM. Wollaston et Vauquelin, s'est assuré qu'en traitant plusieurs fois de suite la poudre rouge par de l'alcool à divers degrés, on pouvait la convertir en beaux cristaux de forme régulière.

Ces cristaux, de la longueur d'un centimètre sont presque noirs, luisans à leur surface comme la tourmaline. Lorsqu'on les place entre l'œil et la lumière d'une bougie, ils ont une couleur rouge de grenat. Ce sont des prismes à quatre faces égales, qui paraissent se rapprocher de l'octaèdre. Ils sont entièrement solubles dans l'eau, et leur dissolution est semblable à du jus de groseille.

On ne les obtient ainsi cristallisés que quand on abandonne au repos une dissolution qui a été exactement privée de tous sels étrangers, et même de la portion de sel ammoniac en excès à la composition du sel triple de rhodium.

La cristallisation régulière de ce sel est donc la preuve de sa pureté parfaite.

Aussi ses cristaux fournissent, par leur réduction à l'aide de la chaleur, deux à trois centièmes de métal de plus que le sel triple pulvérulent et impur.

On remarque qu'ils ne perdent point leur forme par la calcination, et qu'ils ressemblent à des aiguilles brillantes d'anthracite.

De l'action de la lumière sur les corps simples et sur quelques composés chimiques; par M. VOGEL; (*extrait d'un rapport fait à la première classe de l'institut, le 13 février 1815; par* MM. BERTHOLLET et THÉNARD).

CHIMIE.

Institut.
Février 1815.

M. Vogel examine d'abord l'action de l'ammoniaque sur le phosphore. Lorsque ces deux corps sont placés dans l'obscurité, ils n'agissent pas l'un sur l'autre; lorsqu'ils sont exposés à la lumière diffuse, l'action est presque nulle; mais lorsqu'ils sont frappés par les rayons solaires, bientôt il se dégage du gaz hydrogène phosphoré, la liqueur se charge de phosphore, et il se forme une grande quantité de poudre noire, dont la production a également lieu dans le gaz ammoniaque. Cette poudre, dans son contact avec divers agens, offre des phénomènes qui prouvent qu'elle est composée de phosphore et d'ammoniaque intimément combinés.

M. Vogel recherche ensuite ce qui arrive au deuto-muriate de mercure dissous dans l'éther. A cet effet, il partage la dissolution en trois parties, et expose une à l'action des rayons solaires, une autre à celle des rayons bleus, et l'autre à celle des rayons rouges. Celle-ci n'éprouve aucun changement apparent dans l'espace de plusieurs jours, tandis que les deux premières se troublent et laissent déposer une foule de petites paillettes blanches qui sont formées de carbonate de mercure, de mercure doux et d'un peu de sublimé corrosif; d'où il suit qu'une certaine quantité d'éther, et une certaine quantité de sublimé se décomposent réciproquement.

En traitant de la même manière les muriates de fer, de cuivre et d'or très-oxidés, ils sont bientôt ramenés au minimum d'oxidation.

Le phosphore et la potasse liquide n'agissent pas sensiblement l'un sur l'autre à la température ordinaire, dans l'obscurité; mais le contact des rayons solaires détermine tout-à-coup une réaction, d'où résulte du gaz hydrogène phosphoré et un phosphate.

Le sucre nous présente aussi avec le phosphore une décomposition remarquable; son carbone est mis à nud, et il se forme de l'acide phosphoreux et de l'eau. Toutefois la lumière ne contribue que très-peu à cette décomposition; car le sucre se charbonne presqu'aussi promptement dans l'obscurité que lorsqu'il est exposé au soleil.

Outre ces différens faits, le Mémoire de M. Vogel en renferme plusieurs autres relatifs à l'action de la lumière solaire et des rayons rouges et bleus sur quelques couleurs végétales, sur les huiles volatiles et sur le mercure doux.

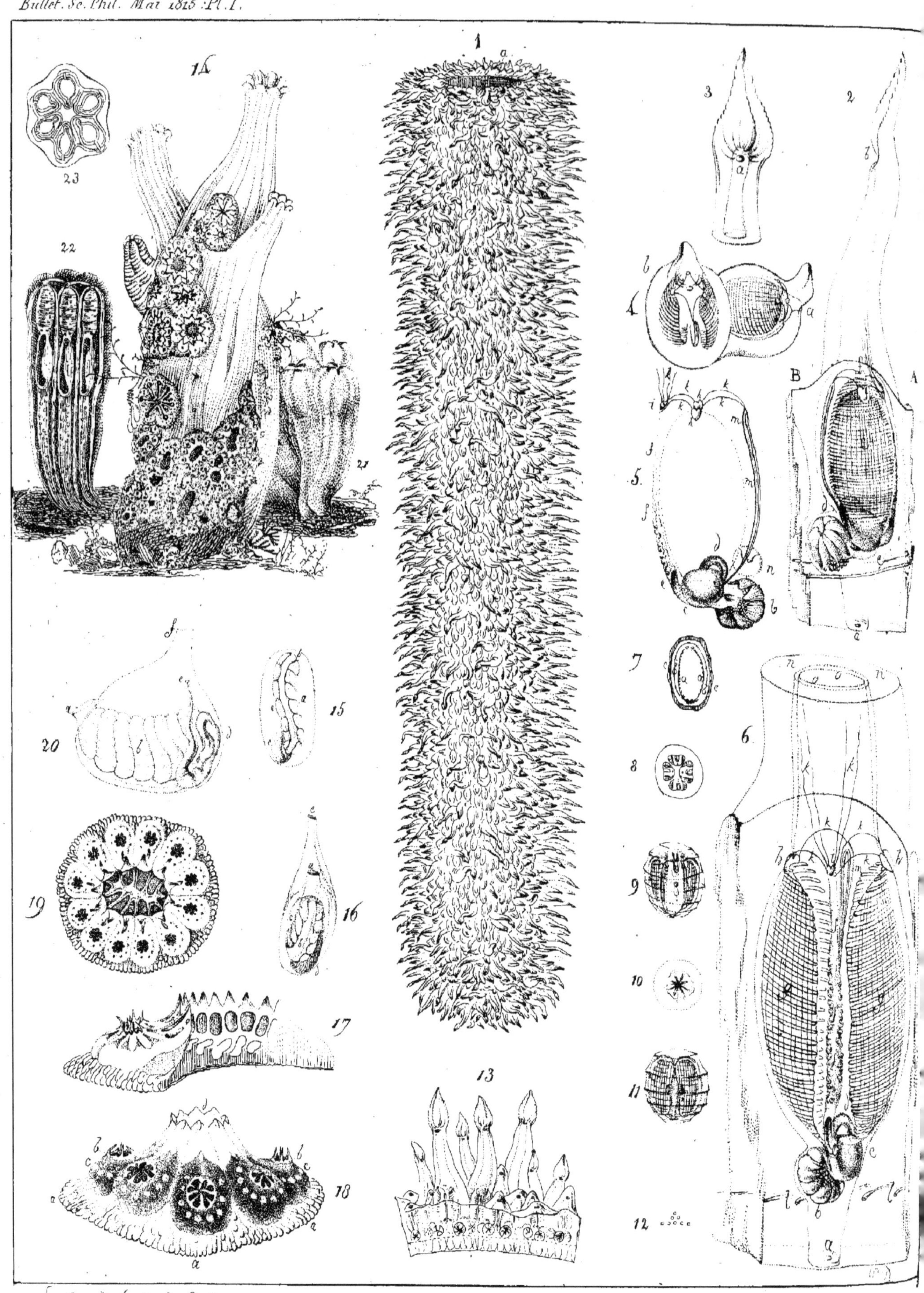

Le Sueur. Delin. & Sculp.

Sur le nivellement fait en Egypte par les ingénieurs français, sous la direction de M. Lepère, *pour l'établissement d'un canal communiquant de la Mer-Rouge au Nil et à la Méditerranée.*

Topographie.

Institut.

Ce nivellement résout la célèbre question agitée dès la plus haute antiquité, sur l'élévation de la Mer-Rouge au dessus de la Méditerranée et au dessus du sol de la basse Egypte.

Il en résulte que les basses mers des vives eaux de la Méditerranée sont antérieures de $8^m,121$ aux basses mers des vives eaux, et de $9^m,907$ aux hautes mers des vives eaux de la Mer-Rouge.

On y voit encore que la pente totale du Nil, depuis le Kaire jusqu'à Rosette, sur une distance développée de 452,000 mètres, varie d'environ 8 mètres des plus basses aux plus grandes eaux. La déclivité moyenne, lorsque le fleuve atteint son étiage, est de $\frac{5,285}{252,000} = 0,00020970$; et à la hauteur de la crue de 1798, qui est le terme de l'abondance, cette déclivité devient $\frac{12,865}{252,000} = 0,0005105$.

La différence entre les hautes et les basses mers de vive eau à Soueys est de $1^m,786$. Le Nil, dans ses crues au Kaire, est supérieur aux premières de $2^m,96$, et aux secondes de $4^m,74$; à son étiage, au même lieu, il est inférieur à la basse mer de Soueys de $2^m,836$.

Le point qu'on avait choisi, pendant le nivellement, dans le bassin des lacs amers est remarquable par son abaissement de près de 8 mètres au dessous des basses mers de vive eau dans la Méditerranée, ce qui donne environ 16 mètres au dessous des basses mers de vive eau dans la Mer-Rouge. D'autres points du sol, et même des lieux habités, sont au dessous des niveaux de l'une et de l'autre mer. Une immense étendue de terrain, très-peu élevée au dessus de la Méditerranée, se trouve très-inférieure à la Mer-Rouge, en sorte que les eaux de cette dernière mer pourraient couvrir la surface du Delta. Les craintes que les anciens avaient eues sur cette submersion étaient d'autant plus naturelles, qu'à ces époques reculées le Delta était encore moins élevé qu'il ne l'est aujourd'hui.

F. A.

Mémoire sur l'organisation des Pyrosomes, et sur la place qu'ils semblent devoir occuper dans une classification naturelle; par M. LE SUEUR.

ZOOLOGIE.

Société Philomat. 4 mars 1815.

V. Pl. I., fig. 1—15.

LES PYROSOMES sont des corps flottans cylindriques, creux, avec une seule ouverture à l'une de leurs extrémités, et qu'on n'a trouvé jusqu'à présent que dans la Mer Atlantique et dans la Méditerranée. Leur cavité interne est assez lisse, et leur surface extérieure est garnie d'aspérités ou de tubercules fort nombreux. Ces animaux sont éminemment phosphoriques, propriété qui leur a valu le nom qu'ils portent.

La forme générale des pyrosomes les rapproche jusqu'à un certain point des béroës, aussi M. de Lamarck a-t-il placé ces animaux dans la classe des radiaires.

La connaissance des pyrosomes est due à MM. Peron et le Sueur; la première espèce fut décrite par eux dans leur voyage aux terres australes, sous le nom de *pyrosoma atlanticum;* une seconde le fut (dans le Nouv. Bull. n.° 69, pl. 3, fig. 2.) par M. le Sueur, qui l'appela *Pyr. elegans;* et enfin une troisième, qui fait principalement l'objet de ce Mémoire, a été découverte par le même naturaliste, dans la Méditerranée, près de Nice, et en a reçu la dénomination de *pyrosoma giganteum,* parce que ses dimensions sont très-fortes relativement à celles des deux premières espèces. En effet, ce pyrosome atteint jusqu'à quatorze pouces de longueur.

Le pyrosome atlantique n'ayant été vu que pendant la nuit, et dessiné seulement à la lueur qu'il répandait, M. le Sueur n'a pu faire sur lui les observations qu'il a été à même de faire et de répéter sur les deux autres espèces. Aussi, jusqu'à ce qu'on l'ait examiné de nouveau, ce ne pourra être que par analogie, qu'on le laissera dans le même genre.

Quant aux pyrosomes élégant et géant, M. le Sueur fit la remarque que lorsqu'on remplissait d'eau la cavité centrale qu'ils présentaient, cette eau s'échappait incontinent par petits jets de toutes les extrémités des tubercules ou parties saillantes dont le corps était recouvert en dehors, et il ne tarda pas à s'apercevoir que chacun de ces tubercules était percé de part en part dans le sens de sa longueur; l'une de ses ouvertures étant située dans la grande cavité commune, et l'autre à son extrémité libre. Regardant avec plus d'attention, il remarqua que le canal qui joignait ces deux ouvertures était assez compliqué, et qu'il renfermait des organes assez nombreux et de forme variée. Il essaya de faire passer de l'air de l'ouverture extérieure à l'intérieure, et il ne put y réussir; il conclut de cet essai, que si l'on considérait chacun de ces tubercules comme un animal distinct, la bouche serait située du côté de la grande cavité du pyrosome, et l'anus à l'extrémité de ce tubercule.

Il s'est attaché surtout à l'examen des organes renfermés dans chaque tubercule, et il a reconnu que chacun d'eux communique avec la cavité générale du pyrosome par une ouverture ronde, simple, plus ou moins dilatable, et que cette ouverture donne attache à une enveloppe membraneuse qui tapisse tout l'intérieur du tubercule, et qui paraît analogue à la seconde tunique, ou tunique propre du corps des ascidies. Cette enveloppe est également attachée à l'orifice extérieur que l'on considère comme l'anus, et encore par deux corps comprimés et cordiformes, diamétralement opposés l'un à l'autre, situés vers le milieu de la longueur de cette tunique propre, et qui sont peut-être des ganglions nerveux.

Deux autres membranes de forme ovale, dont la surface est traversée de lignes nombreuses parallèles entre elles et d'autres lignes qui les croisent en formant un réseau assez régulier, sont appliquées en dedans de la tunique propre dont nous venons de parler, entre le point où se font remarquer deux organes globuleux et colorés, et celui où sont situés les deux corps blanchâtres et en forme de cœur qui fixent la tunique propre du corps contre l'enveloppe externe du tubercule. Ces deux membranes sont latérales, symétriques, et ne se touchent point; les lignes transversales qu'elles présentent sont plus apparentes que les longitudinales, et sont doubles. Leur surface intérieure est baignée par l'eau qui s'introduit dans la cavité du tubercule, ainsi que le sont les parois du sac branchial des ascidies, avec lesquelles ces membranes ont tellement d'analogie, que M. le Sueur n'hésite pas de les regarder comme étant les branchies; de plus, leur composition est analogue à celle des branchies des *Salpa*, si ce n'est que ces dernières ont la forme d'un tube.

Dans l'intervalle qui sépare en dessus ces deux branchies, on remarque un canal longitudinal et tout droit, qui a beaucoup de ressemblance avec l'intestin des *Salpa* : il se dirige vers l'ouverture extérieure, mais on le perd de vue lorsqu'il atteint l'extrémité postérieure des branchies. Ses parois renferment de petits corps glanduleux, analogues à ceux qu'on voit dans quelques ascidies, lesquels versent peut-être un suc particulier dans l'intestin. Vers sa partie antérieure, cet intestin est adhérent à un corps jaunâtre, opaque, de forme arrondie, un peu aplati et lisse, et qui présente deux appendices remarquables; l'un, d'un rouge carminé très-vif, ressemble pour sa forme au germe d'une plante, il communique avec l'intestin, et l'autre, qui offre un repli en forme d'anse, est fort difficile à voir en entier. M. le Sueur se croit fondé à regarder ce corps jaunâtre comme étant l'estomac; il donne le nom de *pylore* à l'appendice de cet estomac qui communique avec l'intestin, et il présume que l'autre n'est que l'œsophage à l'extrémité antérieure duquel serait la bouche proprement dite, qu'il n'a pu apercevoir. Cette bouche, d'ailleurs, présenterait, quant à sa position, une analogie de plus avec celle des *Salpa*. Il en est de même de tout le système digestif.

A côté de l'estomac, est un corps aussi globuleux, à peu près de même volume, et de couleur rose; il est formé d'une substance granuleuse, contenue par des appendices lancéolés, réunis par un centre commun, et ayant l'apparence des divisions d'un calice à sept, huit ou dix parties. Il est logé dans une cavité creusée dans l'épaisseur de la première enveloppe du pyrosome, et n'y adhère point. Il paraît lié par une membrane très-fine à l'estomac, et c'est peut-être sur cette membrane que rampent les canaux hépatiques; mais l'extrême finesse de ces parties n'a permis à M. le Sueur de rien affirmer à cet égard.

Tels sont les organes que présente chaque tubercule des pyrosomes, vu, soit en dessus, soit de côté. En dessous, on aperçoit dans l'intervalle qui existe entre les branchies une sorte de long vaisseau, replié sur lui-même postérieurement, et qui paraît comme double; ce double vaisseau diminue de diamètre antérieurement et devient d'une ténuité extrême au point où il adhère à l'estomac. M. le Sueur a vu dans un biphore de Forskael un organe semblable. Il ne sait quel usage lui attribuer, peut-être ce double vaisseau communique-t-il avec les branchies, mais c'est ce qu'il a été impossible de constater.

D'ailleurs M. le Sueur n'a pu observer rien de relatif aux systêmes circulatoires et nerveux, mais on sait combien ce genre de recherches est difficile dans la plupart des animaux à sang blanc, surtout lorsque leurs dimensions sont peu considérables. Il a remarqué seulement en dessus et en arrière, au point où l'intestin cesse d'être visible, un petit corps blanchâtre et cordiforme, duquel partent des filets très-déliés, dont les uns se dirigent vers l'ouverture postérieure du tubercule, ou l'anus, et les autres vers les points d'attaches moyens de la tunique propre avec l'enveloppe extérieure. Il pense que ce corps pourrait bien être un ganglion, et les petits filets des nerfs. On doit être d'autant plus porté à le croire ainsi, que les deux points d'attache dont nous venons de parler sont, avec les deux ouvertures, les seuls par lesquels le corps, proprement dit, communique avec son enveloppe externe et peut en percevoir les sensations.

Tous ces détails font voir que chacun des tubercules du pyrosome est un véritable animal particulier, et que le pyrosome entier n'est qu'une réunion d'une multitude d'individus semblables, liés intimement par leur base. Cette réunion fournit à M. le Sueur l'occasion de faire remarquer une analogie de plus entre ces animaux et les *Salpa* qu'il ne cesse de leur comparer. Il pense que cette disposition générale des pyrosomes en forme de sac dépend de la manière dont sont placés les œufs au moment de la ponte, et l'on sait d'ailleurs quelle influence elle exerce sur les *Salpa*, dont chaque espèce présente des arrangemens différens entre les individus qui la composent. Il a même trouvé des corps globuleux, transparens, situés au dessous du foie et des branchies, qui lui ont paru être des œufs, dont chacun renfermerait quatre petits pyrosomes disposés symétriquement, et d'ailleurs fort reconnaissables par leurs doubles branchies, qui sont fort apparentes.

La locomotion des pyrosomes est très-simple; ils flottent au gré des courans, comme les *Salpa* et les Stéphanomies; ils paraissent cependant pouvoir se contracter individuellement, et avoir aussi un mouvement général, mais fort léger, qui fait entrer dans leur cavité commune l'eau qui doit baigner leurs branchies et amener les petits animaux dont ils font leur nourriture.

On remarque à l'ouverture générale du sac commun, une membrane qui sert en partie à le fermer, et qui paraît être une simple expansion de l'enveloppe externe des pyrosomes qui entourent cette ouverture; elle n'est point l'agent d'une volonté générale, aussi aucune fibre circulaire ne s'y fait remarquer, et l'on ne peut comparer son action à celle d'un sphincter.

Quoiqu'on ne puisse rien avancer sur le mode de génération des pyrosomes, tout doit porter à penser qu'ils sont hermaphrodites, comme les *Salpa* et les ascidies.

Leur réunion en forme de rayons les rapproche principalement du *Salpa pinnata* de Forskael.

Le *Pyrosome géant*, qui est l'objet principal de ce Mémoire, diffère du Pyr. élégant, en ce que ses *animaux* ou *tubercules* sont placés irrégulièrement, que chacun d'eux est déprimé et lancéolé à son extrémité libre, l'anus étant inférieur. Le *Pyr.* élégant au contraire a ses animaux disposés en verticilles; celui-ci a aussi pour caractère, des branchies moins allongées. Le Pyros. *atlantique* a ses animaux irrégulièrement placés, mais non lancéolés; il n'a été observé qu'un seul moment.

Explication des figures de la planche Ire, qui concernent le Pyrosome géant.

Fig. 1. *Pyrosome géant*, entier, au quart de la grandeur naturelle.
a. Ouverture commune à tous les animaux qui le composent.

13. Portion de ce pyrosome de grandeur naturelle.

2. Un des animaux ou tubercules grossi et vu de profil.
A face supérieure. B face inférieure. *a* ouverture interne, ou celle qui s'ouvre dans la cavité commune. *b* ouverture extérieure, ou anus. *c* branchies. *d* organe considéré comme le foie. *e* estomac. *f* parties cordiformes qui attachent la tunique propre du corps aux branchies et à l'enveloppe externe.

3. Extrémité d'un animal vu en dessous, avec son anus *a*.

5 et 6. Un des animaux très-grossi et vu en dessus fig. 6, et de profil fig. 5. *a* ouverture interne. *b* foie. *c* estomac. *d* appendice antérieur de l'estomac, qu'on peut regarder comme étant l'œsophage. *e* appendice postérieur de l'estomac, qui peut porter le nom de *pylore*. *fff* canal intestinal dont les parois sont glanduleuses. *gg* membranes branchiales. *hh* corps en forme de cœur qui servent de point d'attache aux branchies, et qui lient la tunique propre du corps à l'enveloppe extérieure. *i* petits corps qui paraît être un ganglion nerveux, et qui fournit divers filets *kkk* etc. *l* filets qui forment un réseau dont l'usage paroît être de lier les animaux du pyrosome entre eux. *m* Sorte de vaisseau redoublé sur lui-même, et qui se trouve en dessous dans l'intervalle qu'offrent les branchies, et communiquant avec l'estomac. *o* coupe de la tunique propre du corps.

7. Coupe transversale d'un animal du pyrosome à la hauteur des branchies. *a* branchie. *b* tunique propre. *c* enveloppe externe.

8. Corps globuleux placé au dessous du foie, entre les branchies et la tunique propre du corps. Voyez *fig*. 5, *n*, et qu'on peut regarder comme étant des œufs, lesquels semblent renfermer quatre petits animaux du pyrosome faciles à distinguer par leurs branchies.

9. Le même vu de profil, de façon à faire voir trois de ces animaux.

10. Le même vu en dessous.

11. Le même vu de façon à ne laisser apercevoir que deux des animaux seulement.

12. Ces petits globules de grandeur naturelle.

4. Animaux du pyrosome élégant, grossis. *a* vus de profil. *b* en arrière.

Note sur le Botrylle étoilé (Botryllus stellatus) *Pall.*; *par MM.* A. G. Desmarest *et* Le Sueur.

Zoologie.

Société Philomat. 22 avril 1815.

V. Pl. I., 14—23.

Les Botrylles étoilés se présentent sous la forme d'expansions membrano-gélatineuses, qui recouvrent des corps marins de diverse nature, tels que les roches et les plantes marines. Ces expansions ont une sorte de base qui présente une multitude de petits plis très-rapprochés les uns des autres, et sur laquelle on voit, de distance en distance, des étoiles saillantes formées de rayons dont le nombre varie de trois à vingt.

Rondelet paraît avoir observé ce corps marin sur une grappe d'œufs de seiches. Gesner et Jonston n'ont fait que copier Rondelet. Borlace l'observa de son côté, et en donna une mauvaise figure. Schlosser le rapporta au genre des alcyons, et fut suivi par Pallas dans son *Elenchus zoophytorum*; mais ce dernier auteur, sur les observations de Gaertner, en fit, dans ses *Spicilegia zoologica fasc.* 10, un genre particulier, auquel il donna le nom de Botryllus, qui lui est resté depuis.

Gaertner avait remarqué le premier que chaque rayon des étoiles des botrylles avait deux ouvertures distinctes, l'une faisant la fonction de bouche, et l'autre celle d'anus. On pouvait conclure de cette observation que chaque rayon était un animal particulier, et chaque étoile une réunion d'animaux; mais Pallas, entraîné par la ressemblance qu'offre au premier coup-d'œil les botrylles avec les animaux des polypiers pierreux, ne vit dans chaque étoile qu'un seul animal dont les rayons n'étaient que les membres ou les tentacules, analogues à ceux des polypes proprement dits.

Depuis, les naturalistes ont été partagés entre l'opinion émise par Gaertner et celle qui a été admise par Pallas; Ellis seul a regardé les étoiles de botrylles comme formées d'autant d'animaux différens qu'on y comptait de rayons; et Bruguières, MM. de la Marck, Cuvier, Bosc et Lamouroux ont considéré ces rayons comme étant des membres dépendant d'un même animal.

Bruguières, trompé surtout par l'analogie que la forme rayonnante semblait apporter entre les étoiles des botrylles et les animaux des polypiers, compara ces animaux à la *madrepore arborescente* de Donati, qui est une vraie caryophyllie.

En septembre 1814, MM. Desmarest et le Sueur ont trouvé des Botrylles dont les expansions recouvraient en entier des *ascidia virescens* (*Sac animal* de Dicquemare), qui pullulaient sous les bordages des vaisseaux renfermés depuis plusieurs années dans les bassins du Hâvre. Ils formaient autour de ces ascidies une sorte de manteau qui, en les déguisant, les faisait prendre au premier aspect pour une espèce jusqu'alors inconnue. Leurs couleurs assez variées, grise, jaune orangée et surtout bleu indigo, les faisaient principalement remarquer.

Ces botrylles, lorsqu'ils commencent à recouvrir une ascidie, sont peu saillans et forment des étoiles éloignées les unes des autres. Ces étoiles ont pour base un encroûtement membrano-gélatineux formé d'une multitude de petits plis, dont quelques-uns passent sur leurs voisins et semblent doublés. Les rayons sont placés sur cet encroûtement, et varient beaucoup en nombre, quoique ordinairement il se renferme entre cinq et douze. Cette irrégularité dans le nombre de ces rayons ne se remarque jamais dans celui des bras ou tentacules des polypes proprement dits.

Lorsque ces étoiles sont plus développées et plus nombreuses, elles se touchent par leur base, et forment une sorte de tapis ou enveloppe commune qui recouvre extérieurement les ascidies.

Les rayons de ces étoiles sont claviformes, leur extrémité la plus mince étant tournée vers l'intérieur, et la plus épaisse formant le contour extérieur; tous sont liés vers le centre de l'étoile à laquelle ils appartiennent par une membrane circulaire commune qui forme une ouverture plus ou moins dilatable et plus ou moins susceptible de s'allonger en tube. Leur forme et leur couleur varient beaucoup. Lorsqu'ils sont contractés, ils présentent un pli longitudinal qui n'est pas apercevable lorsqu'ils sont dilatés. Tous, lorsqu'ils sont épanouis, ont leur extrémité extérieure arrondie, renflée, et présentant en dessus une ouverture circulaire, avec le bord garni de huit filets ou tentacules convergens, dont quatre sont plus grands que les autres, et alternent avec eux.

L'autre extrémité se termine en pointe en dedans de la membrane ciculaire qui forme le centre des étoiles des botrylles, et présente pour chaque rayon une seconde ouverture de laquelle MM. Desmarest et le Sueur ont vu sortir distinctement, sur des sujets vivans, de petits corps opaques qui leur ont paru analogues aux matières excrémentielles rendues par divers petits animaux mollusques ou entomostracés. Ces matières étaient lancées avec assez de force par ces anus, et d'une manière très-irrégulière. Tout portait à penser que chacun des rayons auxquels ils appartenaient avait sa digestion particulière, et que cette digestion avait lieu dans des temps très-différens pour ces différens rayons. Chacun d'eux, avant l'évacuation, éprouvait divers mouvemens successifs de contraction très-sensibles, et ces contractions se faisaient remarquer, tantôt dans un rayon, tantôt dans un autre.

MM. le Sueur et Desmarest ayant irrité quelques rayons successivement, ont vu, ainsi que le dit M. Cuvier, chacun de ces rayons se contracter partiellement, ce qui prouve qu'ils ont une sensibilité propre, et porte encore à penser que chacun d'eux est un animal particulier. Lorsqu'on touche, au contraire, le centre des étoiles de botrylles, la contraction devient générale, parce qu'en cet endroit il y a un point de contact commun à tous les rayons.

Ce centre est une sorte de cavité ovale, dont l'intérieur est divisé par des cloisons en autant de loges qu'il y a de rayons, et la membrane commune, qui l'entoure, est garnie sur ses bords de dentelures, en nombre aussi correspondant à celui des rayons, et seulement apparentes lorsque les botrylles sont dilatés ou épanouis. Ces différentes loges servent de retraite à ces animaux lorsqu'ils se contractent.

Telle est leur configuration extérieure. Quant à leur organisation intérieure, elle est assez difficile à observer. Néanmoins, avec la pointe d'une aiguille, MM. Desmarest et le Sueur sont parvenus à ouvrir plusieurs botrylles, et ils ont remarqué qu'ils avaient une enveloppe externe et colorée assez épaisse, qui renferme une sorte de sac membraneux, transparent, lequel a la plus grande analogie avec la tunique interne ou celle du corps proprement dit des ascidies. Ce sac a deux ouvertures, dont l'une correspond à l'orifice extérieur des botrylles, et l'autre à l'intérieur. La première, qui est la plus large, s'ouvre dans une cavité assez considérable, dont les parois supérieures et latérales sont revêtues d'une membrane qui présente sept ou huit rides transversales, et qui est interrompue en dessous seulement.

Cette membrane, plus colorée que l'enveloppe qui la contient, paraît très-analogue à celle qui forme les branchies des ascidies, et aussi à celle qui a été considérée comme telle dans les pyrosomes par M. le Sueur. (Voyez le Mémoire suivant.)

Au fond de la cavité que tapisse cette membrane, s'ouvre le canal intestinal; c'est aussi ce qu'on observe dans les ascidies, où la bouche est située au fond du sac branchial.

Ce canal fait deux replis sur lui-même : il se porte d'abord en haut, redescend ensuite, et puis remonte pour se rendre à l'ouverture postérieure du sac qui le renferme. Il présente un renflement assez remarquable près de sa première ouverture, qu'on peut nommer bouche, lequel pourrait être considéré comme un estomac. On ne peut rien distinguer d'analogue au foie.

La petitesse de ces animaux n'a pas permis aux auteurs de ce Mémoire de distinguer les différens organes nécessaires aux fonctions des sensations, de la circulation, de la locomotion ni de la génération; néanmoins la ressemblance des botrylles avec les ascidies, et notamment l'existence de deux ouvertures, l'une pour la nutrition et la respiration, l'autre pour les déjections, et aussi l'existence d'une cavité branchiale, les portent à retirer ces animaux de la classe des polypes pour les placer dans celle des mollusques, et à les rapprocher principalement des ascidies qui sont fixées comme eux, mais non disposées en roses ou étoiles, et des *pyrosomes* et des *salpa* qui, comme eux, sont réunis en société, mais dont les réunions sont libres, et dont le corps est disposé de telle façon, que l'eau peut le traverser. Tous ont pour caractères communs *des branchies en forme de membranes, tapissant, en tout ou en partie, la cavité interne où s'ouvre la bouche. Point de parties solides ou de test.*

MM. Desmarest et le Sueur pensent, avec M. de Blainville, qui en a fait le premier la remarque, que le *Synoicum turgens* de Phipps, placé jusqu'ici parmi les alcyons, n'est qu'une réunion d'ascidies au nombre variable de six à neuf, en forme de cylindre fistuleux. Ils croient devoir également rapprocher le *Distomus variolosus* de Pallas, des Botrylles et des Ascidies. Ce *Distomus* a été placé par Gmelin dans le genre des Alcyons sous le nom d'*Alcyonium ascidioides.*

Explication des figures de la planche Ire, qui concernent le Botrylle étoilé.

Fig. 14. Botrylles étoilés de grandeur naturelle, recouvrant des ascidies.

18. Une étoile de botrylle grossie. *a* encroutement membrano-gélatineux, plissé, qui leur sert de base. *b* ouvertures extérieures des botrylles, garnies de huit tentacules, quatre grands et quatre petits alternant entre eux. *c* série de points dont on ignore l'usage. *d* ouverture commune ou centrale de chaque étoile, avec son bord dentelé.

19. Une étoile vue en dessus et grossie, laissant voir les cloisons qui séparent en autant de cavités qu'il y a de botrylles l'espace central de cette étoile.

17. Coupe d'une de ces étoiles.

20. Tunique propre du corps d'un botrylle, laissant voir à l'intérieur les différentes parties qu'elle renferme. *a* ouverture correspondante à l'orifice extérieur de ces animaux. *b* cavité tapissée par la membrane des branchies, qui forme sept ou huit plis transversaux, et est interrompue en dessous. *c* ouverture antérieure du canal intestinal dans la cavité branchiale. *d* partie renflée du canal. *e* terminaison visible de l'intestin. *f* ouverture de la tunique propre, correspondante à l'orifice interne des botrylles.

16. La même tunique vue en avant. *a* ouverture extérieure. *b* portion inférieure de la cavité branchiale qui n'est point tapissée par les branchies. *c d* canal intestinal. *e* ouverture postérieure de la tunique.

15. La même vue en dessous. *a a* branchies. *b* portion de la cavité, qu'elles ne recouvrent point. *c* intestins.

21. *Synoicum turgens* de Phipps. *Voy.* au pole boréal, page 202, pl. 13, grandeur naturelle.

22. Le même, coupé longitudinalement et grossi.

23. Le même, coupé transversalement.

Recherches chimiques sur les corps gras, et particulièrement sur leurs combinaisons avec les alcalis. Quatrième Mémoire présenté à l'Institut, le 8 mai 1815, par M. CHEVREUL.

CHIMIE.

CE Mémoire se compose de trois parties distinctes. Dans la première l'auteur examine quelle est l'action de plusieurs bases sur la graisse de porc, et il compare cette action à celle de la potasse. Dans la seconde il cherche à connaître combien un poids donné de potasse peut saponifier de graisse, et enfin dans la troisième, il rapporte un grand nombre d'expériences dont le but est de déterminer les capacités de saturation de la margarine et de la graisse fluide.

PREMIÈRE PARTIE.

La soude, la barite, la strontiane, la chaux, l'oxyde de zinc et le protoxyde de plomb font éprouver à la graisse les mêmes changemens que la potasse. Ainsi, quand on traite au milieu de l'eau chaude de la graisse par l'une ou l'autre de ces bases, on trouve qu'il y a la même quantité de matière soluble dans l'eau de formée aux dépens de la graisse, et que cette matière consiste, si non en totalité, au moins pour la plus grande partie en *principe doux des huiles*, en second lieu que chaque base a déterminé la formation des mêmes quantités de *margarine* et *de graisse fluide;* car les graisses qu'on sépare de chaque savon au moyen des acides ont la même fusibilité, la même acidité, se comportent avec l'alcool absolument de la même manière que la graisse retirée du savon de potasse. Puisque la barite, la strontiane, la chaux, l'oxyde de zinc, et le protoxyde de plomb forment avec la margarine et la graisse fluide des combinaisons insolubles dans l'eau, il s'ensuit que l'action de ce liquide, comme dissolvant du savon, n'est pas nécessaire pour que la saponification ait lieu, et il est remarquable que les oxydes de zinc et de plomb qui sont insolubles, et qui donnent naissance à des composés également insolubles produisent les mêmes résultats que la potasse et la soude. De là on peut déduire deux conséquences; la première est que si l'on reconnaît dans la suite que l'eau n'est pas décomposée ou fixée pendant la réaction des alcalis sur la graisse, il s'ensuivra que ce liquide n'exerce pas d'action chimique dans certaines saponifications, abstraction faite de l'action qu'il a sur le principe doux; la seconde est que la saponification s'opère véritablement, ainsi que M. Chevreul a cherché à le prouver ailleurs, par l'affinité des bases pour la margarine et la graisse fluide (et le principe doux peut-être). Si donc on découvre un jour qu'il y a production d'eau dans la saponification, cela ne sera pas une raison d'attribuer à l'affinité des alcalis pour l'eau le changement de la graisse en acides huileux, puisque ce changement est opéré, et par les bases qui ont une forte affinité pour l'eau, et par les bases qui n'ont pour elle qu'une très-faible affinité.

Il suit des expériences de M. Chevreul, que la préparation des emplâtres par l'oxyde de plomb est une véritable saponification, qu'à la rigueur on pourrait faire des emplâtres avec la graisse provenant d'un savon alcalin seulement, il faudrait tenir compte des proportions relatives de la graisse et de l'oxyde, et savoir quelle est la quantité de graisse que l'oxyde employé peut saponifier; car il peut y avoir dans les emplâtres une portion de graisse non saponifiée. Les tentatives que l'auteur a faites pour saponifier la graisse par la magnésie ont été infructueuses, ce qui est remarquable eu égard à l'analogie de la magnésie avec les alcalis. Mais si la magnésie ne change pas la graisse en acides huileux, on ne peut nier cependant qu'elle n'ait pour cette substance une certaine affinité; car ces corps forment une matière homogène dont la graisse ne se sépare pas, quoiqu'on l'expose dans l'eau bouillante. L'alumine et le péroxyde de cuivre noir ne paraissent contracter aucune espèce d'union avec la graisse. D'après ces faits, M. Chevreul propose de ranger en trois classes les bases salifiables par rapport à l'action qu'elles exercent sur la graisse. La première classe renferme les bases dont l'énergie alcaline est assez forte pour changer la graisse en acides huileux et en principes doux; la seconde, les bases qui comme la magnésie peuvent s'y unir sans lui faire éprouver de changement de nature; la troisième, les bases qui ne contractent aucune espèce d'union avec elle, et qui s'en séparent lorsqu'on expose dans l'eau bouillante le mélange des deux corps.

II.e Partie.

M. Chevreul a fait deux expériences dans la vue de déterminer la quantité de graisse qu'un poids donné de potasse est susceptible de saponifier. Il résulte de la première, qu'on saponifie un poids donné de graisse en n'employant que la quantité d'alcali nécessaire pour dissoudre dans l'eau la margarine et la graisse fluide en lesquelles cette graisse peut se convertir. Un léger excès d'alcali paraît nécessaire toutes les fois qu'on veut obtenir un savon aussi dur que possible ; car, dans le cas contraire, l'eau agit sur le savon comme dissolvant, au lieu que quand elle contient une certaine quantité d'alcali, elle ne peut le dissoudre. Le sel marin agit à la manière de la potasse ; mais il n'est pas probable que son action sur l'eau soit assez forte pour enlever autant de ce liquide au savon que la potasse ou le sous-carbonate de cette base.

Les sur-savons contenant une quantité d'acides huileux double de celle qui constitue les savons neutres, M. Chevreul a voulu savoir si l'on pourrait saponifier la graisse en n'employant que la quantité d'alcali nécessaire pour la changer en sur-savons ; en conséquence il a fait une expérience analogue à la première, avec cette différence que pour la même quantité de graisse il n'a employé que la moitié de potasse. Les matières ayant été bouillies pendant soixante heures ont donné un savon neutre soluble et de la graisse non saponifiée qui formait une émulsion avec l'eau de savon.

III.e Partie.

Première Section. Des savons de margarine.

§. I. *Des savons de margarine et de potasse.*

Dans le premier Mémoire sur les corps gras, M. Chevreul a dit que les savons de margarine et de potasse étaient formés de

Margarine.............. 100.... 100.
Potasse................ 18,14. 8,88

en admettant 0,64 de base dans le muriate de potasse ; mais si l'on adopte l'analyse de ce sel, par M. Berzelins, on a les proportions suivantes :

Margarine.............. 100...100
Potasse................ 17, 77...8,8

On voit que la margarine sature dans la première combinaison une quantité de base qui contient 3 d'oxigène.

§. II. *Des savons de margarine et de soude.*

Vingt grammes de margarine ont été mis dans quatre-vingt grammes d'eau tenant douze grammes de soude. On a fait chauffer : les matières se sont combinées avec facilité et ont produit un savon fort dur qui est resté sous la forme de grumeaux, quoique la température ait été portée jusqu'à l'ébulition de la liqueur. Le savon a été mis à égoutter, soumis à la presse, puis séché au soleil; on l'a fait dissoudre dans l'alcool bouillant, un résidu de carbonate de soude a été séparé. La dissolution filtrée bouillante, s'est prise en une belle gelée transparente qui est devenue peu à peu opaque en se refroidissant. Cette gelée qui était le savon de margarine saturé de soude a été soumis à la presse entre des papiers joseph, afin d'en séparer la liqueur, et avec elle la soude en excès. Lorsque le savon a été desséché, il a été exposé au soleil. En le décomposant par l'acide muriatique on l'a trouvé formé de

Margarine.............. 100
Soude.................. 12, 72

mais si l'on admet que 100 de margarine saturent 3 d'oxygène, on a 11,66 au lieu de 12,72.

M. Chevreul pense qu'on doit admettre ce nombre, parce qu'il est évident que la pression du savon entre des papiers n'avait pas suffi pour en séparer tout l'alcali qui était en excès et dissous dans l'alcool.

Pour déterminer les proportions des élémens de la matière nacrée qu'on obtient du savon de soude et de graisse de porc traité par l'eau, on la fit bouillir dans l'eau un grand nombre de fois, on la fit dessécher, puis dissoudre dans l'alcool bouillant: celui-ci se prit en masse par le refroidissement. On mit le tout sur un filtre, on délaya le résidu dans l'alcool, on le filtra de nouveau, on le fit sécher, puis on le décomposa par l'acide muriatique, et l'on obtint,

Margarine........................ 100
Soude............................ 5,98

Ce résultat prouve qu'en faisant bouillir le savon de soude dans l'eau on peut en séparer la moitié de son alcali; mais comme il faut faire plusieurs opérations successives, et employer chaque fois une assez grande quantité d'eau, il est évident que le savon de margarine et de soude est plus difficile à décomposer que le savon de potasse. Ce résultat et la capacité de saturation de la soude, qui est bien plus grande que celle de la potasse, explique pourquoi le savon de soude est moins alcalin que celui de potasse.

§. III. *Du Savon de Margarine et de Baryte.*

Cette combinaison fut préparée de la manière suivante. On fit bouillir de l'eau de baryte dans un ballon; on la filtra encore chaude, dans un matras à long col, contenant de la margarine et un peu d'eau bouillante. En opérant ainsi, on évita parfaitement le contact de l'acide carbonique de l'air, les matières furent tenues en ébullition pendant deux heures, puis on ferma le matras, et quand il fut un peu refroidi, on décanta la liqueur, et on lava le savon à l'eau bouillante, puis on le traita par l'alcool chaud. Celui-ci n'enleva qu'un atome de combinaison, qu'il déposa par le refroidissement.

Le savon de baryte donna,

Margarine........................ 100
Baryte........................... 28,93

Cette quantité de baryte contient 3,03 d'oxygène.

§. IV. *Du Savon de Margarine et de Strontiane.*

On le prépara comme le précédent.

Ce savon était formé de

Margarine.................... 100
Strontiane................... 20,23

Cette quantité de strontiane contenait 2,94 d'oxygène.

§. V. *Du Savon de Margarine et de Chaux.*

Il fut obtenu en mêlant deux solutions aqueuses bouillantes de muriate de chaux et de savon de margarine saturé de potasse. Le précipité fut lavé à l'eau bouillante jusqu'à ce que le lavage ne précipitât plus l'acide oxalique et le nitrate d'argent.

Le savon ainsi préparé donna, après avoir été complétement desséché,

Margarine........................ 100
Chaux............................ 11,96

La chaux contient 3,11 d'oxygène, ce qui est conforme aux résultats précédens.

§. VI. *Des Savons de Margarine et de Protoxyde de Plomb.*

En faisant bouillir la margarine dans une quantité suffisante de sous-acétate de plomb, et pendant assez long-temps, on a obtenu un savon qui était formé de

Margarine........................... 100
Protoxyde de plomb................. 83,78

Or 83,78 contenant 5,98 d'oxygène, on doit considérer cette combinaison comme un sous-savon.

On a préparé un savon neutre d'oxyde de plomb en mêlant deux solutions aqueuses bouillantes de nitrate de plomb et de savon saturé de potasse. Le précipité lavé jusqu'à ce que l'eau du lavage ne se colorât plus par l'hydrogène sulfuré, fut ensuite exposé pendant douze heures à un soleil ardent. Ce savon donna les proportions suivantes :

Margarine................. 100
Oxyde de plomb........... 41,73

Or la quantité d'oxyde est sensiblement la moitié de celle contenue dans le sous-savon, cette analyse confirme donc celle de ce dernier, et la margarine neutralise un poids d'oxyde de plomb qui contient 2,98 d'oxygène.

Seconde Section. Des Capacités de saturation de la Graisse fluide.

§. I. *Du Savon de Graisse fluide et de Baryte.*

On prépara ce savon de deux manières:

1.° En décomposant du carbonate de baryte par la graisse fluide, et traitant le résidu desséché par l'alcool bouillant, la liqueur laissa déposer du savon neutre par le refroidissement.

2.° En faisant bouillir à deux reprises de la graisse fluide dans l'eau de baryte, et traitant le savon qui en provint par l'alcool bouillant.

Le premier savon était formé:

Graisse fluide................. 100
Baryte..................... 26,97

Le second:

Graisse fluide................. 100
Baryte..................... 26,92

D'où il suit que 100 de graisse fluide saturent une quantité de baryte qui contient 2,82 d'oxygène.

On fit ces déterminations en incinérant le savon dans un creuset de platine, et combinant le résidu à l'acide sulfurique.

§. II. *Du Savon de Graisse fluide et de Strontiane.*

Il fut préparé par les mêmes procédés que le précédent. Les deux savons qu'on obtint donnèrent absolument le même résultat, savoir:

Graisse fluide................. 100
Strontiane..................... 19,38

Cette quantité de base contient 2,81 d'oxygène.

§. III. *Du Savon de Graisse fluide et de Potasse.*

On trouva, par plusieurs expériences, que 100 parties de graisse fluide exigeaient, pour être dissoutes par l'eau, de 15,64 à 16 parties de potasse pure. Cette quantité d'alcali représente de 2,65 à 2,71 d'oxygène.

En mêlant des dissolutions chaudes de savon de potasse, de muriate de chaux, de sulfate de magnésie, de sulfate de zinc et de sulfate de cuivre, on obtint des savons dont on va donner l'analyse.

Le savon de chaux était blanc, pulvérulent, après avoir été séché au soleil; il était formé de

Graisse fluide............ 100
Chaux................. 9,64

Cette quantité de chaux contient 2,71 d'oxygène.

Le savon de magnésie se ramollissait entre les doigts, il était en grumeaux d'une couleur un peu citrine : il donna

Graisse fluide............ 100
Magnésie............... 7,52

qui représentent 2,88 d'oxygène, en admettant la détermination de M. Hisinger.

Le savon de zinc était blanc, fluide à la température de 100°; on le trouva composé de

Graisse fluide........... 100
Oxyde de zinc.......... 14,83

qui représentent 2,87 d'oxygène.

Le Savon de cuivre était d'un vert superbe et plus fluide que le précédent; il contenait:

Graisse fluide........... 100
Oxyde de cuivre........ 13,93

qui présente 2,78 d'oxygène.

Il est remarquable que la graisse fluide forme avec le péroxyde de cuivre bien sec une combinaison colorée qui est analogue sous ce rapport à plusieurs combinaisons d'oxyde de cuivre avec les corps oxygénés. La margarine s'unit également à chaud avec le péroxyde de cuivre et forme un savon vert.

Le savon de chrôme préparé avec le muriate de ce métal est d'une couleur violette.

Le savon de Nickel préparé avec le sulfate potassé de Nickel est d'un vert jaune assez agréable. On n'a pas eu de quantités suffisantes de ces derniers savons pour en faire l'analyse.

Si les expériences qui ont pour objet de déterminer les proportions des savons de graisse fluide n'ont pas donné de résultats aussi précis que ceux déduits de l'analyse des savons de margarine, cependant ces expériences sont suffisantes pour établir que la graisse fluide et la margarine ont la plus parfaite analogie avec les acides, que comme eux elles ont des capacités de saturation déterminées, et que leurs combinaisons avec les bases salifiables doivent être considérées comme formant une classe distincte des sels. Par conséquent l'art du savonnier consiste à convertir par les alcalis des corps gras en acides huileux, et ces acides en composés qui sont assujettis à des proportions définies. L'observation que l'auteur a faite sur la possibilité d'opérer cette conversion avec la quantité d'alcali strictement nécessaire pour saturer les acides huileux qu'une quantité donnée de graisse est susceptible de produire, et la détermination des capacités de saturation de la margarine et de la graisse fluide, ainsi que l'analyse des savons ordinaires, permettent à M. Chevreul d'établir les bases fondamentales de l'art du savonnier.

Mémoire sur la distribution de la chaleur dans les corps solides; par M. Poisson.

J'ai inséré, dans le *Journal de Physique* du mois de juin, un extrait de ce Mémoire, où sont exposés en détail les principes sur lesquels le calcul est fondé, et la manière de parvenir aux équations différentielles de la distribution de la chaleur, soit à l'intérieur, soit à la surface d'un corps solide de forme quelconque. Dans ce Bulletin, je vais donner un exemple de l'analyse qui m'a servi à résoudre ces équations: en réunissant ces deux extraits, on pourra prendre une idée suffisante du Mémoire, qui paraîtra en entier dans un des prochains volumes de l'Institut.

Considérons le cas le plus simple, celui d'une barre cylindrique d'une épaisseur assez petite pour qu'on puisse, sans erreur sensible, regarder tous les points d'une même section perpendiculaire à l'axe, comme ayant en même temps des températures égales. Soit x la distance d'une section quelconque à un point fixe pris arbitrairement sur l'axe; désignons par y la température de cette section au bout d'un temps quelconque t: l'équation qui détermine y en fonction de t et x sera

$$\frac{dy}{dt} = a^2 \frac{d^2 y}{dx^2} - by.$$

a^2 et b sont des constantes essentiellement positives; la seconde serait nulle s'il n'y avait pas de rayonnement à la surface de la barre; mais dans tous les cas il est facile de faire disparaître le terme qui la renferme, en faisant la variable y égale à une nouvelle inconnue multipliée par e^{-bt}. Nous pouvons donc, sans restreindre la question, nous borner à considérer l'équation

$$\frac{dy}{dt} = a^2 \frac{d^2 y}{dx^2}, \quad (1)$$

qui se rapporte au cas où le rayonnement extérieur est nul.

Cette équation aux différences partielles du second ordre est comprise parmi celles qui ne comportent qu'une seule fonction arbitraire dans leur intégrale complète, ainsi que je l'ai démontré autrefois par la considération des séries. M. Laplace a depuis confirmé cette proposition, en intégrant cette même équation sous forme finie, au moyen d'une intégrale définie. L'intégrale qu'il a donnée (*) est celle-ci:

$$y = \int e^{-\alpha^2} \varphi (x + 2a\alpha\sqrt{t})\, d\alpha;$$

(*) Journal de l'Ecole Polytechnique, quinzième cahier, page 241.

φ désignant la fonction arbitraire, e la base des logarithmes népériens, et l'intégrale définie relative à α étant prise depuis $\alpha = -\frac{1}{0}$ jusqu'à $\alpha = +\frac{1}{0}$. La fonction φ se détermine aisément d'après l'état initial de la barre. En effet, si l'on suppose $t = o$, il vient

$$y = \varphi\, x. \int e^{-\alpha^2} d\alpha = f x. \sqrt{\pi};$$

π représentant à l'ordinaire le rapport de la circonférence au diamètre. Soit donc

$$y = f x,$$

la loi des températures à l'origine du temps t; nous aurons

$$\varphi x = \frac{1}{\sqrt{\pi}} . f x;$$

et par conséquent à un instant quelconque

$$y = \frac{1}{\sqrt{\pi}} . \int e^{-\alpha^2} f(x + 2\, a\, \alpha \sqrt{t})\, d\alpha.$$

La fonction désignée par f est censée connue pour toute la longueur de la barre; elle n'est assujettie à aucune restriction : elle peut être continue ou discontinue, nulle dans certaines parties, et avoir des valeurs quelconques dans d'autres. Si la barre est d'une longueur indéfinie, il n'y a pas d'autre condition à remplir que celle de son état initial : cette dernière valeur de y renferme donc alors la solution complète du problème, c'est-à-dire qu'elle fait connaître au bout d'un temps quelconque la température de tel point de la barre qu'on voudra.

Supposons, par exemple, que la barre n'ait été échauffée primitivement que dans une petite portion qui s'étendait depuis $x = o$ jusqu'à $x = l$, et que dans toute autre partie, la température initiale était nulle. Alors la fonction $f x$ sera égale à zéro pour toutes les valeurs de sa variable qui tombent hors de ces limites o et l; si donc on fait

$$x + 2\, a\, \alpha \sqrt{t} = x',$$

ce qui donne

$$\alpha = \frac{x' - x}{2 a \sqrt{t}}, \qquad d\alpha = \frac{d x'}{2 a \sqrt{t}},$$

on aura

$$y = \frac{1}{2 a \sqrt{\pi}\, \sqrt{t}} . \int e^{\frac{-(x - x')^2}{4 a^2 t}} . f x' . d x';$$

et comme $f x'$ sera nulle pour toutes les valeurs de x' non comprises entre zéro et l, il s'ensuit qu'il suffira de prendre l'intégrale relative à x' depuis $x' = o$ jusqu'à $x' = l$. Si l'on considère un point de la barre situé à une grande distance de l'échauffement primitif, la variable x' sera très-petite par rapport à la distance x, et l'on pourra prendre x à la place de $x-x'$. De cette manière on aura simplement

$$y=\frac{A}{2a\sqrt{\pi}}\cdot\frac{e^{-\frac{x^2}{4a^2t}}}{\sqrt{t}},$$

en désignant par A l'intégrale définie $\int fx'dx'$, laquelle indique la somme des quantités de chaleur réparties dans la portion de la barre primitivement échauffée. Or, on voit qu'à une grande distance de ce foyer, la température ne dépend que de cette quantité totale de chaleur, et nullement de la loi de sa distribution primitive, ou de la forme de fx'.

Cette valeur de y est nulle quand $t=0$; elle le redevient encore quand $t=\frac{1}{0}$. Si l'on détermine son *maximum* entre ces deux limites, on trouve qu'il répond à $t=\frac{x^2}{2a^2}$, et qu'il est égal à $\frac{A}{x\sqrt{(2\pi e)}}$, c'est-à-dire que le *maximum* de température parvient à une distance très-grande du foyer primitif, au bout d'un temps proportionnel au quarré de cette distance, et que son intensité s'affaiblit en raison de la première puissance. Ces résultats supposent, au reste, qu'on fait abstraction du rayonnement à la surface de la barre : pour en tenir compte il faudrait, comme on l'a vu plus haut, multiplier les valeurs trouvées pour y, par l'exponentielle e^{-bt}.

Maintenant supposons qu'il s'agisse d'une barre terminée, dont les deux extrémités sont entretenues constamment à des températures fixes et égales à zéro. Comme la seule fonction arbitraire que renferme l'intégrale de l'équation (1) a été déterminée par l'état initial de la barre, on ne voit pas d'abord comment on pourra encore remplir les conditions relatives à ses extrémités. Mais j'observe que cette fonction n'est donnée à l'origine que pour les valeurs de la variable qui sont comprises dans l'étendue de la barre, de sorte qu'il est permis de lui ajouter autant d'autres fonctions de la même forme qu'on voudra, pourvu que chacune d'elles soit nulle à l'origine, relativement à tous les points de la barre. Ainsi, en plaçant le point fixe d'où l'on compte les distances x, au milieu de la barre, et en désignant sa longueur par $2l$, on pourra donner à l'intégrale de l'équation (1) la forme

$$\begin{aligned}y=\frac{2}{\sqrt{\pi}}\cdot\int e^{-\alpha^2}\Big[&f(x+2a\alpha\sqrt{t})-f_1(2l-x+2a\alpha\sqrt{t})\\&+f_2(4l+x+2a\alpha\sqrt{t})-f_3(6l-x+2a\alpha\sqrt{t})+\text{etc.}\\&-f'(-x-2l+2a\alpha\sqrt{t})+f''(x-4l+2a\alpha\sqrt{t})\\&-f'''(-x+6l+2a\alpha\sqrt{t})+f''''(x-8l+2a\alpha\sqrt{t})-\text{etc.}\Big]d\alpha;\end{aligned}$$

f, f_1, f_2, etc. f', f'', etc., indiquant des fonctions dont chacune est supposée nulle pour toute valeur de la variable plus grande que $\pm l$, abstraction faite du signe. En effet, en faisant $t = 0$, on a

$$y = fx - f_1(2l - x) + f_2(4l + x) - f_3(6l - x) + \text{etc.}$$
$$- f'(-x - 2l) + f''(x - 4l) - f'''(-x - 6l) + \text{etc.},$$

et si l'on donne à x une valeur comprise entre $x = -l$ et $x = +l$, cette expression se réduit à $y = fx$, de manière que fx exprime, comme plus haut, la loi des températures initiales dans toute l'étendue de la barre, ou depuis $x = -l$ jusqu'à $x = +l$. Les autres fonctions restant arbitraires, on en peut disposer pour rendre constamment nulles les valeurs de y qui répondent à $x = -l$ et à $x = +l$; et pour cela il est évident qu'il faut supposer toutes ces fonctions égales entre elles et à la fonction f. Dans cette hypothèse, la valeur générale de y pourra s'écrire ainsi :

$$y = \frac{1}{\sqrt{\pi}} \cdot \Sigma \int e^{-\alpha^2} \Big[f(x + 4il + 2a\alpha\sqrt{t}) - f(2l - x + 4il + 2a\alpha\sqrt{t})$$
$$+ f(x - 4l - 4il + 2a\alpha\sqrt{t}) - f(-x - 2l - 4il + 2a\alpha\sqrt{t}) \Big] d\alpha;$$

i représentant un nombre entier indéterminé, ou zéro, et Σ indiquant une somme relative à i qui doit s'étendre depuis $i = 0$ jusqu'à $i = \frac{1}{0}$. Cette valeur de y ne renferme plus rien d'inconnu, et elle satisfait à toutes les conditions du problème, de sorte qu'elle en renferme la solution complète.

La répétition de la fonction arbitraire, ou plutôt le partage de cette fonction en une infinité de portions qui, à l'origine, répondent à différens intervalles des valeurs de la variable x, est une considération qui pourra être d'une grande utilité dans beaucoup d'autres questions. En y réfléchissant, on verra qu'elle est tout à fait analogue à ce qui se pratique dans le problème des cordes vibrantes, pour remplir la condition de la fixité des points extrêmes, après que les deux fonctions arbitraires ont été déterminées d'après la figure et la vitesse initiales de la corde. Dans la question présente, si les températures des points extrêmes n'étaient pas fixes, mais qu'au contraire la barre émît de la chaleur par ses extrémités, la même considération s'appliquerait encore, avec cette différence qu'alors les fonctions f, f', f'', etc., f_1, f_2, etc., ne seraient plus égales : elles seraient liées entre elles par une équation aux différences mêlées qui servirait à les déterminer toutes, au moyen de la première. Les bornes de cet extrait ne me permettent pas de considérer cet autre cas, dont on trouvera l'analyse complète dans mon Mémoire.

En représentant par une seule variable x', la quantité qui entre sous chacune des fonctions comprises dans la valeur de y, on lui donne cette autre forme:

$$y=\frac{1}{2a\sqrt{\pi}\sqrt{t}}.\Sigma\int\left[e^{-\frac{(x-x'+4il)^2}{4a^2t}}-e^{-\frac{(2l-x-x'+4il)^2}{4a^2t}}+e^{-\frac{(x-x'-4l-4il)^2}{4a^2t}}-e^{-\frac{(x+x'+2l+4il)^2}{4a^2t}}\right]fx'.\,dx';$$

et l'intégrale relative à x' devra être prise depuis $x'=-l$ jusqu'à $x'=+l$, puisque, hors de ces limites, la fonction fx' est supposée nulle. Les séries qui entrent dans cette expression sont très-convergentes tant que le temps t est très-petit; mais elles cessent de l'être quand cette variable devient plus grande. Il faut donc alors en changer la forme: or je ne puis indiquer ici que d'une manière très-rapide comment j'ai effectué cette transformation.

J'observe d'abord qu'on a, d'après une formule connue,

$$e^{-\frac{(x-x'+4il)^2}{4a^2t}}=\frac{2a\sqrt{t}}{\sqrt{\pi}}.\int e^{-a^2tz^2}.\cos.(x-x'+4il)z.dz;$$

l'intégrale étant prise depuis $z=0$ jusqu'à $z=\frac{1}{0}$. Je transforme de même les autres exponentielles contenues dans la valeur de y, et toute réduction faite, on trouve

$$y=\frac{2}{\pi}.\Sigma\iint e^{-a^2tz^2}\left[\cos.(x-x'-2l)z-\cos.(x+x')z\right]\cos.(2l+4il)z.fx'.dz\,dx'.$$

La somme $\Sigma\cos.(2l+4il)z$, renfermée dans cette valeur, peut être regardée comme la limite de la série convergente $\Sigma(1-g)^i\cos.(2l+4il)z$, et la première se déduira de la seconde, en y faisant l'indéterminée g infiniment petite ou nulle. On trouve aisément

$$\Sigma(1-g)^i.\cos.(2l+4il)z=\frac{g.\cos.2lz}{1-2(1-g).\cos.4lz+(1-g)^2},$$

où l'on voit que cette expression devient infiniment petite en même temps que g, excepté lorsque $\cos.4lz$ diffère infiniment peu d'un multiple de la circonférence. Si donc on désigne par n un nombre entier positif, et qu'on fasse

$$4lz=2n\pi+u,$$

il faudra se borner à considérer les valeurs infiniment petites de la variable u; de sorte que ces valeurs ne s'étendront que depuis $u=-\beta$ jusqu'à $u=+\beta$, en représentant par β une quantité positive aussi petite qu'on voudra. Le multiple n peut aussi être zéro, et pour ce cas particulier, la valeur de u ne doit s'étendre que depuis $u=0$ jusqu'à $u=+\beta$, parce que la variable z ne doit jamais devenir négative.

Cela posé, en supprimant dans les valeurs de y au numérateur et au dénominateur, les puissances ou les produits infiniment petits qui doivent être négligés, il vient

$$y=\frac{1}{2l\pi}.\Sigma\iint e^{-\frac{a^2t\pi^2n^2}{4l^2}}\left[\cos.(x-x'-2l)\frac{n\pi}{2l}-\right.$$
$$\left.-\cos.(x+x')\frac{n\pi}{2l}\right]\frac{\cos.n\pi.fx'.g\,du\,dx'}{g^2+u^2},$$

et la somme Σ s'étendra depuis $n=1$ jusqu'à $n=\frac{1}{0}$: elle devrait aussi comprendre le terme correspondant à $n=0$; mais comme il est nul, nous nous dispensons d'y avoir égard.

L'intégration relative à u s'effectue immédiatement. En intégrant depuis $u=-\beta$ jusqu'à $u=+\beta$, on a

$$\int\frac{g\,du}{g^2+u^2}=2.\,arc\left(\text{tang.}=\frac{\beta}{g}\right);$$

quantité qui se réduit à π, quand on y fait $g=0$. Par conséquent la valeur de y devient

$$y=\frac{1}{2l}.\Sigma\int e^{-\frac{a^2t\pi^2n^2}{4l^2}}\left[\cos.(x-x'-2l).\frac{n\pi}{2l}\right.$$
$$\left.-\cos.(x+x')\frac{n\pi}{2l}\right]\cos.n\pi.\,fx'.\,dx'.$$

Elle se simplifie encore en y distinguant les valeurs paires et impaires de n. Faisons donc successivement $n=2i$, $n=2i+1$; soit, pour abréger,

$$\int\sin.\frac{i\pi x'}{l}.fx'.\frac{dx'}{l}=A_i,\qquad\int\cos.\frac{(2i+1)\pi x'}{2l}.fx'.\frac{dx'}{l}=B_i,$$

les intégrales étant prises depuis $x'=-l$ jusqu'à $x'=+l$; la valeur de y deviendra enfin

$$y=\Sigma A_i\,e^{\frac{-a^2t\pi^2i^2}{l^2}}.\sin.\frac{i\pi x}{l}+\Sigma B_i\,e^{\frac{-a^2t\pi^2(2i+1)^2}{4l}}.\cos.\frac{(2i+1)\pi x}{2l},$$

où les sommes Σ devront s'étendre depuis $i=0$ jusqu'à $i=\frac{1}{0}$. Maintenant ces séries seront d'autant plus convergentes que le temps t sera plus grand : elles tendront de plus en plus à se réduire à leur premier terme, et la valeur de y à devenir simplement

$$y = e^{-\frac{a^2 t \pi^2}{4 l^2}} . \cos. \frac{\pi x}{2 l} . \int \cos. \frac{\pi x'}{2 l} . f x' . \frac{d x'}{l} .$$

On peut observer que quand $t = 0$, on a

$$y = f x = \Sigma\, A_i \sin. \frac{i \pi x}{l} + \Sigma\, B_i \cos. \frac{(2 i + 1) \pi x}{2 l} ;$$

ce qui est effectivement vrai, quelle que soit la forme de la fonction $f x$, mais seulement pour les valeurs de x qui sont comprises entre $x = -l$ et $x = +l$.

On trouvera dans mon Mémoire une analyse semblable appliquée à d'autres cas, tels que celui d'un anneau d'une épaisseur constante, celui d'un parallélépipède quelconque, et enfin le cas d'une sphère dont tous les points également éloignés du centre, étaient à l'origine également échauffés. Dans la pièce qui a remporté le prix de 1812 à l'Institut (*), M. Fourrier a traité les mêmes questions, et est parvenu aux mêmes résultats que moi, mais en suivant une marche différente qui n'a pas paru exempte de difficultés, et dont j'ai expliqué la différence avec mon analyse dans l'extrait cité au commencement de cet article.

P.

Recherches chimiques sur les Corps gras, et particulièrement sur leurs combinaisons avec les alcalis ; par M. Chevreul.

Ve Mémoire. *Des Corps qu'on a appelés* Adipocires.

Chimie.

Février 1815.

M. Chevreul examine dans ce Mémoire les matières qu'on a appelées adipocires, c'est-à-dire la substance crystallisée des calculs biliaires

(*) Ce Mémoire contient un chapitre sur la chaleur rayonnante, qui ne m'était pas connu lorsque j'ai imprimé dans ce Bulletin, une note sur le même objet (année 1814, page 142). L'auteur démontre, comme moi dans cette note, que d'après la loi d'émission qui résulte des expériences de M. Leslie, tous les points de l'intérieur d'un vase de forme quelconque reçoivent des quantités égales de chaleur lorsque les parois sont par-tout à la même température. Il fait voir de plus, d'une manière très-ingénieuse, que cette égalité n'est pas troublée par la réflexion plus ou moins parfaite qui peut avoir lieu sur ces mêmes parois; et enfin il donne une explication satisfaisante de la loi d'émission sur laquelle ces résultats sont fondés.

humains, le spermaceti, et la substance grasse en laquelle se convertissent les cadavres enfouis dans la terre.

§. Ier. *De la substance crystallisée des calculs biliaires humains.*

Cette substance présente des propriétés qui la distinguent de tous les corps gras connus; ainsi elle ne se liquefie qu'à la température de 137° centigrades, tandis que les graisses animales sont parfaitement fluides à une chaleur inférieure à celle de l'eau bouillante. Le produit qu'elle donne à la distillation est en grande partie liquide et huileux, et ce qu'il y a de remarquable, c'est qu'il n'agit pas sensiblement sur le papier de tournesol, quoiqu'il ne contienne pas d'ammoniaque. Les graisses ordinaires donnent, au contraire, à la distillation des produits dont l'acidité n'est pas équivoque; mais ce qui fait du calcul biliaire une matière grasse particulière, c'est qu'il n'éprouve aucun changement de la part de la potasse caustique. Dans 30 parties d'eau contenant 5 parties de potasse à l'alcool, M. Chevreul a fait bouillir pendant 100 heures une partie de calcul sans avoir pu le saponifier, ni même lui avoir fait éprouver d'altération notable. M. Powel avait déjà fait cette observation, que M. Bostock avait contredite, en s'appuyant de l'autorité de Fourcroy et de sa propre expérience. Peut-être ces deux chimistes auront-ils pris la silice du verre qui est dissoute par l'alcali pour une portion de calcul biliaire saponifié. Ce qu'il y a de certain, c'est qu'en faisant évaporer la liqueur qui avait bouilli sur le calcul, M. Chevreul a obtenu une gelée qui avait l'apparence d'un savon, mais qui n'était formée que de silice, de potasse et d'eau; et, en second lieu, c'est qu'en versant un acide dans cette liqueur, qui moussait d'ailleurs comme une dissolution de savon, on en précipitait des flocons de silice qui ressemblaient assez à un corps gras séparé d'un alcali par un acide. 100 parties d'alcool bouillant à 0,816 peuvent dissoudre 18 parties de calcul. La solution n'a aucune action sur les couleurs végétales.

§. *Du Spermaceti.*

Le spermaceti a quelques propriétés physiques analogues à celles de la substance précédente, et même de la margarine; mais il en diffère absolument par ses propriétés chimiques. Il se fond à 44°68, il donne à la distillation un peu d'eau acide et un produit solide crystallisé dont le poids est égal aux neuf dixièmes du spermaceti. 100 parties d'alcool bouillant en dissolvent 6,9. La solution n'a aucune action sur la teinture de tournesol, ce qui la distingue de celle de margarine.

Le spermaceti est très-difficile à saponifier, et M. Chevreul doute qu'il l'ait été complètement par les chimistes qui l'ont soumis à cette épreuve. Il a fallu environ 40 heures de digestion à une température de 80 à 96°, pour saponifier 30 grammes de spermaceti par 18 grammes de potasse dissous dans 120 grammes d'eau. Le savon était sous la forme d'une masse visqueuse et demi-transparente qui devint opaque et solide en se refroidissant. Cette masse s'était séparée d'une eau mère légèrement colorée en jaune, qui ne contenait qu'une trace de matière colorée rousse et huileuse, et qui était absolument dépourvue de principe doux des huiles. Cela prouve que ce principe n'est pas un produit essentiel de toute saponification, ainsi qu'on aurait pu le croire, d'après le nombre des substances grasses qui sont susceptibles de le former.

Le savon de spermaceti traité par l'eau s'est divisé, comme celui de graisse de porc, en une portion soluble et en une autre insoluble qui avait un aspect nacré, et qui se rapprochait par cette propriété d'un sursavon de margarine. La liqueur fut séparée de la portion qui s'y trouvait en suspension, au moyen de la filtration. Cette opération dura cinq mois. La matière qui était restée sur le papier perdit son aspect nacré en se desséchant, et prit une apparence cornée. L'ayant fait dissoudre dans l'alcool bouillant, M. Chevreul a obtenu, par le refroidissement de la liqueur, un savon crystallisé qui lui a présenté une nouvelle substance grasse jouissant des propriétés acides, comme la margarine et la graisse fluide qui constituent le savon de graisse de porc. L'auteur ne lui a pas donné de nom, parce qu'il veut, avant d'établir la nomenclature des nouveaux corps gras acides et de leurs combinaisons avec les alcalis, avoir déterminé la proportion de leurs élémens; en attendant, il désigne cette substance par la dénomination de *spermaceti saponifié*.

Ce corps est insipide et inodore; il se fond entre le 44e et le 46e degrés. Quand on l'a fondu, il ne crystallise point en lames brillantes par le refroidissement, comme le fait le spermaceti.

Il est insoluble dans l'eau; l'alcool bouillant en dissout plus que son poids; il se dépose en partie par le refroidissement en cristaux lamelleux et brillants. La dissolution rougit la teinture de tournesol, mais moins fortement que la margarine et la graisse fluide.

Le spermaceti saponifié se combine très-facilement avec la potasse. Le savon qu'on obtient est absolument semblable à celui que l'eau froide sépare de la masse savonneuse de spermaceti qui a digéré dans l'eau de potasse, de sorte que l'eau froide ne paraît pas le décomposer quand elle contient déjà une certaine quantité d'alcali.

Le savon de spermaceti n'a pas de saveur bien sensible. Il est très-soluble dans l'acool bouillant. 1 partie de savon mise dans 5000 parties d'eau froide, se gonfle, mais ne se dissout pas; en faisant bouillir, le savon ne se dissout pas davantage. Une portion se sépare sous la forme d'une matière fondue qui reste à la surface de l'eau, et la plus grande partie reste en flocons également répandus dans la liqueur. Le savon paraît perdre, par l'action de l'eau bouillante, la moitié de son alcali.

L'insolubilité du savon de spermaceti dans l'eau bouillante, et sa non altérabilité par l'eau froide, le distinguent de celui de margarine.

Le savon de spermaceti est formé:

Spermaceti saponifié..........................	100
Potasse....................................	8,29
Eau..	12,03

C'est le premier composé savonneux qui, après avoir été dissous dans l'alcool, ait présenté de l'eau à l'analyse. Si l'on calcule la quantité d'oxygène contenu dans la potasse et dans l'eau, on trouve que celle de cette dernière est le produit d'une multiplication par 7,5 de la quantité d'oxygène de l'alcali.

On voit, d'après ce qui précède, combien le spermaceti saponifié diffère de la margarine. En effet, 100 parties du premier paraissent saturer des quantités de bases salifiables qui contiennent 1,41 parties d'oxygène, tandis que 100 de margarine en saturent des quantités qui contiennent 3 parties d'oxygène.

On a dit plus haut que la masse savonneuse obtenue avec la potasse et le spermaceti cédait à l'eau une portion de sa substance; celle-ci a paru être formée de savon de spermaceti saponifié et d'un savon d'une huile fluide à 25°; mais M. Chevreul ne croit point avoir obtenu cette dernière à l'état de pureté.

§. III. *Du gras de cadavre.*

Le calcul biliaire et le spermaceti doivent être regardés comme des principes immédiats, puisqu'on ne peut en séparer plusieurs corps sans en altérer la nature; mais il n'en est pas de même de la matière qui constitue le gras des cadavres. Fourcroy, qui le premier l'a examinée avec soin, l'avait nommée adipocire, parce qu'elle lui semblait participer de la nature de la cire et de la graisse. L'adipocire est non-seulement combiné à de l'ammoniaque, ainsi qu'on l'a dit, mais il l'est encore à la potasse et à la chaux. Ces combinaisons sont à l'état de sursavons. Pour préparer l'adipocire, Fourcroy a traité à chaud le gras par les acides étendus d'eau ; l'adipocire s'est fondu, et a gagné la surface de la liqueur, où il s'est figé en refroidissant. Il l'a ensuite tenu en fusion pour en chasser l'eau qu'il retenait. L'adipocire obtenu par ce procédé n'est pas un principe immédiat pur, ainsi qu'on l'a pensé jusqu'ici, mais un composé de plusieurs corps de nature huileuse qui se trouvent tout formés dans le gras. M. Chevreul a été conduit à cette opinion par l'observation suivante. Il avait traité du gras à plusieurs reprises par l'alcool bouillant, les dissolutions s'étaient troublées par le refroidissement. Les dépôts ayant été recueillis à part, ainsi que la matière qui était restée en solution, il vit que la matière grasse du premier dépôt se fondait à 54°, tandis que celle qui ne s'était pas précipitée spontanément de l'alcool se fondait à 45°, et avait une couleur rouge assez prononcée.

Puisque le gras est un savon à bases d'ammoniaque, de chaux et de potasse, il était très-vraisemblable que l'adipocire qui le forme possédait les caractères d'une graisse saponifiée : si l'on se rappelle les faits exposés dans le troisième Mémoire de l'auteur, on voit que ce qui distingue en général une graisse saponifiée de celle qui ne l'a pas été, c'est de se dissoudre en très-grande quantité dans l'alcool bouillant, c'est de rougir la teinture de tournesol, et c'est enfin de s'unir à la potasse avec la plus grande facilité et sans perdre de son poids. Que l'on examine l'adipocire sous ces trois rapports, et l'on observera, 1.° qu'il est dissous en toutes proportions par l'alcool bouillant; 2.° que cette solution rougit le tournesol; 3.° que l'adipocire s'unit à la potasse, non-seulement sans perdre de son poids, mais encore sans que sa fusibilité et ses autres propriétés soient changées.

Ayant acquis la certitude que l'adipocire était une graisse saponifiée et qu'il devait être composé de plusieurs corps d'après la considération exposée plus haut, M. Chevreul en a fait l'analyse par la potasse; car il a fait voir dans son troisième Mémoire que la graisse de porc éprouvait par une seule saponification tous les changemens qu'elle peut recevoir par l'action des alcalis; conséquemment toute crainte d'altérer la nature de l'adipocire par ces réactifs n'aurait point été fondée, d'ailleurs il s'était préalablement assuré que les affinités pour l'alcool des corps qui le constituent, n'étaient point assez différentes pour qu'on pût employer ce liquide comme instrument d'analyse.

M. Chevreul a combiné l'adipocire fusible à 45° avec la potasse : il a décomposé le savon par l'eau. Les résultats ont été 1°. une matière nacrée; 2.° un savon formé par une graisse fluide à 7°; 3.° un principe huileux volatil qui avait l'odeur de l'adipocire.

L'adipocire fusible à 54° a donné les mêmes corps; mais dans une proportion différente, la matière nacrée des deux adipocires était formée d'une substance grasse acide, que M. Chevreul regarde comme de la margarine, quoiqu'elle se fondît à 55,5, au lieu que la margarine du savon de graisse de porc se fond à 56,56, et qu'elle ne crystallisât pas en aiguilles aussi prononcées que cette dernière; mais elle rougissait fortement la teinture de tournesol, elle crystallisait de la même manière en se déposant de l'alcool, elle présentait des combinaisons semblables avec la potasse et la chaux, enfin elle avait la même capacité de saturation.

M. Chevreul a démontré dans son troisième Mémoire que la graisse de porc dans son état naturel n'avait pas la propriété de se combiner aux alcalis, qu'elle ne l'acquérait qu'en éprouvant un changement dans la proportion de ses élémens. Ce changement étant le produit de l'action de l'alcali, il en résulte que les corps de nouvelle formation doivent avoir une affinité prononcée pour l'espèce de corps qui l'a déterminée. Si l'on applique cette base de la théorie de la saponification au changement en gras des cadavres enfouis dans la terre, on verra qu'elle parait en expliquer la cause de la manière la plus heureuse. En effet le gras est principalement formé de deux substances grasses combinées avec l'ammoniaque, la chaux et la potasse; l'une de ces substances a sensiblement les mêmes propriétés que la margarine; l'autre, l'huile fluide, paraît avoir beaucoup d'analogie avec la graisse fluide. Il est donc infiniment probable que la cause qui détermine la conversion de la graisse en margarine, en graisse fluide, etc., a déterminé la formation du gras. Cette formation ne paraît donc qu'une véritable saponification opérée par l'ammoniaque qui provient de la décomposition des muscles et autres matières azotées, et par la potasse et la chaux qui proviennent de celle de quelques sels. Telle est la conséquence immédiate des travaux de l'auteur sur la saponification de la graisse de porc et sur le gras des cadavres, elle est si naturelle que l'on aurait lieu de s'étonner s'il l'avait passée sous silence; mais comme il n'a pas suivi lui-même la conversion des cadavres en gras, il ne propose la théorie qu'il en donne qu'avec circonspection, parce que, quelle qu'en soit la vraisemblance, il sent que pour l'établir positivement, il lui manque plusieurs faits, et qu'elle peut paraître en contradiction avec des observations regardées généralement comme bien faites.

Ayant terminé ici l'extrait de son travail, M. Chevreul a annoncé à la première classe de l'Institut qu'il avait fait l'analyse de plusieurs espèces de graisses animales, entre autres celle de la graisse humaine, de la graisse de mouton, du beure de vache, etc.

Observations sur l'accouchement et l'allaitement dans les Taupes ; par M. Breton.

Zoologie.

Société Philomat.

Parmi les mammifères, deux espèces sont remarquables par l'étroitesse extrême de leur bassin, laquelle rend les accouchemens en apparence fort difficiles. Ces deux espèces sont celles du cochon d'Inde (*Cavia cobaya*) et de la taupe (*Talpa Europœa*).

M. Legallois a déjà fait connaître, pour la première, la disposition naturelle qui supplée à ce rétrécissement. Lorsque la femelle est à terme, les cartilages de la symphise du pubis cèdent peu à peu, et le détroit du bassin acquiert le diamètre convenable pour l'accouchement.

M. Breton, médecin à Grenoble, vient de découvrir de quelle manière s'opérait le part de la taupe. « Comme les mœurs de cet animal, dit-il, l'obligent à fouir et à vivre dans des lieux où la largeur de son bassin pourrait nuire à la progression, la nature a remplacé la largeur du diamètre de cette partie du squelette par une disposition singulière. Comme cette ceinture est soudée, dès les premiers temps de la vie de l'animal, dans sa région sacrée, et que son étroitesse empêcherait le passage de la tête du fœtus, qui est beaucoup plus large, les os pubis se trouvent séparés par un espace de deux ou trois lignes, de sorte que le canal urinaire, le vagin et le rectum se trouvent libres entre le sacrum et l'ombilic (ce qui ne se remarque dans aucun mammifère), et que lorsque l'accouchement se fait, le vagin est porté en avant, et l'animal accouche par le ventre. »

M. Breton a trouvé le premier les mamelles des taupes, qui jusqu'ici étaient inconnues. Elles sont au nombre de deux, une de chaque côté, au pli de l'aine. Elles sont enfoncées dans la peau, et il faut pour les voir, ou qu'elles soient pleines de lait, ou qu'on fasse saillir le mamelon en le poussant par derrière. Le lieu qu'elles occupent est un peu plus saillant que les autres, et se trouve recouvert par des poils beaucoup plus serrés et plus fins qu'ailleurs.

A. D.

Journal de l'Ecole polytechnique, dix-septième Cahier. Chez Mme Ve Courcier.

Mathématiques.

Ce volume, de plus de 600 pages, contient les matières dont voici l'indication abrégée :

1.° Un Mémoire de M. Cauchy, sur le nombre des valeurs qu'une fonction peut acquérir, lorsqu'on y permute de toutes les manières possibles les lettres qu'elle renferme. Il y a environ 15 ans, un géomètre Italien, M. Ruffini, démontra qu'il n'existe pas de fonctions de cinq ou d'un plus grand nombre de lettres, dont le nombre de valeurs distinctes puisse être compris entre 2 et 5, M. Cauchy donne, dans son Mémoire, un théorême plus général qui comprend celui de M. Ruffini.

2.° Un second Mémoire du même auteur sur les fonctions qui ne peuvent obtenir que deux valeurs différentes par les permutations des lettres qu'elles renferment. Il existe de semblables fonctions pour tous les nombres de lettres possibles. Elles jouissent de propriétés remarquables que M. Binet jeune a considérées, en même-temps que M. Cauchy, et qu'il a exposées dans un Mémoire qui fait partie du seizième cahier du Journal que nous annonçons.

3.° Deux Mémoires sur le problême de la sphère tangente à quatre autres sphères, l'un par M. Hachette, et l'autre par M. Binet jeune.

4.° Des expériences sur la flexibilité, la force et l'élasticité des bois; par M. Dupin, capitaine au corps du génie maritime. Les résultats importans que ce Mémoire renferme intéresseront surtout les ingénieurs chargés des travaux publics.

5.° Le Mémoire de Cavendish sur la densité de la terre, traduit de l'anglais par M. Chompré.

6.° Un Mémoire sur la résolution des *équations*, *contenant une méthode nouvelle pour construire par des procédés géométriques*, les racines réelles des équations de tous les degrés; par M. Corancez. Dans l'état actuel de la science, une semblable méthode n'est qu'un objet de pure curiosité, et les moyens que fournit la résolution numérique des équations, sont préférables à toutes les constructions graphiques.

7.° Deux Mémoires de M. Binet jeune, l'un sur la composition des forces et sur la composition des mouvemens, l'autre sur l'expression analytique de l'élasticité et de la roideur des courbes à double courbure. On a rendu compte du second dans ce Bulletin (année 1814, page 159.) Quant au premier, il a pour objet de donner des valeurs de la résultante et du moment principal d'un systême quelconque de forces, en fonctions de quantités dépendantes essentiellement du systême, telles que les intensités des forces, les angles qu'elles font entre elles et les distances mutuelles de leurs directions.

8.° Un Mémoire de M. Puissant, où il expose une nouvelle méthode analytique pour déterminer les effets de l'aberration sur la position des astres.

9.° Un Mémoire de M. Plana sur les oscillations des lames élastiques. Le but de l'auteur est de donner l'intégrale de l'équation dont ces oscillations dépendent, sous forme finie par le moyen des intégrales définies, et de la délivrer entièrement des quantités imaginaires qui s'y présentent d'abord. Il parvient, en effet, à un semblable résultat; mais la forme de l'intégrale est si compliquée, qu'il devient impossibile d'en tirer aucune conclusion, ainsi que l'auteur le remarque lui-même, relativement aux lois des oscillations. Nous donnerons, dans une autre occasion, une intégrale de la même équation, d'une forme très-simple et immédiatement applicable à la détermination de ces lois.

10.° Le Mémoire de M. Cauchy sur les racines des équations, dont on a rendu compte dans ce Bulletin (année 1814, page 95), et celui de M. Ampère, sur les équations aux différences partielles dont nous avons aussi rendu compte (année 1814, page 107.)

11.° Enfin la suite du Mémoire sur les intégrales définies, imprimée dans le seizième cahier du Journal de l'École polytechnique; par M. Poisson. On y détermine les valeurs de différentes classes d'intégrales définies que les géomètres n'avaient pas encore considérées; on y trouve aussi diverses réductions de ces intégrales les unes aux autres, parmi lesquelles la plus remarquable est comprise dans cette équation :

$$\int \frac{\sin.^{2n} x . dx}{(1 - 2a . \cos. x + a^2)^n} = \int \sin.^{2n} x . dx;$$

les intégrales sont prises depuis $x = 0$ jusqu'à $x = 200°$; a est une constante qu'on suppose plus petite que l'unité; n est un exposant quelconque.

P.

Élémens de physiologie végétale et de botanique; par C. F. Brisseau Mirbel. — *Première partie, 1 vol. in-8°, avec pl. Paris, chez* Magimel.

Ouvrage nouveau.

Botanique.

Dans cette première partie, M. Mirbel expose en dix sections les principes de l'anatomie et de la physiologie végétales.

Ire Section. Après avoir fait connaître les rapports qui existent entre le règne végétal et les deux autres règnes de la nature, et avoir développé les différences qui les distinguent, il jette un coup d'œil rapide sur les végétaux, il indique toutes les parties qu'ils nous offrent à l'extérieur, et pousse cet examen jusqu'à celui de la graine, d'où il prend occasion de nous montrer les végétaux classés en trois groupes remarquables, les *acotyledons* végétaux privés de cotyledons; les *monocotyledons*, végétaux munis d'un cotyledon; les *dicotyledons*, végétaux munis de deux cotyledons ou plus. Cette première classification trouve de nouveaux caractères dans les sections suivantes.

II.ᵉ Section. L'auteur y traite du tissu qui compose le végétal, en décrit la structure, et annonce comme idée fondamentale qu'*un tissu membraneux, cellulaire et continu, plus ou moins transparent, forme toute la substance des végétaux,* et c'est ce qu'il tend à démontrer. Il signale les diverses modifications de ce tissu sous le nom de tissu cellulaire, vasculaire et épiderme. Ces modifications appuient la classification que nous avons indiquée dans la section précédente. M. Mirbel rapporte diverses opinions émises sur la structure du tissu végétal, et critique les théories de Médicus et de Hedwig, et ce avec d'autant plus de force, que s'occupant depuis long-temps de physiologie végétale, il a été à même de découvrir les défauts de ces théories.

III.ᵉ Section. Dans les deux sections ci-dessus l'auteur a énumeré les parties qui composent les végétaux sans parler de la manière dont elles se développent, des rapports qui les lient et des fonctions qu'elles exercent. Pour remplir ces trois objets, il reprend les végétaux au moment de leur naissance, et les suit jusqu'à leur entier développement. Dans cette troisième section il s'agit de la germination. Pour mieux nous faire comprendre ce qui a lieu pendant ce premier acte qui décèle à nos yeux l'existence d'un nouvel individu, il établit quelques connaissances préliminaires sur la graine et sur ses parties, qu'il ne faut pas confondre ici avec le fruit, qui est un composé des graines accompagné d'autres parties destinées à leur conservation. M. Mirbel donne pour seuls caractères essentiels de la graine, *de naître dans une cavité close et d'offrir un petit corps organisé qui réunit en lui toutes les conditions nécessaires pour reproduire une plante semblable à celle dont il est issu, dès que les circonstances extérieures favoriseront sa croissance.* Il examine d'abord les enveloppes séminales, savoir l'arille, la lorique et le tegmen, souvent très-difficiles à distinguer lorsqu'ils sont isolés ou réunis deux, mais qui suivent l'ordre dans lequel nous les citons lorsqu'ils se trouvent réunis; il examine ensuite l'amande, partie essentielle qui existe dans toutes les graines, et le périsperme qui n'y existe pas toujours, c'est un tissu cellulaire rempli de fécule amilacé ou de mucilage caché sous les enveloppes de la graine. L'étude de l'embryon et de ses parties complètent les connaissances nécessaires pour concevoir la germination. Ici l'auteur expose comment elle s'opère, traite des causes qui l'amènent, des caractères qu'elle offre et des premières parties qu'elle développe.

IV.e Section. La germination dégage deux corps, l'un dirigé vers le ciel, nommé *la plumule*, et destiné à produire la tige, le second descendant en terre, appelé *radicule*, formera les racines. Les parties auxquelles donnent naissance le développement de ces deux corps sont décrits dans cette section et dans l'ordre que voici: 1.° *la racine*, 2.° *la tige*, 3.° *les branches*, 4.° *les vrilles*, *les griffes et les tiges grimpantes*, 5.° *le bouton* (1), 6.° *les feuilles*, 7.° *les glandes et les poils*, *et* 8.° *les piquans*. Les deux premiers articles sont les plus importans à bien connaître, aussi sont-ils traités avec toute la clarté possible.

V.e Section. L'auteur n'a pas cru devoir parler dans la section IV de la fleur et du fruit, dernières parties qui se montrent dans une plante, avant d'avoir expliqué comment s'opérait sa nutrition; et en effet c'est une suite de cette section, puisqu'il y a fait connaître tous les organes des végétaux. Un exposé, tout à fait neuf, de la composition chimique du végétal, précède celui de l'importante fonction de la nutrition par laquelle les végétaux s'assimilent les principes qui les composent; « l'analyse par le feu fait reconnaître dans les plantes, du « carbone, de l'oxigène, de l'hydrogène et de l'azote; du soufre et des « substances terreuses, métalliques ou salines, telles que la silice, l'a- « lumine, les oxides de fer et de manganèse, l'hydriodate de potasse, « les sous phosphates de chaux, de potasse et de magnésie; les sul- « fates de potasse et de soude, le nitrate de potasse, les hydrochlorates « de potasse, de soude, de magnésie, de chaux, d'ammoniaque, etc. ». L'auteur s'est entouré de toutes les connaissances que la chimie moderne a acquise sur la nature des végétaux pour nous expliquer autant que possible d'où proviennent leurs principes élémentaires, que nous venons de rapporter, et leurs principes immédiats, c'est-à-dire, les acides végétaux, les gommes, les sucres, l'amidon, les huiles, les aromes, la cire, le camphre, les résines et les baumes, l'indigo, les principes colorans, etc., etc., etc., qu'il présente classés chimiquement. Il considère ensuite la sève, fluide transparent et incolore, formé d'eau tenant en dissolution un peu de gaz acide carbonique, de gaz oxigène, de gaze azote, de terres, de sels minéraux et de matières animales et végétales; *les sucs propres*, espèces de fluides gommeux, résineux et oléagineux, comme le lait des euphorbes, des pavots, la liqueur jaune

(1) M. Mirbel réunit sous le nom de *bouton*, 1.° ce que les botanistes et les agriculteurs nomment *bourgeon*; 2.° la bulbe ou l'oignon; 3.° le thurion; 4.° les bulbilles. Dans le style vulgaire le bouton désigne la fleur avant son épanouissement, et quelques botanistes l'employent dans ce sens.

de la chélidoine, etc. Enfin le *cambium*, mucilage incolore, inodore, gommeux, et qui n'étant contenu par aucun vaisseau, transude à travers les membranes et se porte partout où de nouveaux développemens s'opèrent. C'est dans le sein de la terre et dans l'air que les plantes puisent à l'aide de la *succion* tous ces principes qu'elles élaborent ensuite, la *déperdition* et la *transpiration* leur enlève l'inutile ou le nuisible. *La marche des fluides dans le végétal* est encore enveloppée pour nous de beaucoup de nuages, et les causes qui produisent les trois fonctions ci-dessus ne sont encore en grande partie que des probabilités.

VI.ᵉ Section. La fleur, cette partie essentielle du végétal, destinée à produire le fruit par lequel l'espèce se perpétue, forme le sujet de cette section; la fleur a été diversement définie par Jungius, Rai, Tournefort, Pontédéra, Ludwig, Linnée et J. J. Rousseau. M. Mirbel la définit *cette partie locale et transitoire du végétal, existant par la présence et la jeunesse d'un ou de plusieurs organes mâles, ou bien d'un ou de plusieurs organes femelles, ou encore des organes mâles et femelles rapprochés et groupés, nus ou accompagnés d'enveloppes particulières.* L'auteur examine successivement toutes les parties de la fleur en commençant par l'intérieur; ce sont: 1.° l'organe femelle ou le pistil, qui se compose de l'ovaire, du style et du stigmate, dont il fait connaître l'organisation; 2.° les étamines, organes mâles, formés d'un filet qui porte une ou plusieurs anthères (dans ce dernier cas, M. Mirbel nomme le filet *androphore*), espèce de bourse qui renferme le pollen; 3.° le périanthe, enveloppe immédiate des organes de la génération, tantôt simple, tantôt double; et alors la partie extérieure porte le nom de calice, et l'intérieure celui de corolle; 4.° les appendices et les formes anomales du périanthe, comme les bosses, les fossettes, les cornets, les éperons, les capuchons, les lèvres, etc.; 5.° les nectaires, espèces de glandes florales; 6.° les soutiens des fleurs, le pédoncule, la hampe et le *clinanthe*, sorte de pédoncule, élargi à son sommet en un plateau chargé de plusieurs fleurs sans pédicelle apparent, etc.; 7.° les enveloppes distinctes des périanthes, et qu'on peut regarder comme accessoires, telles que les bractées, les calicules, les involucres, les involucelles, les spathes, les cupules, etc.; 8.° l'*inflorence* ou la disposition des fleurs en termine la description. L'épanouissement des fleurs vient ensuite: on désigne par là l'instant où les enveloppes florales prennent les dispositions les plus propres à faciliter la fécondation. Alors les végétaux se trouvent revêtus de la parure la plus brillante et la plus variée: rien de plus intéressant que les phénomènes qui précèdent, qui accompagnent et qui suivent la fécondation. Nous devons au génie poétique et philosophique de Linnée, un horloge et un calendrier de Flore qui prouvent l'influence de la lumière et des saisons sur l'épanouissement de la fleur, et ceci conduit M. Mirbel à parler de l'action de la lumière. La fécondation végétale est encore un mystère, nous connaissons les organes extérieurs qui en sont les ministres, et nous ignorons sa marche intérieure. Cependant elle est prouvée par des expériences faites sur les étamines et les pistils, par les plantes dioïques et les plantes hybrides. Toutefois nos connaissances à ce sujet sont dues presque toutes aux botanistes modernes; jusqu'à Linnée on n'avait que des idées vagues et incomplètes sur l'existence d'organes générateurs et fécondateurs dans les végétaux.

VII.ᵉ Section. Dès que le pollen à saupoudré les stigmates, la fécondation est opérée et l'ovaire est fertilisé. L'auteur explique l'organisation de l'ovaire et en suit la croissance depuis le moment où il commence à se dessiner dans le tissu interne de la fleur encore en bouton, jusqu'à celui où il constitue le fruit parfait, c'est-à-dire, jusqu'à la maturité. Le fruit est composé d'une première partie, des graines, diversement fixées dans l'intérieur d'une deuxième partie, qu'on nomme *péricarpe;* il varie beaucoup dans ses formes et par les appendices qu'il offre, et donne ainsi naissance à beaucoup d'observations physiologiques importantes qui auront sans doute déterminé M. Mirbel à donner ici sa classification artificielle des fruits, déjà publiée dans le Nouveau Bulletin, t. III, p. 313, mais avec des changemens notables qui la rendent extrêmement utile. Quelques pages sur la fécondité, généralement extrême, des plantes et sur les moyens que la nature emploie pour exécuter la dissémination des graines termine cette section.

VIII.ᵉ Section Les maladies et les causes qui tendent à faire dépérir les végétaux et à leur donner la mort, font l'objet du commencement de cette section, qui se termine par des considérations sur la durée de leur vie et sur leur mort naturelle, c'est-à-dire, sur la mort produite par vieillesse. M. Mirbel rappelle qu'il y a des herbes annuelles et bisannuelles dans tous les climats, et montre que le passage d'une température à une autre température, n'est point la cause de la brièveté de leur existence; c'est par l'observation dans tous les âges du tissu végétal qu'il cherche la cause de la mort des plantes, et qu'il en trouve l'explication; et c'est ainsi qu'il prouve encore qu'un arbre de la classe des dicotyledons n'est autre chose qu'une suite de générations accumulées, représentées par les couches coniques et emboîtées qui forment l'arbre, et dont la plus extérieure seule est vivante et peut être considérée comme une herbe annuelle, ce qui est expliqué par une multitude de faits, en sorte qu'on ne peut se refuser à l'évidence, bien que la chose paraisse hétérodoxe.

IXᵉ. Section. Les végétaux qui présentent des pistils et des étamines, c'est-à-dire, des organes mâles et femelles, constituent la classe des plantes *phénogames;* et on appelle au contraire *cryptogames et agames* les plantes qui n'ont pas encore offert ces organes, ou du moins de semblables organes. Pour compléter les connaissances que nous avons en physiologie végétale, l'auteur examine les diverses familles rangées dans la classe *des cryptogames*, et cet examen successif est nécessité par les grandes différences que présentent entre elles ces familles. Ce sont les *salviniées*, les *équisetacées*, les *mousses*, les *hépathiques*, les *lypocodiacées*, les *fougères*, les *algues*, les *lichens*, les *hypoxylées* et les *champignons*.

X.ᵉ Section. Enfin, des considérations générales sur la végétation, sur les affections, l'habitation et la répartition des plantes sur la terre et sur les causes qui limitent les espèces, soit dans les plaines, les vallées, soit dans les eaux, etc., terminent ces principes élémentaires de physiologie et d'anatomie végétales.

En nous résumant, on peut voir que l'auteur commence par nous donner une idée des végétaux en déclinant leurs parties et leurs organes, qu'ensuite il les prend au moment de leur naissance, et les suit jusqu'à leur mort, ce qui lui donne l'avantage de n'omettre aucun des organes, d'en bien saisir les fonctions, et de montrer les rapports qui les lient entre eux. Cette marche du simple au composé force nécessairement l'auteur à présenter son sujet le plus clairement possible et débarassé de ces nombreuses hypothèses qui dégoûtent de l'étude de la physiologie végétale. En lisant l'ouvrage on se convaincra que M. Mirbel a moins cherché à faire connaître tout ce qui avait été dit sur la philosophie des plantes qu'à présenter un ensemble clair, précis, rempli de faits curieux, la plupart dus à ses observations, et écrit d'un style élégant, raisonné, plein d'intérêt, et qui rend la lecture de ses principes de physiologie et d'anatomie végétales, facile, agréable et très-instructive pour l'élève, et fort attrayante pour les gens du monde. Nous devons ajouter que M. Mirbel n'a point négligé d'expliquer par la physiologie végétale les procédés les plus curieux de la culture, ce qui lie sa théorie à la pratique, et fait de ses élémens un livre d'une utilité générale. Nous ne balançons donc pas à présenter ce travail comme le meilleur que nous ayons maintenant sur la partie physique des plantes, et à le proposer aux botanistes, aux professeurs d'histoire naturelle et à leurs élèves, comme le plus instructif.

Un volume de 72 planches, dessinées avec une rare exactitude, accompagne la première partie de cet ouvrage, il représente les différens ports des végétaux, leurs organes, leurs développemens, etc., etc. Presque tous les dessins ont été faits sur la nature par l'auteur lui-même; ils servent aussi à l'éclaircissement de la deuxième partie, qui vient de paraître, et dont nous rendrons compte dans l'une des prochaines livraisons de ce Bulletin.

S. L.

Botanique.

Ouvrage nouveau.

Elémens *de physiologie végétale et de botanique; par* C. F. Brissau Mirbel. — *Deuxième partie.* (1)

Nous avons vu que, dans la première partie de son ouvrage, l'auteur a traité de la physiologie végétale, et nous avons fait voir la marche qu'il avait suivie. Dans la seconde partie il traite, en quatre sections, des notions élémentaires de la botanique proprement dite.

I.re Section. *Théorie fondamentale.* Par là l'auteur entend des considérations générales qu'il établit pour fixer ce que c'est que les caractères en botanique, établir leurs définitions, leurs relations, la manière de les appliquer, et surtout sur quelles bases ils sont fondés; il fait voir que, généralement, les caractères du premier degré sont fixés sur la présence des parties, leurs positions et leurs fonctions, et les caractères secondaires sur les formes et modifications de ces parties. Par la connaissance des caractères, on parvient à celle de l'individu, de la variété, de l'espèce, du genre, de la famille. Ici l'auteur s'arrête sur l'emploi des caractères et sur les descriptions qui n'ont acquis d'exactitude qu'après la création de nombreux termes techniques qui en abrègent l'étendue; cette création a donné naissance à la terminologie botanique qui fait le sujet de la troisième section. Les botanistes désignaient autrefois les espèces par une phrase, toujours difficile à retenir, surtout lorsqu'il fallait se rappeler beaucoup d'espèces. Linné le premier appliqua des noms, et depuis lors l'étude de la botanique est devenue plus facile. M. Mirbel explique ce que l'on indique par nom de famille, de genre, d'espèce, et montre sur quoi il faut les fonder pour le plus grand avantage de la science; il porte le même examen sur la synonymie, c'est-à-dire sur l'art de rapporter avec exactitude à chaque plante tous les noms et toutes les phrases par lesquels elle se trouve désignée dans les ouvrages; enfin il termine par exposer ce que c'est que système et méthode, dont l'introduction en botanique est due aux botanistes des deux derniers siècles.

II.e Section. *Naissance et progrès de la botanique.* — M. Mirbel fait ici une histoire de la botanique depuis les temps les plus reculés jusqu'à nos jours, et fait connaître les époques les plus remarquables; il a pris pour base l'ordre chronologique, et a suivi la marche employée par M. de Lamarck dans l'Encyclopédie; mais le résumé qu'il place à la fin, nous paraît plus propre à fixer dans la mémoire les époques marquantes des progrès de la science. Ce sont : 1re époque, Théophraste, ou *la naissance de la botanique* : tout se borne à des connaissances

(1) A Paris, chez Magimel.

empiriques. 2e ép. Dioscoride et Pline, ou *l'étude des livres substituée à celle de la nature :* même ignorance. 3e ép. Brunsfels, Fuchs, Tragus. etc., ou *l'observation et la comparaison directes des faits :* on revient à la nature. 4e ép. Gesner, ou *les fondemens de toute bonne classification :* les caractères les plus importans sont donnés par la fleur et le fruit. 5e ép. Clusius, ou *l'art de bien décrire les plantes.* 6e ép. Cœsalpin, ou *l'introduction de la première méthode.* 7e ép. Les Bauhin, ou *les modèles d'une bonne synonymie.* 8e ép. Camérarius, ou *la connaissance des sexes.* 9e ép. Tournefort, ou *l'établissement d'une méthode régulière :* les espèces forment les genres, les genres les ordres, les ordres les classes. 10e ép. Leuwenhoek, Malpighi, Grew, Hales, ou *la naissance de l'anatomie et de la physiologie végétales.* 11e ép. Linné, ou *l'invention d'une langue philosophique,* 12e ép. Bernard de Jussieu, ou *l'établissement des familles naturelles.*

III.e Section. *Terminologie botanique.* Elle fait connaître les termes techniques employés pour désigner dans les végétaux leurs parties, leurs organes et leurs diverses formes; c'est ce que d'autres naturalistes ont nommé *glossologie.* Pour rendre son travail plus utile et plus comparatif, M. Mirbel a suivi la même marche qu'il a employée dans la première partie de son ouvrage. Nous osons avancer, sans crainte d'être contredit, que jusqu'ici il n'avait pas été publié une terminologie botanique aussi complète, aussi savante et en même temps aussi commode. Des figures aux traits, représentant les formes des diverses parties des végétaux, facilitent beaucoup l'intelligence des termes, et surtout des termes nouveaux et assez nombreux que l'auteur a introduit par suite des nouvelles connaissances que nous avons acquises en botanique; nous regrettons de ne pouvoir entrer dans de grands détails sur cette terminologie, que M. Mirbel a fait précéder de deux mots sur l'art et l'utilité de savoir créer ou appliquer à propos les termes.

IV.e Section. *Méthodes artificielles et familles naturelles.* M. Mirbel développe d'abord la méthode de Tournefort, qui n'est plus suivie, mais qui fit une si grande révolution en botanique lorsqu'elle parut; le systême de Linné, le plus ingénieux de tous et celui qui a le plus de partisans; enfin la méthode naturelle de Jussieu, ou les familles naturelles, au perfectionnement desquelles tendent toutes les découvertes et toutes les recherches botaniques. Par le systême de Linné on ne parvient qu'à la connaissance du nom de la plante; par la méthode naturelle on découvre ses rapports avec les autres plantes, et par cela même l'étude des familles naturelles est celle qui procure des connaissances plus importantes et plus solides. M. Mirbel donne, d'après une communication que lui a faite M. de Jussieu, la liste méthodique des familles que ce savant admet en botanique, le nombre s'en élève à cent quarante-une. M. Mirbel donne après les caractères des familles naturelles indigènes; il les divise en trois : caractères fournis par la végétation, caractères donnés par la floraison, et caractères offerts par la fructification; il employe strictement dans leur exposé les termes indiqués dans sa terminologie.

Enfin, le volume est terminé, 1.° par un mémoire sur les lois générales de la coloration appliquée à la formation d'une échelle chromatique, à l'usage des naturalistes, par M. Mérimée; 2.° par une explication très-étendue des planches; 3.° par une table des noms latins des plantes désignées en français dans l'ouvrage; 4.° par deux tables, l'une des mots techniques substantifs, l'autre des mots techniques adjectifs; 5.° enfin, d'une liste des mots tirés du grec, avec leurs étymologies.

Nous pensons que cette seconde partie mérite d'être accueillie comme la première, et que l'ouvrage entier paraît destiné à faire époque dans les annales de la science.

S. L.

Extrait d'un rapport fait par M. Biot, *sur un Mémoire de MM.* Dulong *et* Petit, *relatif aux lois de la dilatation des solides, des liquides et des fluides élastiques à de hautes températures.*

Institut. Juin 1815.

L'esprit d'exactitude qui s'est introduit depuis quelques années dans toutes les expériences de chimie et de physique a fait rechercher avec un soin extrême tout ce qui pouvait servir à la perfection du thermomètre; on a constaté de nouveau la fixité des termes extrêmes de l'échelle thermométrique; on a donné les procédés les plus propres pour les déterminer, et comme l'un d'eux est influencé par la pression de l'atmosphère, on a trouvé le moyen de l'en rendre indépendant par le calcul; on a senti la nécessité de diviser cet intervalle fondamental en parties de capacités égales, et l'on a donné des moyens très-sûrs pour y parvenir, malgré les irrégularités inévitables dans le diamètre intérieur des tubes de verre; enfin l'on a reconnu et assigné toutes les précautions nécessaires pour employer l'instrument d'une manière comparable. Un thermomètre construit et employé selon ces principes devient donc un indicateur très-exact des températures qui l'affectent, quelle que soit la nature du liquide qui le compose, pourvu toutefois que les degrés divers de chaleur auxquels on l'expose n'en changent pas la constitution. Ainsi, sous ce rapport, il est absolument indifférent d'employer des thermomètres d'eau, d'alcool ou de mercure. S'ils sont construits avec exactitude, les températures seront également bien définies par chacun d'eux; mais dans les usages ordinaires, on emploie communément le thermomètre à mercure, et cette préférence est fondée, car le mercure obtenu par la distillation est toujours identique avec lui-même, il ne se laisse point décomposer par la chaleur, sa dilatation absolue est fort sensible, et elle est constamment croissante depuis la température où il se gèle jusqu'à celle où il se vaporise, propriété que tous les autres fluides, l'eau, par exemple, ne possèdent pas. C'est pourquoi l'on est dans l'usage de rapporter les dilatations de tous les corps aux indications du thermomètre à mercure, c'est-à-dire que l'on compare ces dilatations à celles du mercure dans le verre, et qu'on les exprime en fonctions de celles-ci. On a trouvé de cette manière que, depuis les degrés les plus voisins de la congélation du mercure jusque vers celui de l'ébullition de l'eau, les dilatations des gaz, des vapeurs, du verre, des métaux, et en général des corps solides, sont, sans aucune différence sensible, proportionnelles à la dilatation apparente du mercure dans le verre, et par conséquent à sa dilatation absolue. Mais on a trouvé aussi que, pour tous les liquides qui bouillent à des températures beaucoup moins élevées que le mercure, les dilatations, comparées à celles du mercure, deviennent croissantes à mesure que ces liquides approchent du terme de leur ébullition; d'où il est naturel de conclure, par analogie, que les dilatations du mercure lui-même paraîtraient constamment croissantes dans les températures élevées si on les comparait à celles d'un autre liquide dont les points de congélation et d'ébullition fussent beaucoup plus éloignés; ou, ce qui serait mieux encore, si l'on comparait cette dilatation à celle d'un gaz sec, tel que l'air, qui ne changeant pas de constitution dans les plus grandes différences de températures que nous puissions produire, semble devoir par cela même offrir un terme de comparaison plus uniforme que tous les autres corps.

Cette recherche est, comme on voit, différente de la détermination des températures. Celle-ci est parfaitement résolue par les divers procédés thermométriques et pyrométriques, pourvu qu'on ait soin de lier leurs indications par l'expérience, de manière à en former une série continue; mais la comparaison de toutes les dilatations à celles d'une substance dont la constitution pourrait être regardée comme invariable serait aussi une chose très-utile; car si l'on s'était assuré par l'expérience que les accroissemens de volume d'une telle substance fussent, comme cela est très-probable, sensiblement proportionnels aux accroissemens de chaleur qu'on y introduirait, on saurait par cela même comment la chaleur se dissimule dans les autres substances à des températures diverses; on pourrait mesurer les quantités réelles de chaleur que les corps émettent ou absorbent à diverses températures; on pourrait graduer les accroissemens de leur volume de manière qu'ils répondissent à des accroissemens égaux de chaleur.

C'est ce travail, important pour la chimie et la physique, que MM. Petit et Dulong ont entrepris; la partie de leurs recherches qu'ils ont soumise à l'Institut se rapporte à la première division que nous avons établie, et qui se présente d'elle-même dans cette recherche: c'est la mesure des dilatations du mercure et des corps solides comparée à celle de l'air à de hautes températures.

Les auteurs du Mémoire ont d'abord comparé la dilatation de l'air à celle du mercure dans le verre. L'appareil qu'ils ont employé pour cet objet est analogue à celui que M. Gay-Lussac a mis autrefois en usage pour le même but au dessous du terme de l'ébullition de l'eau. Cet appareil est essentiellement composé d'une cuve métallique en forme de parallélipipède, établie sur un fourneau de même grandeur. On verse dans ce vase un liquide qu'on échauffe à divers degrés. M. Gay-Lussac avait employé l'eau, MM. Petit et Dulong ont employé une huile fixe, pour pouvoir élever davantage la température. Un ou plusieurs thermomètres plongés verticalement dans le liquide, et dont les tiges sortent au dessus du couvercle du vase, servent pour indiquer à peu près sa température, et montrent s'il est nécessaire d'augmenter ou de diminuer le feu; mais il ne faut pas que le tube qui contient le gaz soit plongé dans l'eau de cette manière, car la température n'est pas la même dans les diverses couches horizontales d'un liquide qu'on échauffe par son fond. Ainsi, pour pouvoir connaître exactement celle qui agit sur le gaz, il faut placer le tube qui le contient dans une situation horizontale; alors sa température pourra être parfaitement indiquée par un excellent thermomètre à mercure placé vis-à-vis de lui dans la même couche, et disposé aussi horizontalement. Pour rendre l'égalité des températures encore plus certaine, MM. Petit et Dulong avaient introduit dans le liquide des tiges armées de volans qu'on faisait mouvoir, ce qui établissait entre toutes les couches une parfaite mixtion.

Dans les expériences de M. Gay-Lussac, le gaz dont on observait la dilatation était enfermé dans le tube qui le contenait, au moyen d'une petite goutte de mercure qui faisait l'effet d'un piston mobile, et l'on observait sur la graduation du tube le point où le gaz dilaté amenait successivement ce piston. Dans les expériences de MM. Petit et Dulong, le tube à gaz était entièrement ouvert, et avait son extrémité effilée à la lampe. Il se vidait d'air atmosphérique à mesure que la température du bain s'élevait. Quand on voulait arrêter l'expérience, on observait la température indiquée par le thermomètre horizontal, en tirant tant soit peu sa tige hors du bain, puis on fermait hermétiquement au chalumeau l'extrémité effilée du tube de gaz, et l'on observait au même instant la pression barométrique. Il est clair que le volume d'air échauffé contenu alors dans le tube faisait équilibre à cette pression. Cela fait, on enlevait le tube, on le portait dans une chambre voisine à la température ordinaire, puis, lorsqu'il s'était refroidi, on cassait son bec sous le mercure; ce métal s'y élevait, forcé par la pression atmosphérique; on observait la hauteur à laquelle il s'arrêtait; on mesurait aussi la température; on avait donc ainsi la mesure de l'élasticité de l'air que la chaleur du bain n'avait pas expulsée. Alors, retournant ce tube sans permettre au mercure d'en sortir, on le pesait dans cet état; on le pesait ensuite entièrement plein de mercure: on connaissait ainsi les volumes que l'air chaud et froid avaient successivement occupés. Comme on connaissait de plus les pressions, il était facile de ramener ces volumes à ce qu'ils auraient été sous des pressions égales, et de comparer la proportion de leur accroissement à la différence de température que le thermomètre à mercure avait indiquée.

MM. Petit et Dulong ont fait une série d'expériences de cette manière; ils en ont fait une seconde en ne scellant pas le bec du tube à gaz, mais le plongeant à une température assignée dans un bain de mercure sec que l'on présentait au dessous de lui. On laissait refroidir lentement tout l'appareil; alors on observait la hauteur de la colonne du mercure élevée dans le petit tube, on mesurait la pression atmosphérique, et le calcul s'achevait comme précédemment.

Ces deux méthodes se sont accordées pour montrer que *la dilatation du mercure dans le verre est croissante comparativement à celle de l'air*, comme les expériences faites sur les autres liquides devaient le faire présumer. La différence est insensible jusqu'à 100 degrés, résultat que M. Gay-Lussac avait déjà constaté, et qui importe pour le calcul des réfractions astronomiques. Au dessus de ce terme, le thermomètre à mercure s'élève plus que le thermomètre d'air; et lorsque le premier marque 300 degrés, le second en marque 8 $\frac{1}{3}$ de moins.

Quoique ce résultat ne donne que la dilatation apparente du mercure dans le verre, cependant on peut en étendre la conclusion générale à la dilatation absolue de ce liquide; car, selon toutes les analogies, la variabilité de dilatation d'un corps solide tel que le verre, doit, si elle est sensible, être moindre que celle d'un liquide tel que le mercure; mais quant à la quantité absolue dont la dilatation du mercure précède celle de l'air, il faut, pour la déduire de ce qui précède, connaître celle du verre ou de tout autre métal dont le mercure peut être enveloppé.

C'est encore ce que MM. Petit et Dulong ont cherché à faire; et comme ils ne doutaient point que la dilatation du verre et des métaux comparée à l'air ne fût uniforme ou presque uniforme dans les limites de température que le thermomètre à mercure peut atteindre, ils ont d'abord cherché seulement à mesurer les différences de dilatations des corps solides entre eux, ce qui, comme on sait, est toujours dans ce genre d'expériences la détermination la plus facile. Le procédé qu'ils ont employé est celui que Borda a imaginé pour apprécier les températures des règles de métal destinées à la mesure des bases dans l'opération de la méridienne de France. Ce sont deux règles de différentes natures, posées l'une sur l'autre dans toutes leurs longueurs. Elles sont fixement attachées ensemble par l'une de leurs extrémités. A l'autre extrémité il y a sur l'une des règles une division de parties égales, sur l'autre un vernier dont on lit le mouvement avec un microscope. La quantité dont ce vernier marche entre deux températures fixes est évidemment égale à la différence de dilatation des deux barres. En portant sur ce nivellement un appareil de ce genre à diverses températures de plus en plus élevées, jusqu'à 300 degrés du thermomètre à mercure, MM. Petit et Dulong sont parvenus à cette conséquence inattendue, que, dans les hautes températures, la dilatation des métaux suit une marche plus rapide que celle du thermomètre à mercure, et *à fortiori* plus rapide que celle de l'air: de sorte que quand un thermomètre d'air marquerait 300 degrés sur son échelle, le thermomètre à mercure en marquerait 310, et le thermomètre métallique 320.

Il était sans doute impossible de prévoir ce résultat, et l'on était loin de s'y attendre. Toutefois il n'est pas contraire aux analogies; car il ne veut pas dire que la dilatation des métaux comparés à l'air croît plus rapidement que la dilatation absolue du mercure, ce qui serait en effet très-invraisemblable, mais plus rapidement que la dilatation apparente du mercure dans le verre, laquelle est l'excès de la dilatation propre de ce liquide sur celle de l'enveloppe qui le contient. Or, puisque l'observation du thermomètre métallique donne aux métaux une dilatation croissante par rapport à l'air, il est probable, il est même certain, par les expériences de MM. Petit et Dulong, que le verre participe aussi à cette propriété. Alors, l'accroissement progressif de son volume doit faire paraître celui du mercure moins sensible, et peut le balancer assez pour rendre sa marche plus lente que celle des métaux considérés isolément. C'est aussi ce que les auteurs du Mémoire ont eu soin de remarquer.

Or, si ces idées étaient exactes, la dilatation du mercure dans les métaux, dans le fer, par exemple, devait paraître croissante, ce liquide se dilatant plus que le métal. C'est aussi ce que les auteurs du Mémoire ont vérifié, en pesant les volumes de mercure qui pouvaient être contenus dans un vase de fer à diverses températures de plus en plus hautes. Entre 0 et 100° ils ont trouvé la dilatation absolue du mercure corrigée de celle du fer, exactement telle que l'avaient assignée MM. Lavoisier et Laplace, par des expériences analogues faites dans un matras de verre; mais à des températures supérieures, le mercure s'est dilaté suivant une marche beaucoup plus rapide, car il est sorti du vase de fer en quantité beaucoup plus considérable qu'on ne l'aurait dû obtenir si le fer et le verre eussent conservé des dilatabilités proportionnelles.

On voit donc qu'en supposant les faits bien observés et les réductions numériques faites avec exactitude, on ne peut douter que le mercure, le verre et les métaux les plus infusibles n'aient des marches croissantes par rapport au thermomètre d'air, quand on les expose à des températures plus élevées que le degré de l'ébullition de l'eau, et, ce qu'on aurait été loin de croire, que les différences sont déjà très-sensibles au dessous de 300°. C'est un résultat important que l'on doit aux auteurs du Mémoire. Ne pouvant donc plus regarder aucun de ces corps, si ce n'est peut-être l'air, comme ayant une marche uniforme pour des accroissemens égaux de chaleur, il devient nécessaire de mesurer la dilatation absolue de ce fluide à de hautes températures, et d'établir leurs rapports avec les quantités de chaleur qu'elles exercent, après quoi on connaît les dilatations de tous les autres corps en le comparant à lui. C'est alors, et seulement alors, que l'on pourra mesurer des quantités de chaleur par le thermomètre, soit d'air, soit de mercure, et que l'on pourra déterminer les vraies lois du refroidissement et de l'échauffement des corps à toutes les températures. C'est ce que les auteurs ont fort bien senti, et ils se préparent à continuer leurs expériences sous ce point de vue; nous ajouterons qu'il importe de les y encourager, car ce genre de recherches devient aujourd'hui d'une nécessité indispensable pour l'avancement de nos connaissances dans la théorie de la chaleur.

---

*Note sur une substance à laquelle on a donné le nom d'*Inuline; *par M.* Gaultier de Claubry. (*Extrait d'un Rapport fait à la Société Philomatique le 22 avril 1815, par MM.* Chevreul *et* Thénard.

Société Philomat.
Avril 1815.

Il existe plusieurs substances végétales qui n'ont point encore été assez étudiées pour être mises définitivement au rang des principes immédiats des végétaux; telle est l'inuline, dont la découverte est due à M. Rose. M. Gaultier de Claubry se propose, dans son Mémoire, de faire voir que cette substance est réellement particulière, ainsi que l'a annoncé M. Rose.

Après avoir répété les expériences de ce chimiste, qu'il trouve très-exactes, il en tenta de nouvelles. C'est avec l'amidon que l'inuline à le plus de rapport et que M. Gaultier la compare. L'amidon forme gelée avec l'eau chaude, et ne s'y dissout point. Traité par le feu, l'amidon donne de l'huile, etc.; uni à l'iode, il forme un composé d'un beau bleu; l'acide hydro-chlorique et les alcalis le rendent gélatineux; l'acide sulfurique concentré le charbonne. L'inuline jouit de propriétés qui sont, pour ainsi dire, opposées; elle se dissout facilement dans l'eau chaude, et s'en sépare en partie, par le refroidissement, sous forme de poudre blanche, et non en gelée. Soumise à la distillation, elle ne fournit point d'huile, caractère qu'elle ne partage qu'avec bien peu de substances végétales. Elle forme avec l'iode un composé jaune verdâtre. L'acide hydro-chlorique et les alcalis la dissolvent, sans que la liqueur devienne gélatineuse. Enfin elle se dissout dans l'acide sulfurique concentré, sans odeur d'acide sulfureux, et l'ammoniaque peut la précipiter de cette dissolution.

Ces caractères semblent suffisans pour assigner à l'inuline un rang particulier parmi les substances immédiates.

Mémoire sur la disparition des adhérences celluleuses dans les cavités splanchniques; par M. Villermé. (*Extrait d'un Rapport fait à la Société Philomatique, le 8 avril 1815, par MM.* Duméril *et* Guersent.

Anatomie.

Société Philomat.

Le Mémoire de M. Villermé fait, en quelque sorte, suite à la thèse que ce médecin a soutenue l'année dernière à l'Ecole de Médecine de Paris, sur la formation des fausses membranes. Il décrit avec beaucoup de soin et de vérité, dans la thèse dont nous venons de parler, les différens degrés d'altération qu'éprouvent les fausses membranes qui accompagnent les phlegmasies des membranes séreuses, lorsque l'inflammation ne se termine pas par résolution. Dans leur dernier degré d'organisation, les fausses membranes se présentent sous l'aspect de lames ou de brides celluleuses plus ou moins lâches, et qui s'étendent de la surface d'un organe à l'autre. Elles sont alors garnies de vaisseaux assez distincts, et ont beaucoup d'analogie avec le tissu cellulaire dépourvu de graisse. Ce sont les altérations secondaires de ces productions celluleuses que M. Villermé s'est proposé d'examiner dans le Mémoire qu'il a présenté à la Société. Il cherche d'abord, dans cet ouvrage, à prouver une assertion qu'il avait déjà émise dans sa thèse, c'est que les adhérences celluleuses se détruisent peu à peu, et disparaissent ensuite entièrement; et dans la seconde partie de son Mémoire, il tâche d'expliquer la cause de ce phénomène physiologique.

Selon M. Villermé, beaucoup d'exemples et d'observations prouvent que les adhérences des portions mobiles des intestins entre eux s'effacent entièrement peu de temps après qu'on a fait rentrer les hernies par l'opération; mais l'auteur ne rapporte aucune de ces observations et ne cite aucun des auteurs où il a puisé ces exemples, ce qui aurait été d'autant plus nécessaire que c'était le seul moyen de démontrer la vérité de sa proposition, et que Scarpa et les autres auteurs qui ont traité le plus en détail des différentes adhérences des hernies en général, n'ont rien dit de semblable à ce que M. Villermé a avancé. Tous les écrivains recommandent particulièrement, au contraire, de détruire les adhérences des hernies avec les doigts, et même avec l'instrument tranchant toutes les fois que les doigts ne suffisent pas et qu'on peut employer le bistouri sans danger d'ouvrir l'intestin. Or cette précaution serait parfaitement inutile si, comme le dit M. Villermé, les adhérences se détruisaient d'elles-mêmes. S'il en était ainsi d'ailleurs, les adhérences devraient disparaître dans l'intérieur du sac herniaire de ces hernies volumineuses et anciennes, comme elles se détruisent, selon M. Villermé, dans l'intérieur de l'abdomen. Cependant l'observation prouve que ces vieilles hernies ont toujours contracté de nombreuses et fortes adhérences, et tous les praticiens les regardent comme plus fâcheuses à opérer par cette raison.

M. Villermé assu r que les adhérences des intestins disparaissent de même à la suite d'une plaie pénétrante dans l'abdomen quand il y a eu inflammation des organes intérieurs; mais nous avons à regretter ici, comme dans le cas des adhérences des hernies, de ne trouver que des assertions au lieu des faits, qui sont cependant absolument nécessaires pour décider la question. M. Ribes, suivant M. Villermé, a fait des recherches sur des cadavres d'hommes qui long-temps avant leur mort avaient été opérés de la hernie, sur d'autres qui avaient eu des plaies pénétrantes à l'abdomen, et il a observé que les traces des adhérences, qui, *suivant toutes les apparences*, dit-il, avaient existé, étaient entièrement disparues; il n'a pu même rien apercevoir qui indiquât, sur la surface du péritoine et dans son organisation, le lieu de l'ancienne solution de continuité. L'opinion de M. Ribes est sans doute d'un grand poids, parce qu'il voit bien et sans prévention; mais elle n'est fondée dans ce cas que sur des probabilités: car il est possible qu'il ne se soit pas formé d'adhérence chez les individus qui ont été soumis à l'observation de M. Ribes, et quant à la disposition des cicatrices du péritoine, elles peuvent s'effacer comme celles de toutes les membranes séreuses, sans qu'on puisse tirer de ce fait aucune conséquence pour la disparition des adhérences celluleuses suite de fausses membranes.

Il est bien vrai que des individus affectés de pleurésie ou de péritonite, qui d'abord respiraient avec peine ou ressentaient des douleurs dans le ventre pendant leur convalescence, cessent souvent, au bout d'un temps plus ou moins long, d'éprouver ces incommodités. Doit-on cependant conclure de cette simple observation que les adhérences qui ont pu se former dans l'un et l'autre cas sont alors détruites? N'est-il pas possible que ces lames celluleuses se soient simplement alongées, comme il arrive assez constamment quand elles sont anciennes? ou qu'enfin les organes soient devenus, par l'effet de l'habitude, moins sensibles aux résistances et aux tiraillemens que les brides celluleuses opposent à leur mouvement.

Poursuivons, au reste, l'examen des raisons que M. Villermé donne à l'appui de son opinion. Il prétend que les adhérences celluleuses ne se rencontrent que rarement dans l'enfance, qu'elles sont extrêmement communes chez les adultes, qu'elles diminuent dans la vieillesse, et qu'elles n'existent plus ordinairement dans un âge très-avancé. On observe, il est vrai, moins d'adhérences chez les enfans que chez les adultes, parce qu'ils sont beaucoup moins exposés aux maladies inflammatoires qui en sont la cause; mais ce que nous avons eu occasion de voir dans un assez grand nombre de cadavres de vieillards que nous avons ouverts, ne semble pas prouver que les adhérences soient moins communes chez eux que chez les adultes; on peut s'en convaincre d'ailleurs, comme aurait pu le faire M. Villermé lui-même, par la comparaison des observations de Morgagni, suivant les âges. M. Rayez, élève interne de la maison de santé du faubourg S.-Martin, a bien voulu faire ce relevé comparatif pour les vingt-trois premières lettres seulement de Morgagni. Il résulte de cet examen que, sur quarante-un vieillards depuis soixante ans jusques à quatre-vingt-dix ans dont Morgagni a indiqué l'état des poumons, vingt-deux ont présenté des adhérences plus ou moins nombreuses des plèvres, tandis que sur le même nombre de cadavres de jeunes gens âgés de quinze ans à quarante-cinq, dix-huit seulement ont offert des traces d'adhérence: encore est-il bon d'observer que, parmi les vieillards, vingt-deux étaient morts de maladies dépendantes de la tête, tandis que dans le nombre des adultes, douze seulement avaient succombé à des affections cérébrales, et les ving-neuf autres à des maladies de poitrine. Ce rapprochement d'observations prises au hasard dans Morgagni, n'est donc nullement favorable à l'opinion de M. Villermé, puisque les adhérences celluleuses paraissent plus communes dans la vieillesse, quoique les phlegmasies des membranes séreuses soient certainement beaucoup plus rares dans un âge avancé que chez les adultes.

Quoique l'opinion sur la disparition des adhérences celluleuses ne paraisse pas d'accord avec les faits, et ne soit appuyée, comme nous venons de le voir, que sur des probabilités, M. Villermé, trop facilement convaincu, cherche à expliquer la cause de cette disparition, au moins problématique, par une nouvelle hypothèse. Il l'attribue principalement au frottement des organes les uns sur les autres; mais les fausses membranes une fois organisées ne sont point des corps étrangers soumis aux lois mécaniques, et elles ne peuvent pas plus se détruire par le frottement que les replis de l'aracnoïde, du mésentère et des membranes en général. L'auteur cherche en vain à rendre cette idée vraisemblable; il remarque que plus les adhérences sont minces et légères, moins on y trouve de vaisseaux; que plus elles sont anciennes, et plus elles sont grêles et comme filiformes dans leur milieu, de sorte qu'il suppose que c'est vers le milieu qu'elles doivent se rompre d'abord. S'il en était ainsi, on aurait surpris quelquefois la nature sur le fait, on aurait vu des lambeaux de brides celluleuses ainsi rompues et pendantes dans les cavités splanchniques : or personne n'en a jamais aperçu, au moins que nous sachions. Morgagni, Lieutaud, Portal, Baillie, Bayle, et tous ceux enfin qui ont fait un grand nombre d'ouvertures de cadavres, n'ont jamais rien observé de semblable; et M. Villermé s'est condamné lui-même en avouant dans sa thèse qu'il n'avait jamais vu de ces brides rompues et pendantes. Nous ne croyons pas, au reste, devoir nous arrêter à réfuter plus complètement des opinions qui nous paraissent au moins hasardées. M. Villermé, dans ce Mémoire, s'est laissé entrainer par son imagination loin de la route qu'il avait d'abord suivie avec succès; mais il a prouvé par sa thèse qu'il ne reconnait, comme tous les bons esprits, d'autre méthode dans l'étude de la physiologie et de la médecine, que celle de l'expérience et de l'observation. (1)

(1) Voici un fait qui milite puissamment en faveur d'une opinion à laquelle M. Villermé n'a été amené que par induction, et qu'il a présentée comme très-probable. Un anus contre nature, à travers lequel les matières fécales ne passèrent que pendant douze jours, survint à l'aine d'une femme qui avait une hernie crurale. Cette femme étant morte sept mois après, l'ouverture de son cadavre fit voir que l'anse intestinale qui avait été le siége de l'ouverture accidentelle, et que l'on croyait trouver adhérente à la cicatrice, en était distante de quatre à cinq pouces. Une colonne celluleuse semblable aux adhérences isolées des cavités splanchniques, large à ses deux extrémités, étroite, presque filiforme à son centre, était étendue de la cicatrice à l'anse de l'intestin, avec la cavité duquel elle ne communiquait point. Cette observation a été faite à l'Hôtel-Dieu de Paris, par M. le professeur Dupuytren.

Sur le flux et le reflux de la mer ; par M. Laplace.

Institut, 10 juillet 1815.

Ce phénomène mérite particulièrement l'attention des observateurs, en ce qu'il est le résultat de l'action des astres, le plus près de nous et le plus sensible, et que les nombreuses variétés qu'il présente sont très-propres à vérifier la loi de la pesanteur universelle. Sur l'invitation de l'Académie des Sciences, on fit au commencement du dernier siècle, dans le port de Brest, une suite d'observations qui furent continuées pendant six années consécutives, et dont la plus grande partie a été publiée par Lalande, dans le quatrième volume de son *Astronomie*. La situation de ce port est très-favorable à ce genre d'observations. Il communique avec la mer par un canal qui aboutit à une rade fort vaste, au fond de laquelle le port a été construit. Les irrégularités du mouvement de la mer parviennent ainsi dans ce port très-affaiblies ; à peu près comme les oscillations que le mouvement irrégulier d'un vaisseau produit dans le baromètre, sont atténuées par un étranglement fait au tube de cet instrument. D'ailleurs, les marées étant considérables à Brest, les variations accidentelles causées par les vents n'en sont qu'une faible partie. Aussi l'on remarque dans les observations de ces marées, pour peu qu'on les multiplie, une grande régularité que ne doit point altérer la petite rivière qui vient se perdre dans la rade immense de ce port. Frappé de cette régularité, je priai le gouvernement d'ordonner à Brest, une nouvelle suite d'observations, pendant une période entière du mouvement des nœuds de l'orbite lunaire. C'est ce qu'on a bien voulu faire. Ces nouvelles observations datent du 1er juin de l'année 1806 ; et depuis cette époque, elles ont été continuées sans interruption jusqu'à ce jour. Elles laissent encore beaucoup à désirer : elles ne se rapportent ni au même endroit du port, ni à la même échelle. Les observations des cinq premières années, ont été faites au lieu qu'on nomme *La Mâture* : les autres l'ont été près du bassin. J'ai reconnu que ce changement n'a produit que de très-légères différences ; mais il eut mieux valu sans doute faire toutes les observations au même endroit, et sur la même échelle. Il est temps enfin d'observer ce genre de phénomènes, avec le même soin que les phénomènes astronomiques.

J'ai considéré dans ces nouvelles observations, celles de l'année 1807 et des sept années suivantes. J'ai choisi dans chaque équinoxe et dans chaque solstice, les trois syzygies et les trois quadratures, les plus voisines de l'équinoxe et du solstice. Dans les syzygies, j'ai pris l'excès de la haute mer du soir sur la basse mer du matin du jour qui précède la syzygie, du jour même de la syzygie, et des quatre jours qui la suivent ; parce que la haute mer arrive vers le milieu de cet intervalle.

J'ai fait une somme des excès correspondans à chaque jour, en doublant les excès relatifs à la syzygie intermédiaire, ou la plus voisine de l'équinoxe ou du solstice. Par ce procédé, les effets de la variation des distances du soleil et de la lune à la terre se trouvent détruits; car si la lune était, par exemple, vers son périgée dans la syzygie intermédiaire, elle était vers son apogée dans les deux syzygies extrêmes. Les sommes d'excès, qu'on obtient ainsi, sont donc à fort peu près indépendantes des variations du mouvement et de la distance des astres. Elles le sont encore des inégalités des marées, différentes de l'inégalité dont la période est d'environ un demi jour, et qui, dans nos ports, est beaucoup plus grande que les autres; car, en considérant à la fois les observations aux deux équinoxes et aux deux solstices, les effets de la petite inégalité dont la période est à peu près d'un jour, sé détruisent mutuellement. Les sommes dont il s'agit sont donc uniquement dues à la grande inégalité. Les vents doivent avoir sur elles peu d'influence; car s'ils élèvent la haute mer, ils doivent également soulever la basse mer. J'ai déterminé la loi de ces sommes pour chaque année, en observant que leur variation est à fort peu près proportionnelle au quarré de leur distance en temps au *maximum*; ce qui m'a donné ce *maximum*, sa distance à la moyenne des heures des marées syzygies, et le coefficient du quarré du temps, dans la loi de la variation. Le peu de différences que présentent à l'égard de ce coefficient, les observations de chaque année, prouve la régularité de ces observations; et d'après les lois que j'ai établies ailleurs, sur la probabilité des résultats déduits d'un grand nombre d'observations, on peut juger combien les résultats déterminés par l'ensemble des observations des huit années, approchent de la vérité.

J'ai considéré de la même manière les marées quadratures, en prenant les excès de la haute mer du matin, sur la basse mer du soir du jour même de la quadrature et des trois jours qui la suivent. L'accroissement des marées, à partir du *minimum*, étant beaucoup plus rapide que leur diminution à partir du *maximum*; j'ai dû restreindre à un plus petit intervalle, la loi de variation proportionnelle au quarré du temps.

Dans tous ces résultats, l'influence des déclinaisons des astres sur les marées et sur la loi de leur variation dans les syzygies et dans les quadratures, se montre avec évidence. En considérant par la même méthode, dix-huit marées syzygies équinoxiales, vers le périgée et vers l'apogée de la lune; l'influence des changemens de la distance lunaire sur la hauteur et sur la loi de variation des marées se manifeste avec la même évidence. C'est ainsi qu'en combinant les observations, de manière à faire ressortir chaque élément que l'on veut connaître, on parvient à démêler les lois des phénomènes, confondues dans les recueils d'observations.

Après avoir présenté les résultats dont je viens de parler, je les compare à la théorie des marées, exposée dans le quatrième livre de la *Mécanique céleste.* Cette théorie est fondée sur un principe de dynamique qui la rend très-simple et indépendante des circonstances locales du port, circonstances trop compliquées pour qu'il soit possible de les soumettre au calcul. Au moyen de ce principe, elles entrent comme arbitraires dans les résultats de l'analyse, qui doivent ainsi représenter les observations, si la gravitation universelle est en effet la véritable cause du flux et du reflux de la mer. Voici quel est ce principe: *L'état d'un systéme de corps dans lequel les conditions primitives du mouvement ont disparu par les résistances qu'il éprouve, est périodique comme les forces qui l'animent.* En réunissant ce principe à celui de la coexistence des oscillations très-petites, je suis parvenu à une expression de la hauteur des marées, dont les arbitraires comprennent l'effet des circonstances locales du port. Pour cela, j'ai réduit en séries de sinus et de cosinus d'angles croissans proportionnellement au temps, l'expression génératrice des forces lunaires et solaires sur l'Océan. Chaque terme de la série peut être considéré comme représentant l'action d'un astre particulier qui se meut uniformément et à une distance constante, dans le plan de l'équateur. De là naissent plusieurs espèces de flux partiels, dont les périodes sont à peu près d'un demi-jour lunaire, d'un jour, d'un mois, d'une demi-année, d'une année, enfin de dix-huit ans et demi, durée du mouvement périodique des nœuds de l'orbite lunaire.

J'ai comparé, dans le livre cité de la *Mécanique céleste,* cette théorie aux observations faites à Brest au commencement du dernier siècle, et j'ai déterminé les constantes arbitraires relatives à ce port. Il était curieux de voir si ces constantes se retrouvent les mêmes par les observations faites un siècle après, ou si elles ont éprouvé quelque altération par les changemens que les opérations de la nature et de l'art ont pu produire au fond de la mer, dans le port et sur les côtes adjacentes. Il résulte de cet examen, que les hauteurs actuelles des marées, dans le port de Brest, surpassent d'un quarante-cinquième environ les hauteurs déterminées par les observations anciennes. Une partie de cette différence peut venir de la distance des points où ces observations ont été faites : une autre partie peut être attribuée aux erreurs des observations; mais ces deux causes ne me paraissent pas suffisantes pour produire la différence entière qui indiquerait avec une grande probabilité, un changement séculaire dans l'action du soleil et de la lune sur les marées à Brest; si l'on était bien assuré de l'exactitude des graduations de l'ancienne échelle, en tenant compte de son inclinaison à l'horison. Mais l'incertitude où l'on est à cet égard, ne permet pas de prononcer sur ce changement, qui doit à l'avenir fixer l'attention des observateurs. Du reste, on sera surpris de l'accord des observations anciennes et modernes entre elles et avec la théorie, par rapport aux variations des hauteurs des marées dépendantes des déclinaisons et des distances des astres à la terre, et aux lois de leur accroissement et de leur diminution, à mesure qu'elles s'éloignent de leur *maximum* et de leur *minimum*. Je n'avais point considéré, dans la *Mécanique céleste,* ces lois relativement aux variations des distances de la lune à la terre. Ici je les considère, et je trouve le même accord entre les observations et la théorie.

Le retard des plus grandes et des plus petites marées sur les instans des syzygies et des quadratures, a été observé par les anciens eux-mêmes, comme on le voit dans Pline le naturaliste. Daniel Bernouilli, dans sa pièce sur le flux et le reflux de la mer, couronnée en 1740, par l'Académie des Sciences, attribue ce retard à l'inertie des eaux, et peut-être encore, ajoute-t-il, au temps que l'action de la lune emploie à se transmettre à la terre. Mais j'ai prouvé, dans le quatrième livre de la *Mécanique céleste,* qu'en ayant égard à l'inertie des eaux, les plus grandes marées coïncideraient avec les syzygies, si la mer recouvrait régulièrement la terre entière. Quant au temps de la transmission de l'action de la lune, j'ai reconnu par l'ensemble des phénomènes célestes, que l'attraction de la matière se transmet avec une vitesse incomparablement supérieure à la vitesse même de la lumière. Il faut donc chercher une autre cause du retard dont il s'agit. J'ai fait voir dans le livre cité, que cette cause est la rapidité du mouvement de l'astre dans son orbite, combinée avec les circonstances locales du port. J'ai remarqué de plus, que la même cause peut accroître le rapport de l'action de la lune sur la mer, à celle du soleil; et j'ai donné, pour reconnaître cet accroissement par les observations, une méthode dont voici l'idée.

Supposons le mouvement du soleil uniforme. Si l'on ne considère que la grande inégalité des marées dont la période est d'environ un demi-jour; la marée solaire se décompose à fort peu près en deux autres qui sont exactement celles que produraient deux astres mus uniformément, mais avec des vitesses différentes, dans le plan de l'équateur, à la moyenne distance du soleil à la terre. La masse du premier astre est celle du soleil, multipliée par le cosinus de l'inclinaison de l'écliptique à l'équateur : son mouvement est celui du soleil dans son orbite. Le second astre répond constamment à l'équinoxe du printemps, et sa masse est celle du soleil, multipliée par la moitié du quarré du sinus de l'obliquité de l'écliptique. A l'équinoxe, ces astres sont en conjonction, et la marée est la somme des marées produites par chacun d'eux : au solstice, les astres sont en quadrature, et la marée est la différence de ces marées partielles. Les observations de la marée solaire dans ces deux points, feront donc connaître le rapport des marées partielles, et par conséquent le rapport des actions des astres sur l'Océan ; et en le comparant au rapport de leurs masses, on déterminera l'accroissement qu'y produit la différence de leurs mouvemens. Cet accroissement est presque insensible pour le soleil, à cause de la lenteur de son mouvement; mais il est sensible pour la lune dont le mouvement est treize fois plus rapide, et dont l'action sur la mer est près de trois fois plus grande.

En comparant, dans le quatrième livre de la *Mécanique céleste*, les observations des marées équinoxiales et solsticiales dans les syzygies et dans les quadratures, je fus conduit par cette méthode à un accroissement d'un dixième au moins dans le rapport de l'action de la lune à celle du soleil; mais je remarquai qu'un élément aussi délicat devait être déterminé par un plus grand nombre d'observations. Le recueil des observations modernes m'a procuré cet avantage. Ces observations, employées en nombre double, confirment l'accroissement indiqué par les observations anciennes, et elles le portent à un neuvième à peu près. Une autre méthode fondée sur la comparaison des marées vers l'apogée et le périgée de la lune, et appliquée aux observations tant anciennes que modernes, conduit encore à un résultat semblable. Ainsi l'accroissement de l'action des astres sur les marées, dans le port de Brest, ne doit laisser aucun doute.

J'ai déterminé ainsi le rapport des actions lunaire et solaire, corrigé de l'effet des circonstances locales. Ce rapport est important dans l'astronomie, en ce qu'il détermine les valeurs de la nutation et de l'équation lunaire du mouvement du soleil. Newton et Daniel Bernouilli l'avaient déduit des phénomènes des marées, mais sans avoir égard à la correction dont je viens de parler, et qu'ils ne soupçonnaient pas. Le rapport que j'ai conclu de l'ensemble des observations, donne la masse de la lune, égale à $\frac{1}{68}$ de celle de la terre; il donne ensuite en secondes sexagésimales, 9″,7 pour la nutation, ce qui ne surpasse que d'un dixième de seconde, la nutation déterminée par les observations de Maskeline. Ce même rapport donne 7″,5 pour la valeur de l'équation lunaire des tables du soleil, ce qui est exactement celle que Delambre a trouvé directement par un grand nombre d'observations de cet astre. A la vérité cette valeur suppose la parallaxe moyenne du soleil égale à 8″,59, telle que je l'ai déduite de ma théorie de la lune, comparée à l'inégalité du mouvement lunaire connue sous le nom d'*inégalité parallactique*, et que Burckardt a déterminée au moyen d'un très-grand nombre d'observations. Mais Ferère, savant astronome espagnol, vient de confirmer cette parallaxe, par un nouveau calcul des passages de Vénus en 1769, dans lequel il a rectifié par ses propres observations, la longitude et la latitude des lieux où ce passage a été observé en Amérique. L'accord de toutes ces valeurs, déterminées par des phénomènes aussi disparates, est une nouvelle confirmation du principe de la gravitation universelle.

Les résultats des observations étant toujours susceptibles d'erreurs, il est nécessaire de connaître la probabilité que ces erreurs sont contenues dans des limites données. On conçoit, à la vérité, que la probabilité restant la même, ces limites sont d'autant plus rapprochées, que les observations sont plus nombreuses et plus concordantes entre elles. Mais cet aperçu général ne suffit pas pour assurer l'exactitude des résultats des observations, et l'existence des causes régulières qu'elles paraissent indiquer. Quelquefois même, il a fait rechercher la cause de phénomènes qui n'étaient que des accidens du hasard. Le calcul des probabilités peut seul faire apprécier ces objets, ce qui rend son usage de la plus haute importance dans les sciences physiques et morales. Les recherches précédentes m'offraient une occasion trop favorable d'appliquer à l'un des plus grands phénomènes de la nature, les nouvelles formules auxquelles je suis parvenu dans ma *Théorie analytique des probabilités*, pour ne pas la saisir. J'expose ici avec étendue, l'application que j'en ai faite aux lois des marées. Mon but a été, non seulement d'assurer la vérité de ces lois, mais encore de tracer la route qu'il faut suivre dans ce genre d'applications. Parmi ces lois, les plus délicates sont celles de l'accroissement et de la diminution des marées vers leur *maximum* et leur *minimum*, et l'influence qu'exercent à cet égard, les déclinaisons des astres et la variation de leurs distances à la terre. On verra que ces lois sont déterminées par les observations, avec une précision et une probabilité extrêmes; ce qui explique l'accord remarquable des résultats des observations modernes, avec ceux que les observations anciennes m'avaient donnés, et avec la théorie de la pesanteur. Suivant cette théorie, l'action de la lune sur la mer suit la raison inverse du cube de sa distance au centre de la terre; et cette loi représente les observations des marées avec une telle exactitude, qu'on aurait pu remonter par ces observations seules, à la loi de l'attraction réciproque au quarré des distances.

Expériences de MM. Brewster *et* Biot *sur les larmes bataviques.*

Société philomat, Avril 1815.

Les larmes bataviques sont des gouttes de verre qu'on a laissé tomber dans une masse d'eau froide pendant qu'elles étaient en fusion. L'action réfrigérante de l'eau agissant d'abord sur leur surface, la congèle quand leur centre est encore rouge, comme on peut s'en assurer en les formant dans l'obscurité; car on les voit encore rouges au milieu de l'eau. Lorsque leur couche extérieure est ainsi solidifiée sur ce moule rouge, et par conséquent plus dilaté qu'il ne le sera par la suite, les couches intérieures, à mesure qu'elles se refroidissent, sont contraintes de se conformer aux dimensions qui en résultent; et les particules qui les composent, en se distribuant pour y satisfaire, prennent des arrangemens différens de ceux qu'elles auraient pris si toute la masse eût été soumise à un refroidissement lent et simultané. Si la nature des particules du verre lui permettait de se dilater beaucoup par le seul changement de leur aggrégation, comme il paraît que cela a lieu pour l'eau quand elle approche de l'état de glace, il résulterait de ces circonstances un véritable état de cristallisation dans lequel toutes les particules seraient arrangées symétriquement, de manière à remplir tout l'espace qu'on leur livre; mais il n'en est pas ainsi, car, dans la partie la plus épaisse de la goutte, qu'on pourrait appeler le ventre, on observe toujours des vides plus ou moins multipliés; et peut-être que la rapidité du refroidissement, communiqué même aux couches centrales, contribue aussi à produire ces vacuoles. Néanmoins il reste encore des traces manifestes d'un arrangement de molécules déterminé, quoiqu'à la vérité fort peu stable; car si l'on casse le bec de la goutte, elle se brise aussitôt, avec explosion, et se disperse en une multitude infinie de petits fragmens, comme une voûte dont les voussoirs seraient simplement posés à côté les uns des autres, et dont on ôterait tout à coup la clef. Mais le ventre de la goutte est susceptible d'épreuves beaucoup plus rudes; il peut supporter de forts coups de marteaux sans se rompre, et l'on peut aussi l'user et le polir comme le verre ordinaire, quoique avec plus de difficulté, parce que la matière qui le compose est beaucoup plus dure.

D'après la constitution de ces gouttes, il était naturel de penser qu'elles agiraient sur la lumière comme toutes les autres substances dont les molécules affectent un certain ordre déterminé dans leur arrangement : c'est en effet ce que M. Brewster a le premier observé. Si l'on fait passer un rayon de lumière polarisée à travers une telle goutte, et qu'on l'analyse ensuite avec un prisme de spath d'Islande, on trouve qu'il a éprouvé les mêmes modifications que s'il avait traversé un corps cristallisé, mais dont le sens de cristallisation varierait irrégulièrement dans les diverses parties de la masse. Les faisceaux dans lesquels le rayon émergent se décompose sont colorés, comme ils le sont toujours quand la force polarisante est peu énergique, ou lorsque des forces, même énergiques, se sont presque exactement compensées dans les effets successifs de leur action. De plus, les couleurs des faisceaux partiels varient subitement et sans aucune loi lorsqu'on fait passer successivement le rayon lumineux par différentes parties de la masse vitreuse. Tout cela convient parfaitement à un arrangement de molécules imparfaitement irrégulier.

En considérant l'analogie qui existe entre le procédé par lequel on forme les larmes bataviques, et l'opération de la trempe, analogie confirmée par les rapports de dureté et de fragilité que le verre préparé de cette manière semble avoir avec l'acier trempé, je fus conduit à penser qu'on pourrait aussi détremper les larmes bataviques par le recuit, et les ramener ainsi à l'état de verre ordinaire, tant pour leurs qualités physiques que pour leur action sur les rayons lumineux. C'est en effet ce que l'expérience a parfaitement confirmé. Ayant choisi plusieurs de ces larmes dont j'avais observé l'action sur la lumière polarisée, je les ai chauffées lentement à un feu doux, jusqu'à ce qu'elles commençassent à rougir, et ensuite je les ai laissé refroidir lentement dans l'air. Après cette opération, j'ai essayé de casser l'extrémité de leur bec; mais cette rupture, qui auparavant les eût fait voler en éclats, n'eut alors aucune suite pareille. Je fis de nouveau polir leur surface, qui avait pris beaucoup de rugosités dans la dilatation de la matière et son retrait sur elle-même; mais en les faisant traverser de nouveau par un rayon polarisé, je vis qu'elles n'avaient plus aucune influence pour imprimer à ses axes une déviation définitive, pas plus que n'en a un morceau de verre ordinaire dont la masse a été refroidie uniformément. En conséquence, je dus conclure que le recuit avait fait perdre aux molécules l'arrangement forcé, et par cela même en partie régulier, que le refroidissement subit de leur enveloppe leur avait fait prendre, et qu'il avait ainsi détrempé les gouttes vitreuses comme il aurait détrempé un morceau d'acier.

Extrait d'une Thèse sur l'odorat, soutenue à la Faculté de Médecine de Paris; par M. Hipp. Cloquet.

Médecine.

En dehors du trou sphéno-palatin est un ganglion nerveux, rougeâtre, un peu dur, triangulaire ou cordiforme, convexe dans sa surface externe, aplati du côté interne, et décrit pour la première fois par Meckel. Ce petit corps, plongé dans le tissu cellulaire adipeux de la fente ptérygo-maxillaire, est tellement enfoncé entre les os, que sa préparation exige beaucoup d'adresse et de grandes précautions. On l'a nommé ganglion de Meckel ou ganglion sphéno-palatin; mais Bichat est porté à croire que c'est un simple renflement nerveux duquel émanent des filets secondaires.

M. Cloquet regarde ce ganglion comme absolument analogue aux autres ganglions nerveux; il se fonde sur les raisons suivantes : 1.° tout ganglion est un petit centre nerveux, de la périphérie duquel partent des filets qui vont s'anastomoser avec les nerfs voisins, ou se perdre dans le tissu des organes; 2.° on ne voit jamais aucun nerf fournir un rameau qui, à sa séparation du tronc, forme un angle aigu en arrière et obtus en avant, de manière à suivre une marche rétrograde à celle du tronc lui-même; 3.° tous les ganglions communiquent entre eux par des filets nerveux; 4.° leur structure, facile à reconnaître, est tout-à-fait particulière.

Or le ganglion spléno-palatin envoie des filets dans tous les sens aux nerfs et aux organes voisins; il ne peut pas être, comme on l'a prétendu, un renflement de deux filets du nerf maxillaire supérieur qui descendent vers la fosse ptérigo-maxillaire, puisque ces filets, séparés supérieurement, ne forment qu'un rameau simple inférieurement, et qu'aucun n'est dans ce cas. Constamment en effet, en s'éloignant du tronc, les filets d'un nerf ont coutume de se subdiviser et non de se réunir; il faut remarquer, en outre, que ceux dont il s'agit descendent dans un sens contraire à la marche du nerf; d'où l'on peut conclure que c'est une ramification simple, émanée du ganglion, qui va, dans un sens rétrograde, s'unir au nerf maxillaire supérieur, et qui se bifurque en chemin. Ce petit corps communique d'ailleurs avec tous les ganglions les plus voisins; ainsi, par le rameau supérieur du nerf vidien qui, dans l'intérieur du rocher, constitue la *corde du tympan*, il a des rapports avec le petit ganglion de la glande sous-maxillaire; par le rameau inférieur du même nerf, il communique avec le ganglion caverneux et avec le ganglion cervical supérieur; par le nerf naso-palatin, il va rejoindre un autre ganglion, que M. Cloquet a découvert dans le trou palatin antérieur.

Celui-ci est une petite masse rougeâtre fongueuse, un peu dure et comme fibro-cartilagineuse, plongé dans un tissu cellulaire graisseux, et situé au milieu du canal palatin antérieur au point de réunion de ses deux branches; sa forme la plus ordinaire est celle d'un ovoïde, dont la grosse extrémité, tournée en haut, reçoit les deux rameaux naso-palatins, tandis que la petite émet par en bas un ou deux filets qui sont transmis à la voûte palatine par de petits conduits osseux particuliers; là ils se perdent en se ramifiant et en s'anastomosant avec les branches du nerf palatin. De cette sorte le ganglion palatin antérieur a une double communication avec le ganglion sphéno-palatin, l'une à l'aide du nerf naso-palatin, l'autre par le moyen du nerf proprement dit.

La dissertation de M. Cloquet renferme, à peu près, tout ce qu'il y a de connu sur les odeurs, sur le sens et les organes de l'odorat; on trouve aussi des faits nouveaux. (1)

F. M.

(1) A Paris, chez Crochard, libraire.

General remarks geographical and systematical on the botany of Terra Australis, ou *Remarques générales géographiques et physiques sur la botanique de la* Terre Australe; *par Robert Brown, etc.* Extrait par M. Auguste DE SAINT-HILAIRE.

BOTANIQUE.

Ouvrage nouveau.

LES plantes de la *Terre Australe* (1) connues jusqu'à présent, sont au nombre de 4160, dont 2900 dicotylédones, 860 unilobées, et 400 acotylédones, en y comprenant les fougères.

Le nombre des dicotylédones de la *Terre Australe* est donc à celui des monocotylédones comme un peu plus de 6 à 2, ou un peu moins de 7 à 2, tandis que les bilobées et les monocotylédones recueillies jusqu'ici dans les autres parties du globe, sont entre elles comme 9 à 2. M. Brown a inutilement cherché la raison de cette différence.

De la comparaison d'un grand nombre de Flores, il résulte que depuis l'équateur jusqu'au 30e degré de latitude nord, les dicotylédones sont aux monocotylédones à peu près comme 5 est à 1; que le nombre des dicotylédones diminue graduellement à mesure qu'on s'éloigne de l'équateur; et qu'enfin au 60e degré de latitude nord et au 55e latitude sud, les bilobées atteignent à peine la moitié de la proportion dans laquelle elles croissent entre les tropiques.

Par une singularité remarquable, les diverses contrées de la *Terre Australe* s'écartent aussi entre elles des proportions qui viennent d'être indiquées. Ainsi, sous un parallèle compris entre les 33 et 35e degrés de latitude sud, et que l'auteur appelle le *parallèle principal*, les dicotylédones sont aux monocotylédones comme 3 à 1 ou comme 13 à 4; et à l'extrémité méridionale de l'île de Van Diémen, au 43e degré de latitude sud, où les dicotylédones devraient être moins nombreuses, elles sont au contraire aux monocotylédones dans le rapport de 4 à 1.

Toutes les plantes de la *Terre Australe* peuvent être rapportées à cent vingt familles naturelles. L'auteur passe en revue, tant sous le rapport de la géographie que sous celui de la botanique, celles de ces familles qui lui ont offert quelques observations intéressantes.

Malvacées. Les Malvacées, suivant l'auteur, peuvent être considérées comme une classe naturelle qui renferme plusieurs ordres, savoir : les *Malvacées* proprement dites, les *Sterculiées*, les *Chlénacées*, les *Tiliacées*, et une nouvelle famille très-voisine de ces dernières, qui se nuance avec elles, et à laquelle M. Brown donne le nom de *Buttneriacées*.

(1) Sous le nom de *Terre Australe* (*Terra Australis*), M. Brown comprend la Nouvelle Hollande, les petites îles adjacentes, et l'île de Van Diémen.

Buttneriacées. Les plantes de ce groupe appartiennent à plusieurs genres encore inédits, aux *Abroma*, aux *Commersonia*, et enfin au genre *Lasiopetalum*, placé autrefois parmi les *Ericées*, puis parmi les *Frangulacées*.

Dilleniacées. M. Brown regarde les *Magnoliées* et les *Dilléniacées* comme deux ordres d'une classe naturelle. Presque toujours parfaitement distincts, ces ordres se nuancent cependant quelquefois, et il est difficile de fixer entre eux des limites bien précises. Ainsi les stipules des *Magnoliées* se retrouvent dans le *Wormia*; quelques *Dilleniacées* ont des ovaires en nombre indéterminé, et il existe des *Magnoliées* à un seul ovaire. Il faut rapporter aux *Dilleniacées* non seulement les genres *Dillenia, Wormia, Hibbertia, Candolea,* mais encore le *Tetracera* et le *Curatella*, comme l'avait pensé M. de Jussieu, et de plus le *Pleurandra* et l'*Hemistema*.

Pittosporées. M. Brown pense que les genres *Pittosporum, Bursera, Billardiera*, rapprochés par les auteurs des *Celastrinées* ou des *Frangulacées*, n'ont aucun rapport avec ces familles, et, sous le nom de *Pittosporées*, il en forme un groupe particulier, auquel il rattache quelques autres genres inédits de la Nouvelle Hollande.

Polygalées. Les botanistes français ont cru devoir exclure le genre *Polygala* de la famille des *Rhinanthées*, et l'ont rejetté parmi les *Polypétales*. Adanson, suivant M. Brown, a donné une idée parfaitement juste du *Polygala*, en supposant que dans ce genre, comme dans le *Securidaca*, qui n'en doit pas être éloigné, la corolle, en apparence monopétale, est réellement composée de trois pétales unis ensemble par le moyen des filamens soudés. Outre ces trois pétales réunis, on trouve dans le *Securidaca* les rudimens de deux autres pétales qui ont échappé à Adanson; et il existe un genre inédit voisin du *Securidaca* qui s'approche encore plus que lui de la régularité, car il a cinq pétales de même grandeur soudés également par l'intermédiaire de cinq filamens monadelphes. Les caractères essentiels de la famille des *Polygalées*, à laquelle appartiennent le *Krameria*, le *Monina*, le *Salomonia*, doivent se tirer de la soudure des pétales due à la réunion des étamines, de l'irrégularité de la corolle, de son insertion hypogyne, et enfin de la structure des anthères, qui sont simples et s'ouvrent par leur sommet.

Trémandrées. Le genre *Tetratheca*, et un autre encore inédit, que l'auteur appelle *Tremandra*, doivent, suivant lui, constituer un petit groupe particulier. Les *Trémandrées* sont très-voisines des *Polygalées*, mais elles s'en distinguent par la régularité de la fleur, par la structure des anthères, par la manière dont le calice et la corolle sont pliés avant leur développement, par l'appendice terminal et non *basilaire* de la semence, enfin par une sorte de tendance à produire des ovules en nombre indéfini.

Diosmées. M. Brown pense que la première section des *Rutacées* de Jussieu doit former un groupe particulier qui portera le nom de *Zygophyllées.* Sous celui de *Diosmées*, il établit un autre groupe, composé principalement des genres *Diosma*, *Fagara*, *Xanthoxylum*, *Jambolifera*, *Pilocarpus*, *Emplevrum*, *Dictamnus*, etc. Quant aux genres *Ruta* et *Peganum*, on pourra les placer à la suite des *Diosmées*; mais comme ils ne donneraient qu'une idée imparfaite de cette famille, dont ils s'écartent par leur port et par leur organisation, M. Brown a cru que ce n'était pas de ces genres qu'il fallait emprunter le nom de la famille dont il s'agit, et c'est ce qui l'a porté à supprimer la dénomination de *Rutacées*. La plante la plus remarquable de la famille des *Diosmées* a été figurée imparfaitement dans le Voyage de Dampier; ce qu'on prendrait chez elle pour une corolle et pour un calice, n'est réellement qu'un double involucre où sont contenus plusieurs fleurs, et l'enveloppe particulière de chacune se trouve réduite à quelques écailles placées irrégulièrement, mais dont les pistils et les étamines présentent tous les caractères des *Diosmées*. Un autre genre du même ordre offre des étamines en nombre indéfini évidemment pérygines, caractère singulier dans une famille où l'insertion est généralement hypogyne. (1)

Myrtées. C'est une des familles les plus nombreuses de la *Terre Australe*, et elle y présente des modifications plus singulières que dans aucune autre contrée. Le genre *Eucalyptus*, dont on ne trouve qu'une espèce hors de la *Terre Australe*, en offre environ cent dans cette partie du globe, et il forme à lui seul plus des quatre cinquièmes des forêts qui la couvrent. L'*Eucalyptus globulus*, et une autre espèce du midi de l'île de Van Diémen, s'élèvent à la hauteur de cent cinquante pieds (anglais), et n'en ont pas moins de vingt-cinq à quarante à la base de leur tronc.

Cunoniacées. Sous ce nom l'auteur indique comme formant une famille particulière, quelques genres réunis autrefois aux *Saxifragées*, et qui s'en distinguent infiniment moins par les caractères de la fructification que par un port tout-à-fait différent. Les genres qui doivent entrer dans le groupe des *Cunoniacées* sont les *Weinmannia*, *Cunonia*, *Ceratopetalum*, *Calycomis* et *Codia*. Le *Bauera* fera également partie de cet ordre, mais il y formera une section séparée.

---

(1) Dans une famille voisine des *Diosmées*, celle des *Caryophillées*, M. Auguste de Saint-Hilaire a aussi trouvé une plante, le *Larbrea aquatica* (Stellaria *aquatica*, Lam.), qui présente des étamines périgynes au milieu de genres où l'insertion est hypogyne. Ce caractère, malgré sa haute importance, n'est donc pas sans exception.

Rhizophorées. M. Brown ne croit point, comme M. de Jussieu, que les genres *Rhizophora* et *Bruguiera* doivent être rapprochés du *Loranthus* et du *Viscum;* il pense que le *Loranthus* a quelque affinité avec les *Protéacées,* et il propose de grouper le *Rhizophora,* le *Bruguiera* et le *Carollia* sous la dénomination de *Rizophorées.* Cet ordre, suivant l'auteur, se rapprochera des *Cunoniacées* par ses feuilles opposées et ses stipules intermédiaires, mais il en diffère par son embryon et son périsperme.

Haloragées. Cette famille est très-voisine des *Onagraires,* dont elle a fait autrefois partie. Il est très-difficile de caractériser les *Haloragées* d'une manière précise, mais on pourra s'en faire une idée juste, en considérant comme type de cette famille le genre *Haloragis* (*Cercodea*), dont tous les autres diffèrent seulement par des suppressions de parties ou par la séparation des sexes. (1)

Légumineuses. Suivant l'auteur, les *Légumineuses* peuvent être considérées comme une classe qui se divise en trois ordres, les *Mimosées,* les *Lomentacées* et les *Papillonacées.* Les premières comprennent le genre *Mimosa* de Linné, l'*Adenanthera* et le *Prosopis.* Elles se distinguent des deux autres ordres par leurs étamines hypogynes, par la constante régularité de leur corolle, et par la manière dont les pétales sont pliés avant leur développement. Presque tous les Mimosa de la *Terre Australe* appartiennent à la section du genre *Acacia* de Willdenow, où un pédoncule dilaté remplit les fonctions des feuilles. Les *Lomentacées* forment le second ordre des *Légumineuses,* et comprennent tous les genres qui, avec des étamines pérygynes, ont une corolle irrégulière, sans être papillonacée, et un embryon droit, caractère qui leur est commun avec les *Mimosées,* mais qui, parmi les *Papillonacées,* ne se retrouve plus que dans l'*Arachis* et dans le *Cercis.*

Athérospermées. Jussieu avait rapporté les genres *Paroma* et *Atherosperma* à la famille des *Moninées;* mais M. Brown fait observer qu'ils en diffèrent par leurs anthères semblables à celles des *Laurinées,* par l'insertion de la semence, par la nature du périsperme, par les dimensions de l'embryon, et il propose d'en former un groupe particulier, sous le nom d'*Athérospermées.*

Frangulacées. L'auteur n'admet dans cette famille que les genres où le calice est plus ou moins adhérent, les étamines en nombre égal à

(1) Cette famille n'est point nouvelle pour les botanistes français. Depuis long-temps M. Richard l'a fait connaître sous le nom d'*Hygrobiées,* et M. de Jussieu l'avait indiquée dans son Herbier sous celui de *Cercodéennes.* M. Auguste de Saint-Hilaire a placé les *Cercodeennes* entre les *Combrétacées* et les véritables *Onagraires.*

ses divisions, l'ovaire à deux ou trois loges monospermes, les ovules dressés, et enfin l'embryon droit sans périsperme, ou plus souvent placé dans l'axe d'un périsperme charnu. Ces caractères sont ceux des genres *Rhamnus, Ziziphus, Paliurus, Ceanothus, Colletia, Cryptandra, Philica, Gouania, Ventilago*, et probablement *Hovenia*. Les *Frangulacées* ont beaucoup de rapport avec les *Buttnériacées*, et par conséquent il existe aussi une certaine affinité entre les premières et les *Malvacées*.

Celastrinées. Ce nouvel ordre comprend à peu près les deux premières sections de la famille des *Nerpruns* de Jussieu; il est très-différent des *Frangulacées* telles qu'elles se trouvent circonscrites aujourd'hui, et peut-être doit-on les réunir aux *Hippocraticées*.

Stackhousées. Le genre *Stackhousia* et un autre encore inédit forment, suivant M. Brown, un petit groupe particulier, qui doit être placé entre les *Célastrinées* et les *Euphorbiacées*.

Euphorbiacées. M. Brown pense, avec les botanistes français, que les parties qui, dans ce genre, avaient été appelées par Linné calice et corolle, forment un véritable involucre, au centre duquel est une fleur femelle entourée de plusieurs fleurs mâles. Cependant ce qui était un calice pour les auteurs français n'est pour lui qu'une bractée, et ce qu'on a considéré simplement comme un filament d'étamine articulé, serait composé de deux parties bien distinctes, un pédoncule et la fleur proprement dite dépourvue de calice et réduite à une seule étamine. Cette opinion, que M. de Jussieu semblerait avoir déjà eue, se trouve confirmée, dit M. Brown, par la découverte d'une *Euphorbiacée* de la Nouvelle Hollande, qui, dans un involucre à peu près semblable à celui des *Euphorbia*, présente plusieurs faisceaux de fleurs mâles à une seule étamine autour d'une fleur femelle, mais où chaque fleur mâle et la fleur femelle offrent un véritable calice régulièrement lobé, l'une à l'articulation de son prétendu filament, et l'autre au sommet de son pédicule.

Ombellifères. C'est dans le *parallèle principal* qu'on a trouvé les deux genres les plus singuliers de cette famille, l'*Actinotus*, dont l'ovaire ne renferme qu'un seul ovule même avant la fécondation, et le *Leucolœna*, dont les espèces présentent toutes les nuances intermédiaires entre l'ombelle la plus composée et un simple rayon uniflore, muni cependant d'un involucre et d'une involucelle.

Composées. Un des principaux caractères des *Composées* se trouve, suivant M. Brown, dans la disposition des nervures de la corolle qui alternent avec ses divisions au lieu de passer dans leur milieu, et qui se partagent au sommet du tube en deux branches destinées à suivre les bords des deux divisions voisines. Dans plusieurs genres, d'autres nervures passent par le milieu des divisions (1); mais M. Brown les regarde comme secondaires; ayant observé dans le *Xanthium* et l'*Ambrosia* la même disposition de nervure que dans les *Composées*, il pense que ces genres n'en doivent pas être séparés, et au contraire il en éloigne le *Brunonia*, où cette disposition ne se retrouve pas.

Goudenoviées. Depuis que l'auteur a établi cette famille, MM. de Jussieu et Richard ont cru devoir y joindre le genre *Lobelia*, et ils ont changé le nom de *Goudenoviées* en celui de *Lobéliacées*. M. Brown persiste à croire que les *Lobélies* doivent rester parmi les *Campanulacées*, parce que la fente du tube de la corolle se trouve à sa partie supérieure dans les *Goudenoviées*, et à la partie inférieure dans les *Lobelia*; que chez les *Goudenoviees* la corolle est composée de cinq pétales quelquefois libres, plus souvent soudés, mais dont les bords sont souvent encore visibles; parce que la collerette stigmatique de ces plantes n'a peut-être pas le même usage que les poils du stigmate des *Lobélies*, et qu'enfin les *Goudenoviées* sont dépourvues de suc laiteux. M. Brown avait dit que dans les genres *Euthales* et *Velleia* la base de la corolle adhérait avec l'ovaire, tandis que le calice restait libre. M. Richard a combattu cette opinion, en faisant considérer comme des bractées dans le *Velleia* ce que M. Brown appelait un calice. Celui-ci répond aujourd'hui que si l'on peut être tenté de regarder comme des bractées les trois folioles calicinales de quelques *Velleia*, on ne saurait guère considérer comme telles le calice tubuleux de l'*Euthales*, et il ajoute que dans le genre *Goodenia*, où personne n'est embarrassé pour déterminer ce qui est calice et corolle, certaines espèces laissent voir entre les divisions du calice, la corolle colorée qui adhère jusqu'à sa base avec l'ovaire.

Stylidiées. M. Brown, dans son *Prodromus*, avait décrit le stigmate des *Stylidiées* comme terminant leur colonne sexuelle composée d'un androphore et du style soudés ensemble. M. Richard, au contraire, a cru voir dans la colonne du *Stylidium* un simple androphore; suivant lui, le style est soudé avec le tube de la corolle, et les appendices latéraux du *labellum* forment le véritable stigmate. Malgré l'autorité de ce savant, M. Brown croit devoir persister dans son ancienne opinion : il dit que, sur des échantillons frais, rien n'est plus facile à voir que le stigmate terminal des *Stylidium*; il ajoute que cet organe qui termine aussi la colonne sexuelle du *Leuvenhookia* y est plus visible encore, parce qu'il est formé de longues lanières qui, à aucune époque, ne sont cachées par les anthères; enfin il assure que la partie

---

(1) Ce caractère singulier avait été annoncé à la première classe de l'Institut dès le 12 juillet 1813, par M. Henri de Cassini. *Note du Rédacteur.*

décrite par M. Richard comme un stigmate, n'existe pas dans plusieurs espèces de *Stylidium*, et qu'on n'en découvre aucune trace dans le genre *Forstera*.

Rubiacées. Suivant l'auteur, il est impossible de distinguer les *Rubiacées* des *Apocinées* par des caractères tirés seulement de la fructification, et il pense qu'on peut former une sorte de classe naturelle de ces deux familles, des *Asclépiadées*, et de quelques genres placés actuellement parmi les *Gentianées*. M. de Jussieu croit que les genres *Opercularia* et *Pomax* forment un groupe bien distinct. Selon M. Brown ils appartiennent à la famille des *Rubiacées*.

Apocinées. Très-voisines des *Rubiacées* et des *Gentianées*, les *Apocinées* se distinguent des premières, principalement parce qu'elles n'en ont point les stipules, et des secondes, parce que leur embryon n'est pas aussi petit. Eu égard à ces différences, M. Brown propose de réunir aux *Rubiacées*, et de considérer comme un ordre particulier intermédiaire entre les *Rubiacées* et les *Apocinées*, plusieurs genres qui avaient été placés auprès des *Gentianées*, savoir : le *Logania*, le *Geniostoma*, l'*Usteria*, le *Gœrtnera*, le *Pegamea*, et peut-être le *Fagrœa*. Le *Logania* semblerait en quelque sorte infirmer l'importance des stipules, puisqu'il réunit des espèces dont les stipules sont pareilles à celles des *Rubiacées*, d'autres espèces à stipules latérales et distinctes, et enfin une espèce où on ne trouve aucun vestige de cet organe. Parmi les véritables *Apocinées* de la Nouvelle Hollande, le genre le plus remarquable est l'*Alyxia*, qui présente un périsperme et un embryon semblables à ceux d'une famille très-éloignée, celle des *Annonées*.

Labiées et Verbenacées. On trouve dans la *Terre Australe* plusieurs genres singuliers qui appartiennent à ces deux familles, entre autres, le *Chloantes*, qui, avec le fruit des *Verbenacées*, présente entièrement la physionomie des *Labiées*. M. Brown avait déjà cherché à démontrer qu'il n'y avait pas dans cette dernière famille de corolle véritablement renversée; aujourd'hui il ajoute une preuve nouvelle à celle qu'il a donnée précédemment. Chez les *Labiées* ordinaires, la lèvre supérieure offre constamment deux nervures également distantes de son milieu, et dans la lèvre inférieure au contraire, chaque division est traversée par une nervure moyenne. Comme cette disposition de nervures est la même dans les genres auxquels on attribue une corolle renversée que dans les autres genres, l'auteur en conclut que le renversement n'est qu'apparent.

Myoporinées. Pour ce qui regarde les parties de la fructification, l'auteur, dans son *Prodromus*, avait distingué les *Myoporinées* des *Verbenacées*, par la présence d'un périsperme et par des ovules suspendus. Il avoue aujourd'hui que chez les *Myoporinées* le premier de ces caractères mérite peu de confiance, et que plusieurs *Verbenacées* n'ont point des ovules dressés; il conclut de là qu'on peut réunir aux *Verbenacées* le genre *Avicennia*, qu'il avait d'abord rangé parmi les *Myoporinées*, à cause de ses ovules suspendus, mais qui n'a point le port de cette famille.

Protéacées. Plus de la moitié des *Protéacées* connues croît dans la *Terre Australe :* elles forment un des traits les plus frappans de la végétation de ces contrées, mais elles y sont distribuées avec une inégalité très-remarquable. Aucune espèce de la *Terre Australe* n'a été observée dans les autres parties du globe, et il n'en existe pas qui soit commune aux côtes orientales et occidentales de la Nouvelle Hollande. Les espèces qui ont le plus d'affinité avec celles de l'Afrique méridionale, croissent à l'extrémité occidentale du *principal parallèle*, et celles au contraire qui ressemblent le plus aux espèces d'Amérique, se trouvent à l'orient du même parallèle, ou dans l'île de Van Diémen.

Santalacées. Il y a une très-grande ressemblance entre l'espèce de baie du *Taxus* et celle de l'*Exocarpus*, genre voisin des *Santalacées*, mais cette dernière n'est réellement qu'un réceptacle charnu et dilaté, tandis que la baie du *Taxus* doit son origine à un bourrelet étroit et charnu, qui, suivant l'auteur, existe avant la fécondation, et qui alors entoure seulement la base de l'organe appelé *cupule* par M. Mirbel. M. Brown, dans son *Prodromus*, avait placé l'*Olax* à la suite des *Santalacées*, mais il reconnaît aujourd'hui qu'il y a des raisons suffisantes pour en former un groupe distinct, comme M. Mirbel l'a déjà proposé.

Casuarinées. Les *Casuarina* ne peuvent être rapportés à aucun ordre connu, et c'est avec raison que M. Mirbel les a déjà indiqués comme pouvant faire un groupe particulier. M. Brown a retrouvé dans les fleurs femelles de toutes les espèces, l'enveloppe de quatre valves signalées par M. Labillardière dans le *C. quadrivalvis.* Il soupçonne que les deux latérales ne sont que des bractées, et dans cette supposition, les valves antérieure et postérieure constitueraient le véritable périanthe; mais comme ces dernières, fortement soudées à leur sommet, sont emportées par les anthères, lorsque les filamens commencent à s'allonger, il n'y a bientôt plus de périanthe, tandis que les valves latérales ou bractées persistent toujours. Le fruit des *Casuarina* est formé par une membrane très-fine, sous laquelle on trouve une couche de vaisseaux en spirale, désignée par Labillardière sous le nom d'*integumentum arachnoïdeum;* vient ensuite le tégument crustacé, puis une membrane très-mince, exactement appliquée sur l'embryon.

Conifères. Cette portion de la fleur des *Conifères*, que l'on prenait autrefois pour un pistil qui aurait eu un style perforé, a été décrite depuis par M. Mirbel comme étant une cupule dans laquelle sont renfermés l'ovaire, et presque toujours le stigmate. Cette opinion se trouve confirmée par l'*Agathis* et par une espèce de *Podocarpus* chez lesquels le stigmate sort de la cupule. M. Brown assure même que plusieurs *Conifères* ont une double cupule. Elle est, dit-il, très-remarquable dans le *Podocarpus*, où le drupe est formé par la cupule extérieure, percée près de sa base ou du point d'insertion. Dans ce genre, la cupule intérieure, organisée comme l'autre, y reste constamment renfermée; mais il n'en est pas ainsi du *Dacrydium*, qui a également deux cupules. Chez lui, toutes les deux sont d'abord renversées et renfermées l'une dans l'autre comme chez les *Podocarpus*; mais ici l'intérieure se redresse en prenant de l'accroissement, elle perce l'extérieure, qui ne continue point à se développer dans une égale proportion, et forme simplement une coupe autour du fruit mur.

Orchidées. Plusieurs *Orchidées* de la Nouvelle Hollande se font remarquer par l'expansion des lobes latéraux de la colonne sexuelle, qui quelquefois sont pourvus de rudimens d'anthères, et doivent par conséquent être considérés comme des filets stériles. Si l'on rapproche cette organisation de celle du *Cypripedium*, où les lobes latéraux portent une anthère et où le lobe moyen est stérile, on ramènera naturellement les *Orchidées* au véritable type des *Monocotylédones*, c'est-à-dire au nombre ternaire.

Asphodelées. L'auteur avait distingué cette famille (Prod. Fl. Nov. Holl.) par l'enveloppe crustacée de la graine; mais il avoue aujourd'hui que ce caractère ne mérite pas toute l'importance qu'il y avait attachée. C'était ce même caractère qui l'avait déterminé à réunir aux *Asphodelées* l'*Hypoxis* et le *Curculigo*; mais comme il est différent sous beaucoup d'autres rapports, il propose aujourd'hui d'en former un groupe séparé, qui porterait le nom d'*Hypoxidées*.

Joncées. Tant de genres intermédiaires lient actuellement les diverses familles de *Monocotylédones* à fleurs régulières, qu'il devient très-difficile de les bien distinguer, et qu'on est souvent obligé d'avoir recours à des caractères d'une importance secondaire. Tels sont principalement ceux qui ont servi à séparer les *Joncées* des *Asphodelées*, savoir, la différence de consistance dans le calice, celle du tégument propre de la graine, la nature du périsperme, et enfin l'ordre qu'on observe constamment dans la suppression des étamines.

Graminées. Les *Graminées* ont naturellement deux enveloppes florales, composées chacune de deux valves; mais dans un grand nombre de genres, ces enveloppes sont sujettes à diverses imperfections, ou même à des suppressions de parties. L'enveloppe extérieure (Glume Jus.) renfermant souvent plusieurs fleurs, doit être considérée comme un involucre; chez elle, c'est la valve extérieure, ou, si l'on veut, la valve la plus basse, qui a le plus de tendance à avorter; au contraire, dans l'enveloppe intérieure (Calice Jus.), c'est la valve intérieure, c'est-à-dire la plus élevée sur l'axe qui avorte le plus souvent. Cette valve, au lieu d'avoir une nervure dans le milieu, en présente deux également distantes de son axe, et M. Brown conclut de ce fait que la valve dont il s'agit est composée de deux autres valves soudées ensemble. Cette hypothèse ramène l'enveloppe intérieure des *Graminées* au nombre ternaire qui fait le type des *Monocotylédones;* mais, selon l'auteur, cette même enveloppe ne représente encore que les trois divisions extérieures du calice des autres unilobées, telles que les *Joncées*, les *Asphodelées*, etc. Quant aux trois divisions intérieures, M. Brown les trouve dans ces nectaires ou glumellules qui, dans leur état naturel, alternent avec les divisions extérieures, et sont au nombre de trois comme dans le *Glyceria*. L'auteur divise la famille des *Graminées* en deux sections; la première, celle des *Panicées*, présente pour caractère essentiel des épillets de deux fleurs, dont l'inférieure est imparfaite et souvent même réduite à une simple valve : on doit rapporter à ce groupe l'*Ischœmum*, l'*Holcus*, l'*Andropogon*, etc. La seconde section, celle des *Poacées*, comprend des genres à une, deux ou plusieurs fleurs, chez lesquels la tendance à l'avortement est toujours en sens inverse de la même disposition chez les *Panicées :* ainsi dans les genres à deux fleurs, l'inférieure est toujours parfaite; dans les genres multiflores, les supérieures sont souvent imparfaites; enfin, dans les genres à une fleur, la valve extérieure du calice (Jus.) est toujours renfermée dans la valve extérieure de la glume (Jus.), et par conséquent, en supposant que dans ces deux derniers genres il eût dû y avoir deux fleurs, ce serait encore la supérieure qui aurait avorté.

Après avoir passé en revue les principales familles de plantes qui se trouvent à la Nouvelle Hollande, M. Brown entre dans des détails sur la géographie botanique de cette contrée.

C'est dans le *principal parallèle*, entre les 33 et 35e degrés de latitude sud, et surtout à ses extrémités orientales et occidentales, que l'on trouve les plantes les plus remarquables de la *Terre Australe.* A mesure que l'on s'éloigne de ce parallèle, la végétation perd sa physionomie caractéristique; et dans les parties situées entre les tropiques, elle se rapproche de celle de l'Inde.

Cependant, dans toute l'étendue de la *Terre Australe* on trouve en grande abondance les *Eucalyptus* et les *Acacia* sans feuilles, et l'auteur pense que la masse de matière végétale que contiennent ces arbres, égale à peu près celle de toutes les autres plantes de ces contrées.

Les plantes de la *Terre Australe* se rapportent à cent vingt familles naturelles, et la moitié d'entre elles à onze seulement, savoir, les *Légumineuses,* les *Composées, les Orchidées, Cyperacées, Graminées, Fougères, Myrtées, Protéacées, Restiacées* et *Epacridées.*

Deux familles seules paraissent entièrement bornées à la *Terre Australe,* les *Trémandrées* et les *Stackhousées,* et encore pourrait-on les considérer simplement comme des genres.

Un dixième des espèces qui composent actuellement la Flore de ces contrées, a été observé dans d'autres parties du monde. Plus de la moitié de ces plantes est phanérogame : la plupart se retrouvent dans l'Inde et les îles de l'Océan pacifique; plusieurs appartiennent à l'Europe, et quelques-unes à l'Amérique équinoxiale. Quant aux *Cryptogames,* qui ne sont point particulières à la *Terre Australe,* c'est en Europe qu'on les rencontre presque toutes.

Plusieurs des familles qui caractérisent la végétation de la *Terre Australe,* se retrouvent dans l'Afrique méridionale; mais aussi il existe dans l'une et l'autre contrée, des familles et des genres très-remarquables qui ne sont point communs à toutes les deux.

La végétation de la *Terre Australe* paraît différer beaucoup plus de celle de l'Amérique méridionale que de la végétation du midi de l'Afrique.

Si l'on excepte les *Composées labiatiflores,* aucun groupe commun à l'Afrique méridionale et à l'Amérique méridionale ne manque à la Nouvelle Hollande.

Aucune des grandes familles naturelles de l'Europe n'est étrangère à la *Terre Australe.*

Les espèces phanérogames communes à l'Europe et à la Nouvelle Hollande se retrouvent, à quelques exceptions près, dans l'Amérique septentrionale

L'Ouvrage de M. Brown est terminé par la description détaillée de plusieurs plantes remarquables dont il donne la figure. La plupart de ces plantes avaient déjà été publiées dans le *Prodromus Floræ Novæ Hollandiæ* : nous nous contenterons d'en citer quelques-unes qui n'étaient point encore connues.

Flindersia. *Stam.* 10, dorso urceoli hypogini inserta; *alterna* sterilia. *Capsula* 5 partibilis, segmentis singulis divisis dissepimento longitudinali, demùm libero, utrinque dispermo. *Semina* erecta, apice alata.

L'auteur rapporte ce genre aux *Cédrelées,* groupe qu'il sépare des *Méliacées* de Jussieu, à cause de la structure du fruit et des semences aîlées.

Eupomatia. *Operculum* superum, integerrimum, deciduum (integumentis floralibus prætereà nullis). *Stamina* numerosa, *exteriora* antherifera, *interiora* sterilia petaloïdea imbricata. *Ovarium* multiloculare, loculis indefinitis polyspermis, stigmata areolæ tot quot loculi, in apice planiusculo ovarii. *Bacca* polysperma.

M. Brown pense que ce genre doit être réuni à la famille des *Annonées*, dont il forme une section très-remarquable par ses étamines périgynes et son ovaire adhérent. Dans l'*Eupomatia* les étamines intérieures stériles et pétaliformes rendent absolument impossible toute espèce de communication entre les étamines fertiles et les stigmates; mais cette communication se trouve rétablie par de petits insectes qui rongent les étamines pétaliformes, sans jamais toucher aux fertiles. (1)

Eudesmia. *Calix* superus 4 dentatus. *Petala* antè connata in *operculum* 4 striatum deciduum. *Stamina* in phalanges quatuor polyandra cum dentibus calicis alternante basi connata. *Capsula* 4 loc. polysperma, apice dehiscens.

L'*Eudesmia* appartient à la famille des *Myrtées*. L'existence des dents du calice prouve que l'opercule n'est formé dans ce genre que par les pétales soudés ensemble, tandis que, dans l'*Eucalyptus*, il est formé, suivant l'auteur, par le calice et la corolle.

Recherches chimiques sur l'Acide chlorique; par M. Vauquelin. (Extrait.)

Chimie.

Société Philomat.

M. Vauquelin a préparé l'acide chlorique par le procédé de M. Gay-Lussac, c'est-à-dire, en décomposant par l'acide sulfurique le chlorate de baryte obtenu à l'état de pureté au moyen du phosphate d'argent; mais avant de faire bouillir le phosphate avec la solution de baryte qui contient les acides hydrochlorique et chlorique, M. Vauquelin prescrit de faire cristalliser les deux tiers de l'hydrochlorate de baryte. On ne peut faciliter l'action du phosphate d'argent sur ce sel par l'intermède de l'acide acétique, par la raison qu'il se forme de l'acétate de baryte qui se mêle au chlorate, et qui le rend très-détonant par la chaleur.

M. Vauquelin a trouvé à l'acide chlorique toutes les propriétés que M. Gay-Lussac y a reconnues; il a observé, de plus, qu'il détruisait la couleur du tournesol lorsqu'il était concentré.

---

(1) Cette jolie observation tend à confirmer celles du recteur Sprengel, que quelques naturalistes ont traitées de fables. A. de S. H.

§. I. *Chlorates alcalins.*

Tous ces chlorates peuvent être préparés avec l'acide chlorique et les carbonates alcalins; l'acide carbonique est dégagé à l'état gazeux.

Chlorate de potasse.

M. Vauquelin l'a trouvé parfaitement identique avec le sel connu sous le nom de muriate suroxygéné de potasse, ainsi que M. Gay-Lussac l'avait déjà observé.

Chlorate de soude.

Il cristallise en lames carrées comme le chlorate de potasse; il est très-soluble dans l'eau sans être déliquescent.

Il donne à la distillation du gaz oxygène, un peu de chlore, et un chlorure légèrement alcalin.

Chlorate d'ammoniaque.

Il a une saveur très-piquante; il cristallise en aiguilles fines.

Il paraît très-volatil.

Au feu il détone, comme le nitrate d'ammoniaque, en répandant une lumière rouge.

Soumis à la distillation, on obtient du chlore de gaz azote et une petite quantité de gaz, que M. Vauquelin regarde comme étant de l'oxygène ou de l'oxydule d'azote; enfin il se produit de l'eau et un peu d'hydrochlorate d'ammoniaque.

§. II. *Chlorates à base terreuse.*

Chlorate de strontiane.

Il est neutre, sa saveur est piquante et un peu astringente.

Il est déliquescent, aussi ne l'obtient-on cristallisé que quand sa solution est très concentrée.

Il fuse sur les charbons, en répandant une lumière pourpre.

Chlorate de baryte.

Il cristallise en prisme carré terminé par une surface oblique, et quelquefois perpendiculaire à l'axe du prisme : sa saveur est piquante et austère.

A 10° il exige environ 4 parties d'eau pour se dissoudre; il est insoluble dans l'alcool.

Il contient 6,5 d'eau pour 100.

Le sel desséché donne 0,39 de gaz oxygène à la distillation, le résidu est un chlorure alcalin. M. Vauquelin pense que le même effet a lieu pour tous les chlorates dont les métaux ne sont pas susceptibles de s'unir au chlore en plusieurs proportions.

M. Vauquelin regarde le chlorate de baryte comme étant formé de 46 à 47 de base, et de 54 à 53 d'acide; et l'acide chlorique comme contenant 0,65 d'oxygène.

§. III. *Chlorates métalliques proprement dits.*

Chlorate de protoxyde de mercure.

L'acide chlorique s'unit au protoxyde de mercure récemment précipité, le sel qu'il forme est d'un jaune verdâtre; il est peu soluble dans l'eau.

Lorsqu'on l'expose à une température qui serait insuffisante pour séparer l'oxygène du mercure, il se produit une détonation, et le sel se convertit en perchlorure de mercure et en péroxyde rouge; si la température est plus élevée, il se convertit en protochlorure et en gaz oxygène.

Chlorate de péroxyde de mercure.

On le forme en faisant digérer l'acide chlorique sur le péroxyde de mercure préparé par le feu. Ce chlorate est assez soluble; il a une saveur mercurielle très-forte; il cristallise en petites aiguilles, dont la solution précipite en jaune par les alcalis.

Au feu il se réduit en gaz oxygène, et en un résidu jaune formé de perchlorure et de péroxyde de mercure.

Chlorate de zinc.

L'acide chlorique dissout le carbonate de zinc; la dissolution évaporée donne un sel cristallisé en octaëdres surbaissés.

Ce chlorate fuse sur les charbons sans détoner; sa solution ne précipite pas le nitrate d'argent.

M. Vauquelin a observé que l'acide chlorique dissolvait le zinc sans effervescence, que la dissolution précipitait le nitrate d'argent, et qu'elle donnait par l'évaporation un sel difficilement cristallisable, qui détonait sur les charbons à la manière des chlorates, et qui se réduisait par la chaleur en gaz oxygène, en chlore et en chlorure de zinc mêlé de sous-chlorure. M Vauquelin considère ce sel comme étant formé d'acide chlorique, de chlore et d'oxyde de zinc.

M. Vauquelin ayant fait passer du chlore dans de l'eau où l'on avait mis du carbonate de zinc, a dissous la totalité de ce sel. La liqueur évaporée a donné des cristaux en aiguilles fines déliquescentes sans consistance. M. Vauquelin pense qu'il se produit du chlorate de zinc, du chlorure de ce métal et du chlorure d'oxyde.

Acide chlorique et fer.

L'acide chlorique dissout promptement le fer sans effervescence : la solution est d'abord verte; elle passe ensuite au rouge sans le contact de l'air, le fer qui n'a pas été dissous s'oxyde également au *maximum*. La liqueur rouge évaporée se prend en gelée, qui devient demi-transparente en séchant, et qui peut se redissoudre dans l'eau. Ce sel rouge ne fuse pas sur le charbon, il donne à la distillation du chlore, de l'acide hydrochlorique ou chlorique, du chlorure et du péroxyde de fer.

M. Vauquelin regarde la dissolution au moment où elle se forme comme étant composée de chlorate de protoxyde et de chlorure de fer; mais quand elle est devenue rouge, il pense qu'elle n'est plus formée que de chlore et de péroxyde.

Quand on fait passer du chlore sur de l'oxyde rouge de fer, on n'obtient pas de chlorate.

Chlorate d'argent.

L'acide chlorique dissout très-bien l'oxyde d'argent humide; la dissolution cristallise en prisme carré terminé par une section oblique dans le sens des deux angles solides du prisme.

Le chlorate d'argent a la saveur du nitrate de ce métal; il se dissout dans environ 11 parties d'eau à 15°; il fuse sur les charbons, et se convertit en chlorure fondu.

Il enflamme le soufre avec lequel on le triture.

Le chlore le précipite en chlorure, et il y a dégagement de gaz oxygène. Cela explique pourquoi, lorqu'on fait passer du chlore dans de l'eau où il y a de l'oxyde d'argent, on obtient d'abord du chlorure et du chlorate, et ensuite de l'acide chlorique libre et du gaz oxygène.

Chlorate de plomb.

On le prépare en dissolvant la litharge dans l'acide chlorique; la dissolution a une saveur sucrée; elle cristallise en lames brillantes, qui fusent sur le charbon et laissent du plomb métallique.

500 parties de litharge donnent 740 de chlorate sec.

Lorsqu'on fait passer du chlore dans de l'eau où il y a de la litharge, on n'obtient que du chlorure de plomb et du péroxyde, de sorte que l'oxygène d'une portion de l'oxyde se porte en totalité sur l'autre.

Le chlore n'a pas d'action sur l'oxyde pur.

M. Vauquelin s'est assuré que le protoxyde de plomb pouvait s'unir au chlorure de ce métal, sans dégagement d'oxygène.

Chlorate de cuivre.

Le péroxyde de cuivre se dissout dans l'acide chlorique; la dissolution est d'un bleu verdâtre et toujours acide; elle est verte quand elle est concentrée.

Le chlorate de cuivre fuse sur les charbons; le papier qui a été plongé dans sa dissolution est très-inflammable, il fuse avec une lumière verte magnifique.

C.

Note sur les Hydrochlorates; par M. Chevreul.

Société philomat. Septembre 1814.

Lorsque MM. Gay-Lussac et Thénard, et M. Davy eurent établi leur savante discussion sur la nature du chlore, je professai l'opinion dans laquelle on regarde ce corps comme étant de nature simple, par la raison qu'on ne peut en obtenir d'oxygène qu'autant qu'on le met en contact avec des substances préalablement oxygénées. Cependant je n'étais pas convaincu que cette opinion fût la véritable, parce qu'il n'y avait pas un fait qui prouvât absolument que le chlore était dépourvu d'oxygène, et que plusieurs analogies pouvaient faire soupçonner d'ailleurs qu'il en contenait. Aujourd'hui la découverte de l'iode a ramené presque tous les chimistes à ranger le chlore parmi les corps simples; mais il y a plusieurs faits qui sont susceptibles de deux explications, et comme on doit s'efforcer de choisir la véritable, je vais présenter quelques considérations que M. Gay-Lussac m'a engagé à publier.

M. Gay-Lussac dans son travail sur l'iode a cherché à établir qu'un grand nombre d'iodures, en se dissolvant dans l'eau, donnaient naissance à des hydriodates, et qu'il en était de même de la plupart des chlorures, lesquels se changeaient en hydrochlorates. Les observations suivantes viennent à l'appui de cette manière de voir.

1.° Le protochlorure de fer qui en blanc devient vert en se dissolvant dans l'eau, et cristallise en polyèdres de la même couleur; 2.° le perchlorure de fer donne une dissolution d'un orangé brun, qui cristallise en petites aiguilles d'un jaune serin, d'où il résulte que ces deux composés ont absolument les mêmes apparences physiques que les sels de fer qui contiennent évidemment le protoxyde et le péroxyde; 3.° que le chlorure de cobalt, qui est gris de lin, dissous dans l'eau, produit une liqueur rose, comme le sulfate, le nitrate, l'acétate, etc., de protoxyde de cobalt; 4.° que le chlorure de nikel, qui est jaune d'or, colore l'eau en vert, comme le font le sulfate, le nitrate, l'acétate, etc., de protoxyde de nikel; 5.° que le perchlorure de cuivre, qui est jaune canelle, donne une dissolution aqueuse, qui est verte tant qu'elle est concentrée, mais qui devient bleue, comme les dissolutions d'oxyde de cuivre, quand elle a été suffisamment étendue d'eau.

On admet assez généralement que le précipité bleu, qu'on obtient en versant la potasse caustique dans la solution de cobalt, est de l'oxyde pur; on ne s'est fondé jusqu'ici que sur le rapport de cette couleur avec celle des verres de cobalt; mais je pense que l'oxyde précipité par la voie humide, contient de l'eau (1), car le carbonate

(1) C'est aussi l'opinion de M. Thénard. *Voyez* son Traité de chimie, tom. II, n.° 543.

de cobalt distillé sans le contact de l'air, donne, suivant M. Proust, un oxyde gris; le muriate de cobalt bleu paraît également contenir de l'eau, car il perd cette couleur à une température élevée, et ce qu'il y a de remarquable, c'est qu'il en prend une qui se rapproche de celle de l'oxyde du carbonate. Il semble, d'après ces faits, que l'oxyde ne prend une couleur bleue, qu'autant qu'il est combiné avec de l'eau, un oxyde métallique ou un acide. L'oxyde de cuivre se comporte d'une manière semblable, il forme, avec les matières vitrifiables, des composés verts analogues aux sels de ce métal.

C.

Extrait d'un Mémoire intitulé : Nivellement des Monts-Dores et des Monts-Dômes ; par M. RAMOND.

Institut. Juillet 1815.

M. RAMOND a présenté à la Classe des sciences physiques et mathématiques de l'Institut un nivellement barométrique très-détaillé des Monts-Dores et des Monts-Dômes ; il fait suite au nivellement des environs de Clermont-Ferrand, déjà consigné dans les Mémoires de la Classe pour l'année 1808, et reproduit par l'auteur avec quelques augmentations, dans la collection imprimée de ses Mémoires sur la formule barométrique de la mécanique céleste.

La ville de Clermont est le point de départ de tous ces nivellemens, et la hauteur absolue de cette ville a été déterminée par une suite d'observations dont l'auteur rend compte dans les Mémoires précédemment cités. Mais pour mesurer avec plus d'exactitude des montagnes fort éloignées de ce point central, il convenait de se procurer des stations intermédiaires, dont l'élévation absolue fut déterminée avec beaucoup d'exactitude; et après l'avoir établie d'après les observations du baromètre, M. Ramond a voulu la soumettre à l'épreuve des opérations trigonométriques. Ces dernières opérations ont été exécutées par M. Broussaud, chef de bataillon du génie, alors occupé dans le département du Puy-de-Dôme, d'un grand travail géodésique entrepris sous la direction du dépôt de la guerre. La concordance des résultats est extrêmement remarquable, le *maximum* de divergence entre les mesures trigonométriques et barométriques a été de deux mètres, et il se rapporte à la différence de niveau entre Clermont et les bains du Mont-Dore, que le cercle répétiteur n'a pu déterminer qu'indirectement et par induction. Quant à la hauteur du Puy-de-Dôme au-dessus de Clermont, les mesures sont d'accord à un mètre près; et pour l'élévation du Puy-de-Sancy au dessus des bains du Mont-Dore, la différence se réduit à deux décimètres, sur une hauteur de huit cent quarante-trois mètres. Voilà, dit l'auteur, ce que nous apprend la comparaison très-scrupuleuse des deux méthodes, l'une appuyée sur des angles mesurés des milliers de fois avec un soin et une patience extrêmes durant les années 1811, 1812 et 1813; l'autre n'opposant à cette masse de travaux exécutés par des mains très-habiles, que deux douzaines d'observations, faites en quelques heures.

Les stations subsidiaires ainsi établies, M. Ramond est parti de là pour déterminer l'élévation absolue de quatre-vingt montagnes et d'environ deux cents points remarquables de cette contrée. Mais en entreprenant ces opérations, il ne se proposait pas seulement d'ajouter aux cartes d'Auvergne l'indication des principaux reliefs du terrein: il voulait surtout fournir des mesures précises aux considérations d'histoire naturelle qui en peuvent tirer avantage; et nous allons le voir maintenant, considérant le sol de son nivellement sous le rapport de la nature et de l'origine des terreins, et appliquant à la géographie physique du pays, l'échelle dont il a successivement mesuré les degrés.

La base du nivellement est d'abord un plateau granitique faisant partie de la formation des gneiss, et composé de couches presque verticales qui se dirigent à peu près du nord au sud. On y trouve successivement du granit en masse et du granit veiné, des siénites, du grünstein, du schiste micacé. Son élévation est sensiblement uniforme. Les montagnes dont il est hérissé lui sont entièrement étrangères; c'est le produit des éruptions volcaniques, et si les volcans n'avaient pas éclaté, le plateau ne serait qu'une immense plaine, descendant insensiblement *jusqu'aux rives de l'Océan.*

De ces superpositions d'origine ignée, les plus anciennes sont les Monts-Dores. Ceux-là se composent de laves feldspathiques, de basaltes, de brêches volcaniques et de dépôts ponceux qui ont pour origine les projections poudreuses du volcan, et dont quelques-unes ont été remaniées par les eaux.

Les laves feldspathiques sont tantôt des porphyres et tantôt des *klingsteins;* elles se sont comportées exactement comme les laves basaltiques, et appartiennent à la même époque. Quoique le temps et les révolutions en aient détruit une grande partie, il suffit de rapprocher par la pensée ce que l'on y voit par portions, pour se convaincre que les coulées de porphyre et de klingstein ont, comme les coulées de basalte, un chapeau de matières bulleuses et scorifiées, couvrant des masses d'une contexture plus ou moins compacte; vers la partie inférieure, la lave se divise ordinairement en tables, et la partie intermédiaire, quand elle a une épaisseur suffisante, tend à se configurer en prismes, qui ne le cèdent aux prismes basaltiques ni en longueur ni en régularité. Ces prismes n'affectent aucune direction constante;

ils sont tour-à-tour verticaux, inclinés, couchés, fléchis, divergens d'un centre commun. On ne peut les considérer que comme un effet du retrait, mais ce retrait paraît avoir été prédéterminé par l'existence de divers axes de condensation autour desquels la matière liquéfiée s'est circulairement pressée, et dont les distances respectives, ainsi que les inclinaisons, ont été réglées soit par l'état de la lave, soit par les accidens de son mouvement.

Le volcan porphyrique paraît avoir été unique, et les indices du centre d'éruption se rencontrent au faîte de la chaine, vers le Puy-de-*Sancy*. Les coulées basaltiques, au contraire, sont sorties de diverses bouches; mais ces bouches ont été voisines de ce même Puy-de-Sancy, et placées au pourtour du volcan d'où les porphyres sont issus. Là on trouve les coulées dans l'état qui annonce la proximité des cratères; leurs scories le disputent en fraîcheur à ce qu'il y a de mieux conservé en ce genre dans les volcans modernes, et ce n'est du moins pas au Mont-Dore que la volcanicité des basaltes sera jamais l'objet d'une discussion sérieuse. Du Mont-Dore les coulées basaltiques descendent en divergeant de toutes parts, et s'étendent du côté de l'orient jusqu'à cinquante mille mètres de distance, nonobstant l'interposition actuelle du cours de l'Allier, dont le bassin n'était pas encore creusé au temps de ces antiques éruptions. Une pente totale de sept à huit cents mètres leur a suffi pour parcourir de tels espaces. Cette propriété de s'étendre presque indéfiniment sur des plans médiocrement inclinés, indique dans les basaltes une fluidité plus complète et plus permanente que celle dont les laves modernes sont douées. D'une autre part, leur aspect lithoïde, la rareté relative des parties bulleuses et scorifiées, la fréquence et la régularité des divisions prismatiques, attestent une plus forte compression extérieure. Toutes ces conditions ont pu être remplies à l'époque où notre planète éprouvait une plus forte chaleur et était par conséquent environnée d'une immense atmosphère. L'émission des basaltes est contemporaine des grands animaux qu'une catastrophe quelconque a détruits sans retour; on trouve les restes de ceux-ci dans des terreins de transport, composés en partie des débris de ces mêmes basaltes, et les évènemens qui ont mis un terme à cette période, expliquent le bouleversement de l'ancien sol et le déchirement des nappes basaltiques.

Outre les laves régulières, l'encroûtement des Monts-Dores contient une immensité de déjections anomales, consistant principalement en produits incohérens amassés sous la forme de brêches et de tufs; les eaux paraissent avoir eu très-peu de part à l'arrangement de ces matières, et l'apparence de couches qu'elles affectent est généralement due à la périodicité des projections. Quelques portions seulement ont le caractère de dépôts. Ce sont de minces feuillets, tels que les eaux courantes ont dû naturellement en former, en parcourant des amas poudreux et composés de particules très-légères; on n'y rencontre ni calcaires, ni argiles, ni marnes, comme on ne manquerait pas d'en trouver si les eaux eussent fait partie d'une grande inondation. Le terrein que les laves ont parcouru était à sec; les pluies, les torrens et tout au plus quelques stagnations locales suffisent pour expliquer le peu de sédiments proprement dits que l'on y découvre.

Le Puy-de-Dôme et quatre ou cinq montagnes de même sorte, ont beaucoup occupé les naturalistes et donné lieu à beaucoup de conjectures sur leur origine. M. Ramond les considère comme une dépendance des Monts-Dores, quoiqu'elles en soient séparées par un intervalle de quinze à dix-huit mille mètres, et jetées comme au hazard sur la ligne des volcans modernes. La roche du Puy-de-Dôme, distinguée par quelques minéralogistes sous le nom de *Domite,* n'est autre chose qu'un *klingstein* grenu, qui se rattache par une suite de nuances intermédiaires à certains porphyres des Monts-Dores, et spécialement à ceux de la Croix-Morand, qui se présente en face des Monts-Dores. Les montagnes de domite offrent trop d'indices de l'action du feu, pour qu'on ne se soit pas accordé à en admettre l'intervention. Les naturalistes qui ont observé ces montagnes, ne diffèrent entre eux que sur la manière dont le feu en a modifié la roche. Il paraît plus naturel de voir dans la domite une lave qu'une thermantide, car pour concevoir cette dernière sous une pareille forme, il faut se créer un modèle de pure invention, tandis qu'on a le type de l'autre dans des laves bien caractérisées. Le Puy-de-Dôme et ses analogues sont les restes d'un vaste terrein, dont il existe en outre plusieurs lambeaux; c'est une portion des Monts-Dores qui en a été isolée par les accidens, et que les éruptions des volcans modernes ont réduite ensuite à l'état de morcellement où nous la voyons aujourd'hui.

L'époque des volcans modernes est séparée de celle des volcans anciens par le grand évènement qui a donné à la croûte de la terre la forme que nous lui voyons aujourd'hui. Les anciennes vallées ont été en partie détruites; de nouvelles ont été creusées. Là sont descendues de nouvelles laves; ces laves, les bouches qui les ont vomies, les vallées qui les ont reçues, tout est demeuré dans son intégrité, et a conservé un air de récence qui nous en impose. Cependant ces volcans peuvent être fort anciens à l'égard de ceux qui brûlent aujourd'hui; car, autant il est certain que leur éruption est postérieure aux derniers changemens opérés à la surface de la terre, autant il est vraisemblable qu'elle a suivi ces changemens de très-près, et a fait partie des évènemens qui signalèrent le nouvel ordre de choses. Il est même permis de douter que l'homme ait assisté à ce grand spectacle. Si notre espèce commençait alors d'exister, ou si elle s'était conservée dans quelques lieux privilégiés, il n'y a guère apparence qu'elle eût déjà pénétré jusqu'à un coin de terre d'où les plus redoutables phénomènes conspiraient à la repousser, ou bien elle y était dans cet état de dispersion et d'avilissement qui précède la formation des sociétés, et que prolongent les fléaux de la nature.

Il suffit de considérer les volcans éteints de l'Auvergne, pour reconnaître dans leur disposition quelque chose de particulier, dans leur enchaînement et leur nombre le développement de puissances qui ne s'exercent plus de la même manière. Ils commencent à se montrer sur les limites du département de l'Allier, traversent ceux du Puy-de-Dôme et du Cantal, et s'étendent de là jusqu'aux rivages de la Méditerranée, en suivant constamment une direction uniforme et voisine de la méridienne. Cette longue chaîne se compose, dans le seul département du Puy-de-Dôme, d'environ soixante et dix montagnes, où l'on reconnaît une cinquantaine de cratères, dont plusieurs d'une conservation parfaite. Les volcans actuellement brûlans en Europe ne présentent rien de semblable; ils sont séparés l'un de l'autre par de grands intervalles, et brûlent solitaires au milieu des déjections qu'accumulent leurs éruptions répétées. Ici, au contraire, chaque éruption s'est frayée une issue distincte, et il est rare qu'un même cratère ait fourni plus d'une ou deux laves. Mais ces cratères se succèdent sans interruption, et se rangent à la file sur des lignes sensiblement droites et parallèles. Dans les volcans qui brûlent aujourd'hui, on conçoit un foyer circonscrit qui fournit aux éruptions successives en creusant à la ronde et s'approfondissant *toujours*. Dans *nos volcans éteints*, on est fondé à supposer une traînée superficielle et horizontalement prolongée, où le feu a gagné de proche en proche, et marqué sa marche par des éruptions progressives.

Telles sont en raccourci les considérations générales qui composent la première partie du Mémoire de M. Ramond. La seconde partie est consacrée aux détails de son nivellement. Il y range par ordre de terreins les deux cent soixante-huit hauteurs qu'il a déterminées dans le circuit des Monts-Dores et des Monts-Dômes, en ajoutant à l'indication de chaque lieu les remarques de minéralogie particulière qui s'y rapportent.

Dans un second Mémoire, l'auteur fait l'application de ses divers nivellemens à la géographie physique du pays. Cette application est une des utilités les plus prochaines d'une pareille opération, et elle a ici un intérêt particulier, en ce qu'elle se rapporte à la partie de la France intérieure où les niveaux sont le plus différens et les montagnes le plus élevées. Le nombre des hauteurs qu'il a maintenant mesurées, approche de quatre cents; il les employe à marquer les limites des couches minérales dans l'ordre de leur superposition, et examine comment les habitations, la végétation et la culture se distribuent sur une *échelle* verticale de dix-neuf cents mètres, entre le 45e et le 46e degré de latitude.

Cet examen comprend celui du climat, l'exposé du calendrier de la végétation, des observations sur l'espèce des plantes spontanément croissantes ou utilement cultivées à différentes hauteurs. Un pareil travail n'est guère susceptible d'extrait, et les faits isolés que nous en tirerions ne donneraient aucune idée de l'ensemble. Nous nous contenterons donc d'en présenter ici les principaux résultats. Les hauteurs exprimées en mètres sont les limites supérieures des terreins, des cultures, les points culminans des chemins, ceux où s'arrêtent les habitations de chaque espèce, etc.

Terreins.	m.
Porphyre, limite supérieure, ...	1895
Cônes basaltiques les plus élevés, . . .	1550
Puys volcaniques, ...	1450
Plateau granitique, ...	1130
Grès océaniques, ...	900
Terrein d'alluvion fluviatile, ...	800
Grès pisasphaltiques, ...	500
Eaux.	m.
Sources de la Dordogne, ...	1700
Région des lacs, entre 800m et	1250
Cours de l'Allier au milieu du Département,	300
Habitations.	m.
Burons, ou Villages d'été, ...	1400
Villages les plus élevés, ...	1350
Bains du Mont-Dore, ...	1050
Villes principales, entre 350m et . . .	540

Routes.	m.
Chemin du Mont-Dore au Cantal, ...	1793
Chemins qui traversent la Croix-Moraud : le moins élevé, 1353m, le plus élevé, .	1460
Grandes routes de Limoges, de Bordeaux et d'Ambert, entre 1000m et	1073
Végétation. Culture.	m.
Sapins, limite supérieure, ...	1515
Seigles, jusqu'à	1341
Pins d'Ecosse, ...	1100
Fromens trémois, Chanvre, Noyers, Pruniers, Cerisiers à fruits doux, ...	1000
Pommiers en vergers, jusqu'à	900
Châtaigniers, jusqu'à	730
Vignes, Pêchers en plein vent, Cerisiers nains à fruit acide, jusqu'à	600
Amandiers, Abricotiers à plein vent, . .	400

Observation d'une blessure du cerveau, suivie de la paralysie des muscles intrinsèques du larynx, et d'une lésion singulière de la respiration; par M. Larrey.

Médecine.

Société Philomat. Avril 1815.

Le sieur Barbin, grenadier de la vieille Garde, étant en marche pendant la campagne de Moscow, fut assailli par un parti de Cosaques, reçut un coup de lance à la tête, et resta pour mort sur la place. Cependant, au bout de quelques heures, le blessé fut relevé et transporté dans l'hôpital le plus voisin, où il n'arriva que trois jours après l'instant où il avait reçu la blessure. Dans ce lieu il fut examiné par les chirurgiens, et l'on reconnut que le fer de la lance avait pénétré obliquement de haut en bas et de dehors en dedans, dans la cavité du crâne, ayant traversé d'abord l'angle postérieur du pariétal gauche, et s'étant enfoncé ensuite dans le lobe postérieur de l'hémisphère correspondant.

Les facultés mentales du blessé restèrent quelque temps suspendues, mais elles se rétablirent bientôt, la plaie parcourut ses périodes, et parvint à guérison avec assez de promptitude, quoiqu'il se soit fait une exfoliation d'environ deux centimètres quarrés de la substance des os du crâne; maintenant il existe au lieu de la cicatrice un enfoncement très-marqué.

Quoique l'hémisphère gauche ait été lésé profondément dans sa partie postérieure, et qu'on puisse présumer même que l'instrument a intéressé les tubercules quadrijumeaux ou la partie supérieure du cervelet, les facultés intellectuelles du blessé ne paraissent pas dérangées; mais M. Larrey pense que la blessure a porté atteinte aux fonctions de la huitième paire de nerfs, de la neuvième, des nerfs sous-occipitaux, et peut-être, dit-il, à celles des premières paires cervicales. M. Larrey appuye son opinion sur les phénomènes qui se sont successivement développés, et sur ceux qui existent encore.

La voix, après avoir été rauque et obscure, a fini par s'éteindre entièrement, ce qui suppose la paralysie des muscles intrinsèques du larynx; cet organe lui-même n'est pas dans sa position ordinaire, il est évidemment plus bas, ce qui dépend sans doute du défaut d'action de ses muscles élévateurs. La déglutition est difficile, circonstance qui s'entend aisément, puisque les muscles intrinsèques et élévateurs du larynx sont paralysés, et que ces muscles sont les agens principaux de la déglutition. Le goût est sensiblement affaibli; mais le phénomène morbide le plus remarquable qu'éprouve l'individu dont nous parlons, est une lésion à la respiration telle, qu'il ne peut respirer, dans la position verticale, qu'en fermant la bouche, et en serrant fortement les mâchoires, en sorte que, semblable à *certains reptiles*, il est présumable que Barbin périrait asphixié, si on le forçait à rester long-temps la bouche ouverte. Un autre phénomène digne de remarque, c'est qu'on n'a jamais pu exciter de vomissement par l'emploi des émétiques, administrés même à fortes doses; cet effet, joint à ceux déjà décrits, font penser qu'il existe un affaiblissement dans la sensibilité de l'estomac et dans la contraction des muscles inspirateurs et expirateurs, et particulièrement du diaphragme. F. M.

Note sur le Sucre de diabétes; par M. Chevreul.

Société Philomat. 5 août 1815.

M. Chevreul ayant fait l'analyse de l'urine d'un diabétique au commencement de la maladie, l'a trouvée formée de sucre et de tous les matériaux de l'urine ordinaire. L'urine du même malade, analysée au bout de plusieurs mois, a donné un acide organique en partie libre, en partie saturé par la potasse, beaucoup de phosphate de magnésie, un peu de phosphate de chaux, de l'hydrochlorate de soude, du sulfate de potasse, du sucre et de l'acide urique, lequel était légèrement coloré par l'acide rosacique. M. Chevreul n'a obtenu l'acide urique que de l'urine fermentée, de sorte qu'il n'assure pas que ce corps fût tout formé dans l'urine, quoique cela lui paraisse très-probable. Il pense que l'urine contenait de l'urée, quoiqu'il n'ait pu en retirer; il se fonde sur la facilité avec laquelle ce liquide donnait de l'ammoniaque.

M. Chevreul, en faisant concentrer l'urine en sirop clair et l'abandonnant à elle-même, a obtenu la substance sucrée sous la forme de petits cristaux, semblables à ceux qui se produisent dans le sirop de raisin; il les a fait égoutter soumis à la presse, puis il les a dissous dans l'alcool bouillant; par une évaporation spontanée et lente, il a obtenu des cristaux d'une blancheur parfaite, qui ont été examinés comparativement avec le sucre de raisin, et qui en ont présenté toutes les propriétés, telles que la cristallisation, la même solubilité dans l'eau et l'alcool, la propriété de se fondre à une douce chaleur, etc.

M. Chevreul est parvenu à obtenir la totalité du sucre de l'urine sous la forme solide; il croit que le sucre liquide des végétaux n'est point une espèce particulière, mais une combinaison d'un sucre cristallisable, dont l'espèce peut varier, avec un autre principe qui surmonte la force de cohésion du premier.

Sur une loi remarquable qui s'observe dans les oscillations des particules lumineuses lorsqu'elles traversent obliquement des lames minces de chaux sulfatée ou de cristal de roche taillées parallèlement à l'axe de cristallisation; par M. Biot. (1)

Institut. 28 juin 1813.

Lorsqu'un rayon polarisé a traversé un nombre quelconque de plaques cristallisées susceptibles de faire osciller les molécules lumineuses autour de leur centre de gravité, et de dévier leurs axes, ce rayon, après sa sortie, se trouve en général composé de plusieurs faisceaux polarisés dans des sens divers, et diversement colorés. Le problême le plus général qu'on puisse se proposer relativement à ces phénomènes, c'est de prédire dans tous les cas le nombre des faisceaux, le sens de leur polarisation, et leurs couleurs.

J'ai expliqué dans mes précédentes recherches les principes simples et infaillibles par lesquels la théorie du mouvement oscillatoire résout les deux premières questions. Quant à la nature de la teinte, on la

(1) Ce Mémoire était destiné pour un autre Recueil périodique dont l'impression est suspendue par des circonstances particulières; c'est ce qui en a retardé la publication. On l'a imprimé ici tel qu'il avait été lu à l'Institut, sans aucun changement.

détermine à très-peu près en multipliant l'intensité de la force polarisante par la longueur du trajet que la lumière fait dans le cristal. Ce second principe peut même être regardé comme une conséquence du mouvement oscillatoire. En effet, le nombre des oscillations dans le même espace doit croître avec l'intensité de la force polarisante, laquelle, d'après l'expérience, est proportionnelle au quarré du sinus de l'angle formé par l'axe du cristal avec le rayon réfracté; et de plus, dans des espaces de longueur inégale, ce nombre doit croître proportionnellement à l'espace, la force polarisante restant la même. Il n'est donc pas étonnant que le produit de ces deux élémens détermine le nombre absolu des oscillations, et par conséquent fasse connaître la teinte; car c'est le nombre des oscillations qui détermine la teinte, en mêlant les molécules lumineuses de couleurs diverses, en vertu de la différence qui existe entre leurs vitesses de rotation.

De plus, comme la vitesse des rayons extraordinaires varie avec leur direction dans le cristal, on doit s'attendre que ce changement de vitesse influera sur les nombres d'oscillations qui se feront dans un espace donné, et par suite influera sur la nature des teintes. Mais en supposant que cet effet ait lieu, il doit être bien petit dans la chaux sulfatée et le cristal de roche, où la double réfraction est très-faible. Aussi ai-je reconnu, par l'expérience, que, dans ces deux corps, le produit de la force polarisante par le trajet des molécules lumineuses doit être affecté d'un facteur qui, dans les plus grands changemens d'incidence, n'éprouve que de très-légères variations.

En ayant donc égard à ces trois élémens, j'ai montré par l'expérience qu'on prédit les teintes données par les plaques avec autant de précision que par l'observation même, et j'ai prouvé cet accord, non-seulement pour des lames très-minces, mais pour des plaques parallèles à l'axe, épaisses de près d'un centimètre, et incapables de donner des couleurs isolément, mais qui en développent de longues séries quand on les croise l'une sur l'autre à angles droits, pour opposer leurs forces conformément à la théorie des oscillations.

On a vu dans mes précédens Mémoires avec quelle fidélité cette théorie suit et représente l'expérience. Elle détermine si bien le mode d'action des forces qui font osciller la lumière, qu'elle apprend à imiter les uns par les autres les divers cristaux, en combinant convenablement les forces qu'ils exercent, comme je l'ai montré dernièrement en imitant avec des morceaux de chaux sulfatée et de cristal de roche les phénomènes plus composés que présentent les lames minces de mica.

Aujourd'hui je vais donner un nouvel exemple de ces applications, en déduisant de la théorie un phénomène très-curieux que l'on observe avec les lames de chaux sulfatée et de cristal de roche parallèles à l'axe de cristallisation. Si l'on expose une pareille lame, sous une incidence quelconque, à un rayon polarisé, mais de manière que l'axe de cristallisation fasse un angle de 45° avec le plan d'incidence, la teinte que cette lame polarise est constante sous toutes les inclinaisons, et est la même que sous l'incidence perpendiculaire. Dans toute autre position de l'axe par rapport au plan d'incidence, cette constance n'a plus lieu. Si l'axe fait avec ce plan un angle moindre que 45°, les teintes polarisées par la lame montent dans l'ordre des anneaux, à mesure que l'incidence augmente, précisément comme si la lame devenait plus mince; et au contraire, quand cet angle est plus grand que 45°, les teintes descendent dans l'ordre des anneaux comme si la lame devenait plus épaisse. Pourquoi les teintes sont-elles constantes dans le premier cas, tandis qu'elles varient dans les deux autres en sens contraire? Voilà ce que je me propose d'expliquer.

Or cela résulte uniquement de la manière suivant laquelle les variations de la force répulsive se combinent avec les changemens d'épaisseur dans ces diverses positions; car il arrive que, dans l'azimuth de 45°, ces deux variations sont de signes contraires, et se compensent, tandis que dans tous les autres azimuths elles se surpassent mutuellement et tour à tour.

Pour nous en assurer, formons l'expression générale de ces élémens divers qui déterminent la teinte. Soit, fig. 1, Pl. II (1), CTA le plan de la seconde surface de la lame, SC le rayon réfracté qui la traverse, C le point d'émergence, CT la trace du plan d'incidence sur cette surface, et *CA la direction de l'axe de cristallisation*; comme la double réfraction des plaques, même épaisses, de chaux sulfatée ou de cristal de roche est si faible que les deux rayons ordinaire et extraordinaire ne se séparent pas d'une quantité sensible en les traversant, nous pouvons, dans le calcul de la force polarisante, supposer que ces deux rayons se confondent, et regarder par conséquent SC comme situé dans le plan d'incidence même, lequel est perpendiculaire à la surface de la lame en T. Maintenant, si du point C comme centre on décrit une surface sphérique qui coupera les trois lignes CT, CS, CA, en trois points T, S, A, les plans TCS, SCA, TCA, couperont cette sphère suivant un triangle rectangle dont ces trois points seront les sommets, et l'hypothénuse SA de ce triangle mesurera précisément l'angle formé par l'axe du cristal avec le rayon réfracté. Or cet arc est maintenant facile à calculer; car si nous le désignons par V, et que nous nommions i l'angle TCA formé par l'axe du cristal avec la trace du plan d'incidence, enfin que nous nommions θ' l'angle de réfraction formé par le rayon SC avec la normale CN aux deux surfaces de la lame supposées parallèles, on connaîtra dans le triangle rectangle AST les

(1) Cette Planche accompagnera une des Livraisons suivantes.

deux côtés $TA = i$ et $ST = 90^\circ - \theta'$; on aura donc aisément l'hypothénuse SA ou V par la formule

$$\cos. SA = \cos. ST \cos. TA,$$

qui devient ici

$$\cos. V = \cos. i \sin. \theta' ;$$

et par conséquent la force polarisante, qui est représentée en général par $\sin.^2 V$, sera connue, puisqu'on aura

$$\sin.^2 V = 1 - \cos.^2 i \sin.^2 \theta'.$$

Calculons maintenant la longueur du trajet que fait la lumière dans cette lame.

Soit e l'épaisseur perpendiculaire CN comprises entre ses deux surfaces, cette épaisseur étant réduite à l'échelle de la table de Newton, il est visible que le trajet SC aura pour expression $\frac{e}{\cos. \theta'}$.

Faisons le produit de ces deux quantités en y joignant un facteur de la forme $1 + a \sin.^2 \theta' + b \sin.^4 \theta'$ dépendant de la variation de la vitesse dans l'intérieur du cristal, nous aurons en général, pour l'expression de la teinte,

$$\frac{e \sin.^2 V}{\cos. \theta' \left(1 + a \sin.^2 \theta' + b \sin.^4 \theta'\right)},$$

ou en mettant pour $\sin.^2 V$ sa valeur

$$\frac{e \left(1 - \cos.^2 i \sin.^2 \theta'\right)}{\cos. \theta' \left(1 + a \sin.^2 \theta' + b \sin.^4 \theta'\right)},$$

Toutes les particularités du phénomène viennent de ce que les quantités V, a, b, varient en même temps que l'azimuth i, tandis que la longueur du trajet $\frac{e}{\cos. \theta'}$ est indépendante de cet azimuth, au moins pour nos sens : car, puisque les deux rayons ordinaire et extraordinaire ne se séparent point d'une quantité appréciable, en traversant la lame dans quelque sens qu'on la tourne, on peut toujours regarder le trajet parcouru par le rayon extraordinaire comme sensiblement égal à celui que décrit le rayon ordinaire, et alors il devient indépendant de l'azimuth dans cet ordre d'approximation.

Considérons d'abord les variations du facteur

$$1 + a \sin.^2 \theta' + b \sin.^2 \theta'.$$

L'expérience m'a fait voir que les coefficiens a et b sont toujours des fractions moindres que $\frac{1}{3}$, et comme elles sont multipliées par $\sin.^2 \theta'$ et $\sin.^4 \theta'$, dont la première est aussi une fraction plus petite que $\frac{1}{2,25}$, même dans les plus grandes incidences, on voit que les valeurs de ce facteur différeront toujours très-peu de l'unité. De plus, l'expérience m'a encore appris que les coefficiens a et b sont tous deux négatifs lorsque $i = 0$, c'est-à-dire lorsque l'axe de la lame est situé dans le plan d'incidence, tandis qu'au contraire ils sont tous deux positifs lorsque $i = 90°$, c'est-à-dire lorsque l'axe de la lame est perpendiculaire à ce plan. Or, leurs valeurs intermédiaires étant constamment progressives d'une de ces limites vers l'autre, on conçoit qu'il doit arriver un terme où les quantités a et b deviennent nulles, et, d'après la marche qu'affecte en général ce genre de phénomènes, le passage du positif au négatif doit se faire dans l'azimuth de 45°, ou très-près de cet azimuth, en sorte que, vers ce point, les variations du facteur doivent être assez petites pour pouvoir être négligées: alors en faisant $i = 45°$ dans notre expression générale des teintes, elle se réduira à

$$\frac{e\left(1 - \frac{1}{2}\sin.^2\theta'\right)}{\cos.\theta'}.$$

Cette expression peut se mettre sous la forme

$$\frac{e\left(1 - 2\sin.^2\frac{1}{2}\theta'\cos.^2\frac{1}{2}\theta'\right)}{1 - 2\sin.^2\frac{1}{2}\theta'};$$

et en effectuant la division, elle devient

$$e + \frac{2\,e\sin.^4\frac{1}{2}\theta'}{\cos.\theta'}.$$

On voit alors que la teinte observée dans cette position sera la même que sous l'incidence perpendiculaire, au terme près, $\frac{2\,e\sin.^4\frac{1}{2}\theta'}{\cos.\theta'}$ qui est du quatrième ordre par rapport aux puissances de sin. θ', et qui par conséquent sera toujours très-faible.

En effet, pour savoir quelle influence il peut acquérir dans les cas extrêmes, calculons-le dans le cas de la plus grande incidence, qui est celle de 90°, et prenons pour rapport de réfraction celui de 3 à 2, qui résulte des expériences de Newton sur la chaux sulfatée, nous aurons

$$\theta' = 41°.48'.30''$$
$$\tfrac{1}{2}\theta' = 20°.54'.15''$$

et

$$\frac{2\sin.^4\frac{1}{2}\theta'}{\cos.\theta'} = 0.04348;$$

en sorte que l'expression générale des teintes sous cette incidence et dans l'azimuth de 45° deviendra

$$e + e\,.\,0{,}04348.$$

On voit ainsi que la plus grande variation de e sera toujours très-faible. Pour évaluer le changement qui en résultera sur la teinte, faisons pour e diverses suppositions prises dans les différens ordres d'anneaux.

Par exemple, faisons d'abord $e = 45^p,8$, ce qui, dans la table de Newton, répond au bleu verdâtre du septième ordre d'anneaux, tout près des limites de la coloration sensible; nous aurons alors

$$e.0.04348 = 1^p.991,$$

ce qui donnera

$$e + e.0^p.04348 = 47^p.79:$$

or le blanc rougeâtre du septième ordre qui succède immédiatement à notre bleu verdâtre a pour expression dans la table $49^p,6$.

Par conséquent les variations de couleur de notre lame, dans toute l'étendue possible des incidences, comprendront à peine la moitié de l'intervalle d'une teinte dans la table de Newton.

Supposons $e = 18.7$, ce qui répond au rouge vif du troisième ordre, nous aurons alors

$$e.0.04348 = 0.813,$$

ce qui donnera

$$e + e.0.04348 = 19.513:$$

or la teinte qui suit immédiatement le rouge du troisième ordre est un rouge bleuâtre qui répond à l'épaisseur 20,8.

Ainsi les couleurs de la lame ne varient pas non plus de la moitié de l'intervalle d'une teinte dans cet ordre d'anneaux; ici même le changement de nuance serait à peine sensible à cause du peu de différence qui existe entre la nature des deux teintes contiguës.

Supposons encore $e = 10.8$, ce qui répond au jaune du second ordre, nous aurons alors $e.0.04348 = 0.47$; par conséquent la teinte extrême sera 11.27, précisément l'orangé du même ordre; car cet orangé est représenté par $11.\frac{1}{9}$; de sorte qu'à moins d'être prévenu qu'un changement de teinte est possible, on sera porté à attribuer cette variation de teinte à un léger changement de l'azimuth pendant qu'on incline la lame; en effet, un changement de 4° dans la position de l'axe suffirait pour détruire ces petites variations de teintes.

On voit donc, par ces essais, que les teintes calculées, d'après notre théorie, pour l'azimuth de 45°, seront constantes ou presque constantes sous toutes les inclinaisons. Je n'oserais décider positivement lequel des deux cas a lieu, car je n'ai pas encore eu jusqu'ici d'appareil assez précis pour pouvoir répondre de deux ou trois degrés sur l'azimuth de ces petites lames, si ce n'est quand cet azimuth est égal à 0 ou à 90°, parce qu'alors les images extraordinaires s'évanouissent. Il serait possible que les cas où la variation est insensible, à cause du peu de différence des teintes qui se suivent, m'eussent masqué de si légers changemens de nuances dans les autres cas. Pourtant j'avais remarqué quelquefois des effets de ce genre qui m'avaient surpris, et je les avais consignés dans mon premier Mémoire, page 224; mais, comme je viens de le dire, je n'avais pas, dans la mesure des azimuths, des moyens assez précis pour les constater, et à cette époque je n'étais pas encore guidé par une théorie qui m'engageât à m'y arrêter. Au reste, soit que les variations des teintes existent encore dans cet azimuth, soit que les valeurs du facteur qui dépend probablement de la vitesse les fassent disparaître, on voit du moins qu'elles seront toujours d'une petitesse extrême d'après notre théorie, d'accord en cela avec les observations.

Examinons maintenant le changement qui s'opère dans la variation des teintes de part et d'autre de l'azimuth de 45°, et pour cela prenons des valeurs de i très-peu différentes de celles-là, de manière que les varitations du facteur $1 + a \sin.^2 \theta' + b \sin.^4 \theta'$ puissent encore être négligées; alors en nommant E la teinte observée dans cet azimuth, nous aurons encore

$$E = \frac{e\,(1 - \cos.^2 i \sin.^2 \theta')}{\cos.\,\theta'};$$

différencions cette expression en faisant varier seulement l'azimuth i, nous aurons

$$dE = \frac{e \sin.\,2\,i.\sin.^2 \theta'}{\cos.\,\theta'}.\,di.$$

Puisque nous voulons partir de l'azimuth de 45°, il faut faire $i = 45°$ dans le coefficient de di, ce qui donne

$$dE = \frac{e \sin.^2 \theta'}{\cos.\,\theta'}.\,di.$$

Cette expression nous montre que dE sera positif si i augmente, et négatif s'il diminue. Ainsi, quelle que soit l'incidence où l'on veuille placer la lame, si son axe fait avec le plan d'incidence un angle de 45°, lorsqu'on augmentera cet azimuth en tournant la lame sur son plan, les teintes du rayon qu'elle polarise baisseront dans l'ordre des anneaux, comme si elle devenait plus épaisse; et au contraire, si l'on diminue ce même azimuth, en rapprochant l'axe du plan d'incidence, les teintes du rayon extraordinaire monteront dans l'ordre des anneaux comme si la lame devenait plus mince.

Tous ces résultats sont parfaitement conformes à l'expérience; mais ici la théorie, en les calculant, nous éclaire sur leur véritable cause: elle nous montre qu'ils dépendent des effets opposés que l'inclinaison produit sur la force polarisante émanée de l'axe de cristallisation et sur la longueur du trajet que la lumière décrit dans l'intérieur du cristal. Quand l'angle de l'axe avec le plan d'incidence est compris entre 0 et 45°, l'augmentation du trajet ne compense pas l'affaiblissement qu'éprouve la force polarisante, et le nombre des oscillations diminue comme si la lame devenait plus mince. Vers l'azimuth de 45° les effets se compensent, et le nombre des oscillations est, à très-peu de chose près, le même sous les inclinaisons. Enfin, pour des azimuths plus considérables, depuis 45° jusques à 90°, l'augmentation du trajet que décrit la lumière dans l'intérieur du cristal est plus que suffisante pour compenser l'affaiblissement de la force polarisante émanée de l'axe, et le nombre des oscillations augmente comme si la lame devenait plus épaisse. Ces compensations doivent avoir lieu de la même manière dans toutes les substances qui font osciller la lumière suivant les lois que nous avons assignées : aussi les observe-t-on également dans les lames de chaux sulfatée et dans les lames de cristal de roche taillées parallèlement à l'axe de cristallisation. Mais ils n'ont pas lieu dans le mica, parce qu'outre l'axe situé dans la plan de ses lames, il en existe encore un autre perpendiculaire à leur plan.

Depuis que j'ai été conduit à la connaissance des oscillations de la lumière, j'ai multiplié à l'infini les expériences, et je les ai variées de toutes les manières imaginables pour mettre dans une entière évidence les rapports qui existent entre la longueur du trajet décrit par les molécules lumineuses et le nombre d'oscillations qu'elles exécutent dans cet intervalle autour de leur centre de gravité. Ce phénomène méritait en effet toute mon attention; car, excepté les accès de réflexion et de réfraction que Newton a découverts, je ne crois pas que l'on connaisse dans les particules lumineuses d'autres modifications qui soient variables et intermittentes dans l'intérieur des corps. Les géomètres qui se sont occupés du mouvement de la lumière l'ont regardé comme constant et uniforme une fois que le rayon a pénétré à une profondeur infiniment petite de la surface d'entrée, et ils croyaient qu'alors toutes les forces qui agissent sur les molécules lumineuses se compensaient exactement; mais si cette supposition est vraie ou peut être regardée comme vraie quant au mouvement de translation, on voit, par mes expériences et par la théorie que j'en ai déduite, qu'il n'en est plus de même pour les mouvemens que les particules lumineuses exécutent autour de leurs centres de gravité. Ces mouvemens peuvent être intermittens et alternatifs pour une même particule de lumière, à mesure qu'en traversant le corps elle tombe dans la sphère d'activité des diverses molécules qui le composent; et si ces molécules sont arrangées d'une manière régulière et symétrique, comme cela a lieu dans les corps cristallisés, la succession de leurs actions peut, dans certains cas, imprimer à la lumière des oscillations régulières telles que celles dont j'ai reconnu et assigné les lois.

1815.

Sur l'application du calcul des probabilités à la philosophie naturelle; par M. LAPLACE.

INSTITUT.
Septembre 1815.

QUAND on veut connaître les lois des phénomènes, et atteindre à une grande exactitude; on combine les observations ou les expériences de manière à faire ressortir les élémens inconnus, et l'on prend un milieu entre elles. Plus les observations sont nombreuses et moins elles s'écartent de leur résultat moyen, plus ce résultat approche de la vérité. On remplit cette dernière condition, par le choix des méthodes, par la précision des instrumens, et par le soin qu'on met à bien observer : ensuite on détermine par la théorie des probabilités, le résultat moyen le plus avantageux, ou celui qui donne le moins de prise à l'erreur. Mais cela ne suffit pas; il est encore nécessaire d'apprécier la probabilité que l'erreur de ce résultat, est comprise dans des limites données : sans cela, on n'a qu'une connaissance imparfaite du degré d'exactitude obtenu. Des formules propres à cet objet, sont donc un vrai perfectionnement de la méthode de la philosophie naturelle, qu'il est bien important d'ajouter à cette méthode : c'est une des choses que j'ai eu principalement en vue, dans ma *Théorie analytique des probabilités*, où je suis parvenu à des formules de ce genre, qui ont l'avantage remarquable d'être indépendantes de la loi de probabilité des erreurs, et de ne renfermer que des quantités données par les observations mêmes et par leurs expressions analytiques. Je vais en rappeler ici les principes.

Chaque observation a pour expression analytique, une fonction des élémens qu'on veut déterminer; et si ces élémens sont à peu près connus, cette fonction devient une fonction linéaire de leurs corrections. En l'égalant à l'observation même, on forme ce qu'on nomme *équation de condition*. Si l'on a un grand nombre d'équations semblables, on les combine de manière à former autant d'équations finales qu'il y a d'élémens; et en résolvant ces équations, on détermine les corrections des élémens. L'art consiste donc à combiner les équations de condition, de la manière la plus avantageuse. Pour cela, on doit observer que la formation d'une équation finale, au moyen des équations de condition, revient à multiplier chacune de celles-ci par un facteur indéterminé, et à réunir ces produits; mais il faut choisir le système de facteurs qui donne la plus petite erreur à craindre. Or il est visible que si l'on multiplie chaque erreur dont un élément déterminé par un systême, est encore susceptible, par la probabilité de cette erreur; le systême le plus avantageux sera celui dans lequel la somme de ces produits, tous pris positivement, est un *minimum;* car une erreur, positive ou négative, peut être considérée comme une perte. En formant donc cette somme de produits, la condition du *minimum* déterminera le systême de facteurs le plus avantageux, et le *minimum* d'erreur à craindre sur chaque élément. J'ai fait voir dans l'ouvrage cité, que ce systême est celui des coefficiens des élémens dans chaque équation de condition; en sorte qu'on forme une première équation finale, en multipliant respectivement chaque équation de condition, par son coefficient du premier élément, et en réunissant toutes ces équations ainsi multipliées : on forme une seconde équation finale, en employant les coefficiens du second élément, et ainsi de suite.

J'ai donné dans le même ouvrage, l'expression du *minimum* d'erreur, quel que soit le nombre des élémens. Ce *minimum* donne la probabilité des erreurs dont les corrections de ces élémens sont encore susceptibles, et qui est proportionnelle au nombre dont le logarithme hyperbolique est l'unité, élevé à une puissance dont l'exposant est le quarré de l'erreur pris en moins, et divisé par le quarré du *minimum* d'erreur, multiplié par le rapport de la circonférence au diamètre. Le coefficient du quarré négatif de l'erreur dans cet exposant, peut donc être considéré comme le module de la probabilité des erreurs; puisque l'erreur restant la même, la probabilité décroît avec rapidité quand il augmente; en sorte que le résultat obtenu pèse, si je puis ainsi dire, vers la vérité, d'autant plus, que ce module est plus grand. Je nommerai par cette raison, ce module *poids* du résultat. Par une analogie remarquable de ces poids avec ceux des corps comparés à leur centre commun de gravité, il arrive que si un même élément est donné par divers systêmes composés chacun, d'un grand nombre d'observations; le résultat moyen le plus avantageux de leur ensemble, est la somme des produits de chaque résultat partiel par son poids, cette somme étant divisée par la somme de tous les poids. De plus, le poids total des divers systêmes, est la somme de leurs poids partiels; en sorte que la probabilité des erreurs du résultat moyen de leur ensemble, est proportionnelle au nombre qui a l'unité pour logarithme hyperbolique, élevé à une puissance dont l'exposant est le quarré de l'erreur, pris en moins, et multiplié par la somme de tous les poids. Chaque poids dépend, à la vérité, de la loi de probabilité des erreurs, dans chaque systême: presque toujours cette loi est inconnue; mais je suis heureusement parvenu à éliminer le facteur qui la renferme, au moyen de la somme des quarrés des écarts des observations du systême de leur résultat moyen. Il serait donc à désirer, pour compléter nos connaissances sur les résultats obtenus par l'ensemble d'un grand nombre d'observations, qu'on écrivit à côté de chaque résultat, le poids qui lui correspond. Pour en faciliter le calcul, je développe son expression analytique, lorsque l'on n'a pas plus de quatre élémens à déterminer. Mais cette expression devenant de plus en plus compliquée, à mesure que le nombre des élémens augmente, je donne un moyen fort simple pour déterminer le poids d'un résultat, quel que soit le nombre des élémens. Alors, un procédé régulier pour arriver à ce qu'on cherche, est préférable à l'emploi des formules analytiques.

Quand on a ainsi obtenu l'exponentielle qui représente la loi de probabilité des erreurs d'un résultat; l'intégrale du produit de cette exponentielle par la différentielle de l'erreur, étant prise dans des limites déterminées, elle donnera la probabilité que l'erreur du résultat est comprise dans ces limites, en la multipliant par la racine quarrée du poids du résultat, divisé par la circonférence dont le diamètre est l'unité. On trouve dans l'ouvrage cité, des formules très-simples pour obtenir cette intégrale; et M. Kramp, dans son *Traité des réfractions astronomiques*, a réduit ce genre d'intégrales, en tables fort commodes.

Pour appliquer cette méthode avec succès, il faut varier les circonstances des observations, de manière à éviter les causes constantes d'erreur; il faut que les observations soient rapportées fidèlement et sans prévention, en n'écartant que celles qui renferment des causes d'erreur, évidentes. Il faut qu'elles soient nombreuses, et qu'elles le soient d'autant plus, qu'il y a plus d'élémens à déterminer; car le poids du résultat moyen croît comme le nombre des observations, *divisé par le nombre des élémens*. Il est encore nécessaire que les élémens suivent dans ces observations, une marche fort différente; car si la marche de deux élémens était rigoureusement la même, ce qui rendrait leurs coefficiens proportionnels dans les équations de condition; ces élémens ne formeraient qu'une seule inconnue, et il serait impossible de les distinguer par ces observations. Enfin il faut que les observations soient précises, afin que leurs écarts du résultat moyen soient peu considérables. Le poids du résultat est par là beaucoup augmenté, son expression ayant pour diviseur la somme des quarrés de ces écarts. Avec ces précautions, on pourra faire usage de la méthode précédente, et déterminer le degré de confiance que méritent les résultats déduits d'un grand nombre d'observations.

Dans les recherches que j'ai lues dernièrement à la classe, sur les phénomènes des marées, j'ai appliqué cette méthode aux observations de ces phénomènes. J'en donne ici deux applications nouvelles : l'une est relative aux valeurs des masses de Jupiter, de Saturne et d'Uranus; l'autre se rapporte à la loi de variation de la pesanteur. Pour le premier objet, j'ai profité de l'immense travail que M. Bouvard vient de terminer sur les mouvemens de Jupiter et de Saturne, dont il a construit de nouvelles tables très-précises. Il a fait usage de toutes les oppositions et de toutes les quadratures observées depuis Bradley, et qu'il a discutées de nouveau avec le plus grand soin; ce qui lui a donné pour le mouvement de Jupiter en longitude, 126 équations de condition. Elles renferment cinq élémens, savoir : le moyen mouvement de Jupiter, sa longitude moyenne à une époque fixe, la longitude de son périhélie à la même époque, l'excentricité de son orbite, enfin la masse de Saturne dont l'action est la source principale des inégalités de Jupiter. Ces équations ont été réduites par la méthode la plus avantageuse, à cinq équations finales, dont la résolution a donné la valeur des cinq élémens. M. Bouvard trouve ainsi la masse de Saturne égale à la 3512e partie de celle du soleil. On doit observer que cette masse est la somme des masses de Saturne, de ses satellites et de son anneau. Mes formules de probabilité font voir qu'il y a onze mille à parier contre un, que l'erreur de ce dernier résultat n'est pas un centième de sa valeur, ou, ce qui revient à très-peu-près au même, qu'après un siècle de nouvelles observations ajoutées aux précédentes, et discutées de la même manière, le nouveau résultat ne différera pas d'un centième, de celui de M. Bouvard. Il y a plusieurs milliards à parier contre un, que ce dernier résultat n'est pas en erreur d'un cinquantième; car le nombre à parier contre un, croît par la nature de son expression analytique, avec une grande rapidité, quand l'intervalle des limites de l'erreur augmente.

Newton avait trouvé, par les observations de Pound sur la plus grande élongation du quatrième Satellite de saturne, la masse de cette planète égale à la 3012e partie de celle du soleil; ce qui surpasse d'un sixième, le résultat de M. Bouvard. Il y a des millions de milliards à parier contre un, que celui de Newton est en erreur; et l'on n'en sera point surpris, si l'on considère l'extrême difficulté d'observer les plus grandes élongations des satellites de Saturne. La facilité d'observer celles des satellites de Jupiter, a rendu beaucoup plus exacte, la valeur de la masse de cette planète, que Newton a fixée, par les observations de Pound, à la 1067e partie de celle du soleil. M. Bouvard, par l'ensemble de cent vingt-neuf oppositions et quadratures de Saturne, la trouve un 1071e de cet astre; ce qui diffère très-peu de la valeur de Newton. Ma méthode de probabilité, appliquée aux cent vingt-neuf équations de condition de M. Bouvard, donne un million à parier contre un, que son résultat n'est pas en erreur d'un centième de sa valeur : il y a neuf cents à parier contre un, que son erreur n'est pas d'un cent cinquantième.

M. Bouvard a fait entrer dans ses équations, la masse d'Uranus comme indéterminée : il en a déduit cette masse, égale à la dix-sept mille neuf cent dix-huitième partie de celle du soleil. Les perturbations qu'elle produit dans le mouvement de Saturne, étant peu considérables; on ne doit pas encore attendre des observations de ce mouvement, une grande précision dans cette valeur. Mais il est si difficile d'observer les élongations des satellites d'Uranus; qu'on peut justement craindre une erreur considérable dans la valeur de sa masse, qui résulte des observations de M. Herschel. Il était donc intéressant de voir ce que donnent à cet égard les perturbations du mouvement de Saturne. Je trouve qu'il y a deux cent treize à parier contre un, que l'erreur du résultat de M. Bouvard, n'est pas un cinquième de sa valeur : il y a deux mille quatre cent cinquante-six à parier contre un, qu'elle n'est pas un quart. Après un siècle de nouvelles observations ajoutées aux précédentes et discutées de la même manière, ces nombres à parier croîtront au-delà de leurs quarrés ; on aura donc alors la valeur de la masse d'Uranus, avec une grande probabilité qu'elle sera contenue dans d'étroites limites.

Je viens maintenant à la loi de la pesanteur. Depuis Richer qui reconnut le premier, la diminution de cette force à l'équateur, par le ralentissement de son horloge transportée de Paris à Cayenne; on a déterminé l'intensité de la pesanteur dans un grand nombre de lieux, soit par le nombre des oscillations diurnes d'un même pendule, soit en mesurant directement la longueur du pendule à secondes. Les observations qui m'ont paru mériter le plus de confiance, sont au nombre de trente-sept, et s'étendent depuis 67 degrés de latitude boréale jusqu'à 51 degrés de latitude australe. Quoique leur marche soit fort régulière, elles laissent cependant à désirer une précision plus grande encore. La longueur du pendule isochrone, qui en résulte, suit à fort peu près la loi de variation la plus simple, celle du quarré du sinus de la latitude ; et les deux hémisphères ne présentent point à cet égard, de différence sensible, ou du moins qui ne puisse être attribuée aux erreurs des observations; mais s'il existe entre eux une légère différence, les observations du pendule, par leur facilité et par la précision qu'on peut y apporter maintenant, sont très-propres à la faire découvrir. M. Mathieu a bien voulu discuter, à ma prière, les observations dont je viens de parler; et il a trouvé que la longueur du pendule à secondes à l'équateur étant prise pour l'unité, le coefficient du terme proportionnel au quarré du sinus de la latitude, est cinq cent cinquante-un cent millièmes. Mes formules de probabilité, appliquées à ces observations, donnent deux mille cent vingt sept à parier contre un, que le vrai coefficient est compris dans les limites, cinq millièmes et six millièmes. Si la terre est un ellipsoïde de révolution, on a son aplatissement, en retranchant le coefficient de la loi de la pesanteur, de huit cent soixante-huit cent millièmes. Le coefficient cinq millièmes répond ainsi à l'aplatissement $\frac{1}{171}$; il y a donc quatre mille deux cent cinquante-cinq à parier contre un, que l'aplatissement de la terre est au dessous : il y a des millions de milliards à parier contre un, que cet aplatissement est moindre que celui qui répond à l'homogénéité de la terre, et que les couches terrestres augmentent de densité, à mesure qu'elles approchent du centre de cette planète. La grande régularité de la pesanteur à sa surface, prouve qu'elles sont disposées symétriquement autour de ce point. Ces deux conditions, suites nécessaires de l'état fluide, ne pourraient pas évidemment subsister pour la terre, si elle n'avait point eu primitivemnt cet état, qu'une chaleur excessive a pu seule donner à la terre entière.

Elémens elliptiques de la dernière comète.

ASTRONOMIE.

CETTE comète a été découverte au mois de mars dernier, par M. Olbers. Son ellipticité est assez sensible, et elle a été observée assez long-temps pour qu'on puisse calculer son orbite elliptique avec exactitude. Voici les élémens déterminés par M. Bessel, d'après l'ensemble de toutes les observations; MM. de Lindenau et Nicolaï en ont trouvé de très-peu différens.

Passage au périhélie,	août 26,00364 méridien de Paris.
Longitude du périhélie,	149°2′29″,1
Longitude du nœud,	83°28′46″,14
Inclinaison,	44°29′53″,7
Excentricité,	0,93112771
Demi-grand axe,	17,60964
Révolution sidérale,	73 ans,89682.
Mouvement direct.	

P.

Mémoire sur la théorie des ondes, déposé le 28 août, et lu le 2 octobre 1815; par M. POISSON.

MATHÉMATIQUES.
Institut.

NOUS supposerons que l'eau n'a reçu aucune percussion à l'origine du mouvement, et qu'elle a été dérangée de l'état d'équilibre, de la manière suivante, la plus facile à se représenter : on plonge dans l'eau, jusqu'à une petite profondeur, un corps de forme quelconque; on laisse au fluide le temps de revenir au repos, puis on retire subitement le corps plongé; il se forme autour de l'endroit qu'il occupait, des *ondes* dont il s'agit de déterminer la propagation, soit à la surface, soit dans l'intérieur de la masse fluide. Il n'est question, dans mon Mémoire, que du cas où les agitations de l'eau sont assez petites pour qu'il soit permis de négliger le quarré et les puissances supérieures des vitesses et des déplacemens de molécules; restriction sans laquelle le problême serait si compliqué, qu'on n'en pourrait espérer aucune solution. Je suppose la profondeur de l'eau constante dans toute son étendue, de sorte que le fond de l'eau est un plan fixe horizontal, situé à une distance donnée au dessous de son niveau naturel. Enfin j'ai traité successivement, dans le Mémoire, le cas d'un fluide contenu dans un canal vertical d'une largeur constante et d'une longueur indéfinie, et celui d'un fluide dont la surface s'étend indéfiniment dans tous les sens; mais, dans cet extrait, je me bornerai à faire connaître d'une manière succincte la solution relative au premier cas.

Prenons la densité de l'eau pour unité, et pour plan des coordonnées le plan d'une section verticale faite dans le sens de la longueur du canal; soient, pour une molécule quelconque, z l'ordonnée verticale comptée dans le sens de la pesanteur et à partir du plan du niveau, et x l'abscisse horizontale; désignons par p la pression qu'éprouve cette molécule, par g la gravité, et par t le temps écoulé depuis l'origine du mouvement: la théorie générale des petites oscillations du fluide que nous considérons sera comprise, comme on sait, (*) dans ces deux équations

$$\frac{d^2\varphi}{dx^2} + \frac{d^2\varphi}{dz^2} = 0, \qquad (1)$$

$$p = gz - \frac{d\varphi}{dt};$$

φ étant une certaine fonction de x, z et t, dont les différences partielles relatives à x et z représentent les vitesses horizontale et verticale de la molécule correspondante à ces coordonnées, de manière qu'on a

$$\frac{d\varphi}{dx} = \frac{dx}{dt}, \quad \frac{d\varphi}{dz} = \frac{dz}{dt}.$$

A la surface, la pression est nulle, ou bien elle est une constante qui peut être censée comprise dans la fonction φ; appelant donc z' l'ordonnée d'un point de la surface à un instant quelconque, on aura

$$gz' - \frac{d\varphi}{dt} = 0.$$

L'ordonnée z' étant très-petite, la quantité $\frac{d\varphi}{dt}$, l'est aussi, et du

(*) *Voyez* mon Traité de mécanique, tome II, page 493.

même ordre que les vitesses et les déplacemens des molécules. Puis donc qu'on néglige le quarré de ces quantités, il suffira de faire $z=0$ dans $\frac{d\varphi}{dt}$; et en différentiant par rapport à t, il faudra considérer x comme une constante. Donc, à cause de $\frac{dz'}{dt}=\frac{d\varphi}{dz}$, on aura

$$g\frac{d\varphi}{dz}-\frac{d^2\varphi}{dt^2}=0; \quad (2)$$

équation qu'il faut joindre à l'équation (1), mais en se souvenant qu'elle n'a lieu que pour la valeur particulière $z=0$.

Soit h la profondeur du fluide, qu'on suppose constante; la vitesse verticale demeure constamment nulle pour toutes les molécules qui touchent le fond de l'eau; on a donc

$$\frac{d\varphi}{dz}=0, \quad (3)$$

pour la valeur particulière $z=h$.

Les équations (1), (2), (3), sont les trois équations du problême, qu'il s'agit de résoudre simultanément.

Je satisfais à la première en prenant

$$\varphi=\Sigma\cos.(ax+b)\left(\mathrm{A}e^{-az}+\mathrm{B}e^{az}\right);$$

A, B, a, b étant des quantités indépendantes de x et z, et la caractéristique Σ, marquant la somme qu'on obtient en leur donnant toutes les valeurs possibles. Substituant dans l'équation (3), faisant $z=h$, et observant que cette équation doit être identique par rapport à x, on en conclut

$$\mathrm{A}e^{-ah}-\mathrm{B}e^{ah}=0;$$

d'où l'on tire

$$\mathrm{A}=\mathrm{T}e^{ah}, \quad \mathrm{B}=\mathrm{T}e^{-ah};$$

T étant une nouvelle indéterminée. La valeur de φ se change en

$$\varphi=\Sigma\mathrm{T}\left(e^{a(h-z)}+e^{a(z-h)}\right)\cos.(ax+b).$$

Il ne reste plus qu'à satisfaire à l'équation (2). Pour cela je regarderai T comme seule dépendante de t, et a et b comme des constantes absolues; différentiant par rapport à z et à t, faisant $z=0$, et substituant dans l'équation (2), qui doit être identique par rapport à x, il vient

$$\frac{d^2\mathrm{T}}{dt^2}+c^2\mathrm{T}=0,$$

en faisant, pour abréger,

$$c^2 = \frac{ga\left(e^{ah} - e^{-ah}\right)}{e^{ah} + e^{-ah}}.$$

L'intégrale complète de cette équation, est

$$\mathrm{T} = \mathrm{C}.\sin.\, ct + \mathrm{C}'.\cos.\, ct;$$

mais comme on veut que les vitesses initiales des molécules, c'est à dire, les valeurs de $\frac{d\varphi}{dx}$ et $\frac{d\varphi}{dz}$, qui répondent à $t = o$, soient nulles pour toute la masse fluide, il est aisé de voir qu'il faut rejeter le second terme de cette valeur, ou faire $\mathrm{C}' = o$: on aura alors simplement

$$\varphi = \Sigma\,\mathrm{C}\left(e^{a(h-z)} + e^{a(z-h)}\right)\cos.(ax+b).\sin.\, ct, \quad (4)$$

pour la valeur de φ, qui satifait à la fois aux équations (1), (2) et (3), et qui répond au cas des vitesses initiales nulles. L'équation de la surface qu'on en déduit est, à un instant quelconque,

$$gz' = \Sigma\,\mathrm{C}c\left(e^{ah} + e^{-ah}\right)\cos.(ax+b).\cos.\, ct;$$

et à l'origine du mouvement elle devient

$$z' = \Sigma\,\frac{\mathrm{C}c}{g}.\left(e^{ah} + e^{-ah}\right).\cos.(ax+b). \quad (5)$$

Sous cette forme de série, on ne peut rien conclure de ces valeurs relativement à la propagation des ondes; mais, au moyen d'un théorême très-simple sur la transformation des séries, il va nous être facile d'introduire dans la valeur générale de φ, la fonction arbitraire qui représente la valeur initiale de z'. Voici l'énoncé de ce théorême, qui, je crois, n'avait pas encore été remarqué.

Quelle que soit la fonction fx, continue ou discontinue, pourvu qu'elle ne devienne infinie pour aucune valeur réelle de x, on aura pour toutes les valeurs réelles de cette variable

$$fx = \frac{1}{\pi}.\iint f\alpha.\cos.(ax - a\alpha)\, e^{-ka}\, da\, d\alpha; \quad (6)$$

π désignant le rapport de la circonférence au diamètre; l'intégrale double étant prise depuis $a = o$ jusqu'à $a = \frac{1}{o}$, et depuis $\alpha = -\frac{1}{o}$ jusqu'à $\alpha = +\frac{1}{o}$; et k désignant une quantité positive qu'on devra supposer infiniment petite ou nulle après l'intégration.

Un théorême semblable a lieu pour les fonctions de deux ou d'un plus grand nombre de variables; la démonstration étant facile à suppléer, nous la supprimons dans cet extrait. Pour en faire l'application à la question présente, je suppose que la valeur initiale de z' soit

$$z' = fx,$$

qu'il s'agit de faire coïncider avec la valeur donnée par l'équation (5). Or, en comparant celle-ci à l'équation (6), il est évident qu'on les rendra identiques en prenant

$$b = -a\alpha, \quad C = \frac{g e^{-ak}\, da\, d\alpha}{\pi c\left(e^{ah} + e^{-ah}\right)},$$

et changeant le signe Σ en une intégrale double relative à a et α, et prise entre les limites qu'on vient d'assigner. De cette manière, la valeur générale de φ, donnée par l'équation (4), prend la forme:

$$\varphi = \frac{g}{\pi} \cdot \iint \left[\frac{e^{a(h-z)} + e^{a(z-h)}}{e^{ah} + e^{-ah}}\right] . \cos. (ax - a\alpha) . \frac{\sin. ct}{c} . f\alpha\, da\, d\alpha;$$

où l'on a supprimé l'exposant infiniment petit ak, par rapport aux exposans $a(h-z)$ et $a(z-h)$.

Cette formule renferme la solution complète du problême, car on en déduit, par de simples différentiations par rapport à x, z et t, les vitesses horizontale et verticale du fluide en un point quelconque, la pression que ce point éprouve, et l'ordonnée z' de la surface; quantités qui seront toutes exprimées sous forme finie, par des intégrales définies doubles. Lorsque l'on considère les deux dimensions horizontales du fluide, on trouve, par une analyse toute semblable à celle que je viens d'exposer, une valeur de φ exprimée par une intégrale définie quadruple.

Si l'on suppose la profondeur h très-petite, et qu'on néglige ses puissances supérieures à la première, la valeur ci-dessus de c se réduira à $c = gha$, au moyen de quoi les intégrales définies disparaissent dans l'expression de φ et des quantités qui s'en déduisent. J'ai fait voir en effet dans mon Mémoire, et il est facile de vérifier, que la valeur de z' devient alors

$$z' = \frac{d\varphi}{g\,dt} = \tfrac{1}{2}\left(f(x + t\sqrt{gh}) + f(x - t\sqrt{gh})\right).$$

Intégrant par rapport à t, puis différentiant par rapport à x, on a en même temps

$$\frac{dx}{dt} = \frac{d\varphi}{dx} = \frac{\sqrt{g}}{2\sqrt{h}} . \left(f(x + t\sqrt{gh}) - f(x - t\sqrt{gh})\right).$$

Ces valeurs de l'ordonnée z' et de la vitesse horizontale $\frac{dx}{dt}$, reviennent, pour le cas que nou considérons, à la solution que

Lagrange a donnée à la fin de la Mécanique analytique, et suivant laquelle les ondes se propagent, comme le son, avec une vitesse constante, indépendante de l'ébranlement primitif et proportionnelle à la racine carrée de la profondeur du fluide. Ce grand géomètre croit pouvoir étendre les conclusions de son analyse, au cas d'une profondeur indéfinie, en observant que, d'après l'expérience, le mouvement produit à la surface ne se transmet sensiblement qu'à une très-petite profondeur, qu'il suppose donnée par l'observation, et qu'il prend pour la quantité que nous avons appelée h. Mais une considération fort simple suffit pour prouver que les choses ne se passent pas ainsi; car le mouvement n'étant pas interrompu brusquement dans le sens vertical, la profondeur à laquelle il est permis de regarder les oscillations de l'eau comme insensibles, n'est pas une quantité déterminée qui puisse entrer, comme on le suppose, dans l'expression de la vitesse à la surface. Dans le cas d'une profondeur infinie, les seules lignes déterminées qui soient comprises parmi les données de la question, sont les dimensions du corps plongé qui a produit les ondes, et l'espace qu'un corps pesant parcourt dans un temps déterminé : la vitesse des ondes ne peut donc être fonction que de ces deux sortes de lignes; par conséquent, si elle est indépendante de l'ébranlement primitif, il faudra, d'après le principe de l'homogénéïté des quantités, que l'espace parcouru par les ondes dans un temps quelconque t, soit égal à l'espace $\frac{1}{2}.\,gt^2$, multiplié par un nombre abstrait indépendant de toute unité de temps ou de ligne. Alors le mouvement des ondes serait uniformément accéléré : si l'on veut, au contraire, qu'il soit uniforme, il faudra nécessairement, d'après le même principe de l'homogénéité, que la vitesse dépende de l'ébranlement primitif, de manière que l'espace parcouru dans le temps t soit une moyenne proportionnelle entre la ligne $\frac{1}{2}.\,g\,t^2$ et l'une des dimensions, ou plus généralement, une fonction linéaire des dimensions du corps plongé. C'est au calcul à décider lequel de ces deux mouvemens a effectivement lieu; mais on voit, *à priori*, qu'ils sont l'un et l'autre également contraires au résultat de la Mécanique analytique. 1815.

Il était bon pour la généralité, et même aussi pour la rigueur de l'analyse, de considérer, comme je l'ai fait d'abord, le cas d'une profondeur quelconque; mais je me suis ensuite spécialement attaché à examiner le cas qui se présente le plus communément dans la nature, celui où la profondeur de l'eau est infinie, ou du moins très-grande par rapport aux oscillations des molécules. En faisant, dans ce cas, $h = \frac{1}{0}$, la valeur de c se réduit à $c = \sqrt{ga}$, et l'expression générale de la fonetion φ, devient

$$\varphi = \frac{g}{\pi} \iint e^{-az}.\cos.(ax - a\alpha).\frac{\sin.\, t\sqrt{ga}}{\sqrt{ga}}.f\alpha\, da\, d\alpha.$$

Je renvoie à un second article le développement des conséquences qui se déduisent de cette formule ; j'observerai seulement que cette valeur particulière de φ, satisfait, pour toutes les valeurs de z, à l'équation (2), tandis que la valeur générale n'y satisfaisait que pour $z=0$; de là il résulte qu'en différentiant la pression p par rapport à t, on a identiquement

$$\frac{dp}{dt}=g\frac{dz}{dt}-\frac{d^2\varphi}{dt^2}=0;$$

ce qui montre que, dans le cas d'une profondeur infinie, la pression est indépendante du temps, c'est-à-dire, qu'une même molécule éprouve la même pression pendant toute la durée du mouvement.

La question que j'ai traitée dans ce Mémoire, a été proposée par l'Institut pour sujet du prix de 1816. Une pièce reçue à l'expiration du concours, le 30 septembre dernier, et qu'on ne peut attribuer qu'à un très-habile géomètre, renferme, pour le cas d'une profondeur infinie, que l'auteur a considéré directement, des formules semblables à celles de mon Mémoire. Nous en rendrons compte aussitôt après le jugement que la classe en aura porté. P.

Sur la cause de la coloration des corps ; par M. Biot.

Parmi les observations propres à montrer que les couleurs constantes des corps dépendent uniquement du mode d'aggrégation de leurs particules, on en trouverait je crois *difficilement une plus frappante que* la suivante, qui cependant n'a pas été envisagée sous ce point de vue ; elle est due à M. Thénard. Ce chimiste ayant distillé avec soin du phosphore à sept à huit reprises, dans la vue de l'obtenir extrêmement pur, trouva qu'il avait acquis, après ces opérations, une propriété nouvelle et inattendue. Si on le fondait dans de l'eau chaude, il devenait transparent et d'un blanc jaunâtre, comme c'est l'ordinaire. Le laissait-on refroidir lentement, il se solidifiait en conservant cette couleur, et restait à demi-transparent ; mais si, dans le temps qu'il était fondu, on le jetait dans de l'eau froide, en l'agitant avec un tube de verre pour lui imprimer un refroidissement brusque, il devenait subitement opaque et absolument noir. Cependant il n'avait point changé de nature ; car, en le faisant de nouveau fondre, il reprenait sa couleur jaune et sa transparence, et les gardait en se solidifiant, si on le laissait refroidir avec lenteur : de sorte que le même morceau solide de phosphore pouvait à volonté être rendu successivement jaune ou noir, trasparent ou opaque. Cette observation remarquable montre bien, de la manière la plus palpable, que la transparence ou l'opacité, la coloration ou la privation de toute couleur ne sont que des modifications résultantes de l'arrangement et des dimensions des groupes matériels dont les corps se composent. En répétant cette expérience avec M. Clément, sur une certaine quantité de ce phosphore que M. Thénard nous avait donnée, nous eûmes occasion d'observer un phénomène qui rend cette transition d'état encore plus frappante. Ayant jeté notre phosphore fondu dans de l'eau froide, un certain nombre de petits globules, dix ou douze peut-être, restèrent disséminés de divers côtés, sans perdre leur liquidité ni leur transparence. Il paraît que, soit par le peu de froideur de l'eau, soit par toute autre cause, leurs molécules s'arrangeaient peu à peu comme par l'effet d'un refroidissement lent; mais si l'on touchait seulement un d'entre eux avec l'extrémité d'un tube de verre, ce léger mouvement, ou peut-être le seul effet d'attraction de la matière solide du verre, déterminait aussitôt la solidification du globule, et il devenait en même temps absolument noir. Cette épreuve, répétée successivement sur tous, fut toujours suivie du même succès. Le plus léger ébranlement suffisait donc alors pour déterminer les particules à s'arranger de l'une ou de l'autre manière. C'est ainsi que lorsque l'eau a été abaissée de quelques degrés au-dessous du point de la glace fondante, sans cesser d'être liquide, l'injection du plus petit cristal de glace, ou je crois même d'un petit corps solide quelconque qui peut être mouillé par l'eau encore liquide, y détermine à l'instant la congélation.

J'ajouterai ici une belle expérience de M. Brewster, qui me paraît des plus propres à confirmer l'influence que l'arrangement des parties matérielles peut avoir en une infinité de circonstances sur la coloration. Tout le monde connaît les couleurs vives et brillantes que présente la nacre de perle. Il semble bien qu'elles sont propres à cette substance, autant que celles de tout autre corps naturel; cependant elles résultent uniquement de la constitution de sa surface, et des petites rides imperceptibles qui la sillonnent, sans aucun rapport avec la nature de ces particules. Car, si l'on prend l'empreinte de la nacre comme celle d'un cachet sur de la cire noire bien fine, sur de l'alliage de Darcet en fusion, ou enfin sur toute autre substance susceptible de se mouler dans ses ondulations, les surfaces de ces substances acquièrent la même faculté que celle de la nacre, et font voir les mêmes couleurs.

I. B.

Mémoire sur le genre Sclerotium, *et en particulier sur l'Ergot des céréales; par M.* de Candolle.

Botanique.

Institut. 18 septembre 1815.

Le but de ce Mémoire est d'établir que l'ergot du seigle et des autres graminées est un champignon parasite, qui se développe dans l'ovaire de ces plantes et en occupe la place. Pour faire concevoir ses preuves, l'auteur a été obligé de donner l'histoire du genre encore peu connu dont l'ergot fait partie.

Le genre des sclerotiums a été établi par Tode (Fung. mekl. 1, p. 2), en 1790, et n'a fait encore le sujet des recherches que de très-peu de naturalistes. Il se compose de petites fongosités, charnues à l'intérieur, arrondies, ovales ou allongées, de forme peu constante, toujours dépourvues de racines et d'appendices. Leur substance interne est dure, absolument dépourvue des veines qui rendent la chair des truffes marbrée. La peau qui recouvre cette chair est lisse dans sa jeunesse, puis un peu ridée et souvent légèrement pulvérulente; sa couleur est blanche ou jaune dans quelques espèces, le plus souvent noire ou d'un pourpre foncé. Les sclerotiums ont été considérés jusqu'ici comme analogues aux truffes; mais ils paraissent beaucoup plus voisins des clavaires et des helvelles, et appartenir par conséquent à la division des champignons à spores situés à l'extérieur. Ils croissent, comme les clavaires, dans des situations très-diverses; sous terre, comme le *sclerotium subterraneum;* dans la tannée, comme le *sclerotium vaporarium;* sous les tas de mousses, comme le *sclerotium muscorum;* sur la terre, sous les bouses de vache, comme le *sclerotium stercorarium;* sur les nervures des choux enfouis en terre, comme le *sclerotium brassicœ*, etc.; il en est qui naissent sur les végétaux mourans comme le *sclerotium populneum*, sur les feuilles du peuplier; le *sclerotium salicinum*, sur celles du saule, etc.; d'autres, tels que le *sclerotium compactum,* vivent sur le réceptacle des composées vivantes, et le *sclerotium durum* dans l'intérieur des tiges de gentianes; il en est enfin qui sont de vraies parasites comme le *sclerotium cyparissiœ* (1). Ces champignons qui naissent à l'état pulpeux, offrent ceci de singulier, de perdre souvent leur forme naturelle, pour se mouler sur les corps qu'ils approchent; ainsi le *sclerotium compactum,* lorsqu'il croît sur les graines du soleil, offre l'empreinte concave de leurs moindres aspérités.

L'ergot est une production parasite comme plusieurs sclerotes, qui a comme eux une station déterminée sur certains végétaux; il se développe dans l'ovaire des graminées comme plusieurs champignons bien connus pour tels; il offre absolument la nature, la couleur, la forme, la texture des sclerotiums; sa chair est blanche, ferme, homogène, compacte; sa superficie d'un pourpre noirâtre; son apparence absolument analogue aux *sclerotium compactum* et *stercorarium*, sa forme est cylindracée, souvent marquée d'un sillon longitudinal, dû à ce que le champignon,

(1) Voyez, pour les caractères de ces diverses espèces de sclerotiums, le *supplément* ou tome cinquième de la *Flore française*, qui vient de paraître chez Desray, rue Hautefeuille, n° 4, à Paris.

s'est, dans sa jeunesse, moulé sur l'enveloppe de la graine : son développement est favorisé par l'humidité comme tous les champignons. Tous les détails de sa manière de croître s'expliquent très-naturellement par cette opinion : sa nature chimique elle-même est plus analogue à celle des champignons qu'à celle des graines de graminées; il attaque un grand nombre d'espèces de graminées différentes comme le font plusieurs espèces de *puccinia*, d'*uredo* et d'*œcidium*; enfin l'odeur, la saveur, et les propriétés vénéneuses de l'ergot, semblent d'accord avec sa nature fongueuse. On sait que l'usage du pain, fait avec le seigle ergotté, cause des maladies graves, telles que la gangrène sèche de la Sologne, et sous ce rapport, il est très-important d'établir la manière de détruire cette production dangereuse ou de prévenir sa naissance. M. de Candolle propose, que dans les pays sujets à l'ergot, on oblige les propriétaires à fournir chaque année, à leur mairie, une mesure convenue d'ergot qu'on ferait détruire sur-le-champ. Ce moyen aurait l'avantage immédiat de détruire une certaine quantité de cette matière vénéneuse; et si l'opinion de l'auteur sur la classification de l'ergot est vraie, on aurait encore l'avantage de détruire ses corpuscules reproducteurs, et d'en diminuer peu à peu la propagation.

L'auteur désigne l'ergot sous le nom de *sclerotium clavus*, et le carractérise par cette phrase : *Sclerotium corniforme cylindraceum sulco longitudinali interdùm notatum intùs album extùs purpuro-nigrum. Hab. ovarii loco intrà glumas graminum et prœsertìm secali parasiticum.*

Extrait d'un troisième Mémoire de M. Henri Cassini, *sur les Synanthérées* (1).

Institut. 19 décembre 1814.

Après avoir analysé *le style et le stigmate* des synanthérées dans son premier Mémoire, et *les étamines* dans le second, M. Henri Cassini analyse *la corolle* dans son troisième Mémoire, qui a été lu à l'Institut le 19 décembre 1814.

Il établit d'abord, comme un principe très-important, que chez les synanthérées toute corolle qui n'est point accompagnée des étamines est défigurée ou altérée dans ses caractères primitifs les plus essentiels par une sorte de monstruosité héréditaire, d'où il suit que les corolles des lactucées et les corolles extérieures des capitules radiés, quoique semblables en apparence, n'ont réellement aucune analogie, et que par conséquent les botanistes ont eu grand tort de les confondre sous la dénomination commune de *demi-fleurons*.

---

(1) L'extrait du premier Mémoire se trouve dans le Bulletin de décembre 1812, et celui du second Mémoire dans la livraison d'août 1814.

L'avortement des étamines a causé la déformation de l'organe qui a le plus d'affinité avec elles, et qui leur est intimement uni. Rien ne prouve mieux les rapports qui existent entre la corolle et les étamines.

Ainsi rejetant les corolles des fleurs femelles et neutres, l'auteur n'admet, pour concourir à caractériser la famille et ses tribus, que les corolles des fleurs hermaphrodites ou mâles.

Cela posé, M. Henri Cassini reconnaît, dans la corolle des synanthérées, trois caractères principaux qui appartiennent à toute la famille sans exception, et qui la distinguent de toutes les autres familles du règne végétal.

1.° *Chacun des cinq pétales dont se compose la corolle est muni de deux nervures très-simples qui le bordent d'un bout à l'autre des deux côtés, et confluent par conséquent au sommet.* Ce caractère est probablement le plus notable de tous ceux que présente la famille; car il paraît qu'il ne se rencontre nulle part dans le règne végétal ailleurs que chez les synanthérées; c'est pourquoi l'auteur du Mémoire propose de désigner cette famille par le nom de *névramphipétales* (1).

2.° *Durant la préfleuraison les cinq lobes de la corolle, formés par la partie supérieure libre des pétales, sont immédiatement rapprochés par les bords sans se recouvrir aucunement.* L'auteur pense que l'exacte clôture de la corolle en préfleuraison n'a pour but que de garantir l'organe mâle; car, dans les fleurs femelles, la corolle est entr'ouverte dès le premier âge, de sorte que le stigmate est découvert.

3.° *L'assemblage des cinq pétales constitue un* TUBE *et un* LIMBE, *qui diffèrent l'un de l'autre par la forme, par la substance et par l'ordre des développemens*, comme l'*onglet* d'un pétale d'œillet diffère de sa *lame*, ou comme le *pétiole* d'une feuille diffère de son *disque*.

Quoique M. Henri Cassini, à l'exemple de M. de Candolle, considère la corolle des synanthérées comme composée de cinq pétales entregreffés, il ne prétend pas pour cela que les cinq pétales aient été séparés dans l'origine, et se soient soudés depuis : c'est un fait impossible à vérifier, et que par conséquent il se garde bien d'affirmer; mais il l'admet comme une *hypothèse* qui exprime exactement les analogies, et représente avec fidélité les affinités naturelles.

Il démontre que l'enveloppe florale des synanthérées doit être considérée comme une corolle, quoiqu'elle offre l'apparence d'un calyce chez les ambrosiacées, d'où il conclut que la nature confond souvent

(1) Dans ses *Remarques générales sur la botanique des terres australes*, livre écrit en anglais, et publié à Londres en 1814, M. Brown indique aussi ce caractère; mais M. Henri Cassini l'avait déjà annoncé dans un précédent Mémoire.

par des nuances le calyce et la corolle, et que, pour les distinguer, l'analogie est un guide plus sûr que nos subtiles définitions.

Combinant ses observations sur la corolle des synanthérées avec celles qu'il a faites précédemment sur le style et le stigmate, et sur les étamines de cette même famille, M. Henri Cassini est conduit à proposer maintenant une classification un peu différente de celle qu'il avait présentée dans ses deux premiers Mémoires.

D'abord il reconnaît, avec M. de Candolle, que les synanthérées doivent régulièrement être considérées comme une *famille*, et non comme une *classe* du règne végétal.

Considérant ensuite que, des trois ordres admis dans cette prétendue classe, celui des lactucées est le seul qui soit parfaitement naturel, et que les deux autres peuvent être divisés en plusieurs groupes aussi naturels que celui des lactucées, il se détermine à abandonner entièrement le système adopté par les botanistes, et à en créer un nouveau suivant lequel la famille des synanthérées offre une série continue de dix-sept tribus naturelles, dans lesquelles il distribue environ cent soixante genres qu'il a complètement ou suffisamment analysés.

Ces tribus sont: 1.° les *lactucées*, 2.° les *labiatiflores*, 3.° les *carduacées*, 4.° les *carlinées*, 5.° les *xéranthémées*, 6.° les *échinopsidées*, 7.° les *arctotidées*, 8.° les *calendulacées*, 9.° les *hélianthées*, 10.° les *ambrosiacées*, 11.° les *anthémidées*, 12.° les *inulées*, 13.° les *astérées*, 14.° les *sénécionées*, 15.° les *tussilaginées*, 16.° les *eupatoriées*, 17.° les *vernoniées*.

L'auteur croit pouvoir s'applaudir de l'enchaînement de cette série, et pourtant il ne se dissimule pas que des tribus liées entre elles par des rapports d'affinité nombreux et importans, se trouvent situées précisément aux deux extrémités opposées. Pour concilier la conservation de cet enchaînement avec le rapprochement des tribus dont il s'agit, il convertit la série droite en une *série circulaire*, qui rapproche en effet les vernoniées et les eupatoriées des lactucées et des carduacées sans troubler les autres rapports.

M. Henri Cassini saisit cette occasion d'exhorter les botanistes à imiter la méthode des géographes, qui, forcés dans leurs livres de décrire les diverses régions du globe dans un ordre successif nécessairement arbitraire, joignent à leurs discours des cartes ou figures qui rétablissent les choses dans leur ordre naturel.

La plupart des tribus sont plus ou moins bien caractérisées tout à la fois et par le style et le stigmate, et par les étamines, et par la corolle. Mais la valeur relative des caractères fournis par ces trois organes n'est pas la même dans toutes les tribus : nouvelle preuve qu'en botanique l'évaluation des caractères ne peut être établie rationnellement, et qu'il est même impossible d'en généraliser l'évaluation empirique. Ajoutez, à l'appui de cette proposition, que l'un des principaux caractères fournis par la corolle, pour définir la plupart des tribus, est pris de la structure et de la situation de ses poils, qui, dans cette famille, présentent des formes aussi variées que bizarres. Ce chét'f organe caractérise aussi fort bien les genres dans la tribu des lactucées.

Ne pouvant suivre l'auteur dans le détail des caractères qu'il assigne à chacune de ses tribus, nous nous bornerons à en extraire quelques observations qui nous paraissent dignes de remarque.

M. Henri Cassini démontre, jusqu'à la dernière évidence, que la corolle des lactucées, bien loin de ressembler aux demi-fleurons des radiées, a la plus grande analogie avec la corolle des carduacées, et qu'elle n'en diffère essentiellement que par l'énorme disproportion des incisions du limbe, dont l'une est excessivement longue, tandis que les quatre autres sont excessivement courtes. Il y a encore cette différence entre les corolles des deux tribus, que, chez les lactucées, les corolles d'un même capitule deviennent très-inégales en fleurissant, celles de la circonférence (qui s'épanouissent toujours les premières) s'allongeant beaucoup, et les autres d'autant moins qu'elles sont plus près du centre; disposition qui a le même but que la profonde incision du limbe, celui de dégager et mettre à découvert les organes sexuels. Chez les carduacées, au contraire, les corolles d'un même capitule s'allongent beaucoup par le tube en fleurissant; mais elles s'allongent toutes également, quoique successivement.

Certaines corolles de lactucées ont offert à M. Henri Cassini des poils fort remarquables, qu'il nomme poils *entregreffés,* parce qu'ils paraissent composés de plusieurs poils articulés inégaux, rassemblés en faisceau, et soudés ensemble. Il annonce que les poils de cette sorte sont très-communs sur l'ovaire des synanthérées.

Ce n'est que *provisoirement* qu'il admet comme tribu dans sa série les labiatiflores de MM. de Candolle et Lagasca. Il attache peu d'importance à la labiation de la corolle; mais il ne peut porter aucun jugement sur ces plantes, avant d'avoir bien examiné des fleurs réellement *hermaphrodites* en bon état, et notamment leur style et leur stigmate.

La corolle des carduacées offre aussi une sorte de labiation. Chez cette même tribu, il se forme, vers l'époque de la fleuraison, dans l'intérieur de la substance du tube de la corolle, cinq lacunes closes de toutes parts, qui règnent d'un bout à l'autre entre les nervures.

Les échinopsidées qui avaient déjà offert à l'auteur un singulier caractère dans la position très-insolite du point de libération des étamines, lui en ont offert d'autres non moins extraordinaires dans la structure de la corolle, remarquable surtout par un petit appendice en forme d'écaille courte, denticulée, située transversalement sur la face intérieure de chaque lobe, à l'endroit où il se coude brusquement en dehors.

La corolle ne paraît pas pouvoir fournir aucun caractère à la tribu des eupatoriées, dans laquelle l'auteur range le genre *liatris*, qui a effectivement le style et le stigmate de cette tribu, mais dont la corolle est analogue à celle des vernoniées.

M. Henri Cassini s'est vu contraint de faire six genres nouveaux pour éviter que le même nom générique se trouvât répété dans plusieurs tribus, lorsque les botanistes, méconnaissant les affinités naturelles, ont réuni dans un même genre des espèces appartenant à des tribus différentes.

Ainsi, le *cineraria amelloides* L. ayant tous les caractères de la tribu des astérées, ne peut rester dans le genre *cineraria*, qui appartient à la tribu des sénécionées; et cette plante ayant l'involucre simple et les feuilles opposées, ne doit pas être incorporée dans le genre *aster*, déjà beaucoup trop nombreux. C'est pourquoi M. Henri Cassini en fait un nouveau genre sous le nom d'*agatœha*.

C'est par des motifs semblables qu'il propose les nouveaux genres *alfredia* (*cnicus cernuus* L.), *diomedea* (*buphtalmum frutescens* L.), *florestina* (*stevia pedata* Willd.), *jasonia* (*erigeron longifolium*, *E. fœtidum*), *aurelia* (*inula glutinosa*).

M. Henri Cassini ne peut, quant à présent, classer dans aucune tribu le *doronicum*, le *kleinia porophyllum* et le *lagasca*. Cette dernière synanthérée est très-remarquable en ce que l'ovaire de chaque fleur est engaîné dans un étui complet absolument analogue à celui des dipsacées.

L'auteur termine son Mémoire par des considérations générales fort étendues sur la théorie des classifications naturelles, par lesquelles il s'efforce de réfuter les objections qui ont été faites contre son travail. La multiplicité des caractères qu'il admet, la prolixité de leur signalement, les nombreuses et graves exceptions qui les démentent, la minutie et l'équivoque de ces caractères souvent réduits à des nuances indécises; la difficulté, la complication et les hésitations fréquentes de sa classification; enfin l'impossibilité d'approprier cette classification à l'usage habituel dans la pratique ordinaire de la botanique; tous ces défauts, ou plutôt tous ces inconvéniens, ne sauraient être imputés à l'auteur, si, comme il croit le démontrer, ils résultent nécessairement de la nature même des choses.

(Cet article nous a été communiqué par M. de Cassini.)

B. M.

Sur une manière d'imiter artificiellement les phénomènes des couleurs produites par l'action des lames minces de mica sur des rayons polarisés ; par M, Biot (1).

Société d'Arcueil.
29 mai 1815.

En cherchnt par l'expérience le mode progressif suivant lequel la polarisation s'opère dans un assez grand nombre de corps cristallisés (2), j'ai été conduit à voir que les singuliers phénomènes de coloration produits sur des rayons polarisés, par les lames de mica bien diaphanes et régulières, tenaient à l'action simultanée de denx axes rectangulaires situés l'un dans le plan des lames, et l'autre perpendiculairement à ce plan. Le détail des expériences et leur accord avec la théorie des oscillations ne me laissaient aucun doute sur l'existence de ces deux genres de force; j'en ai conclu que si l'on pouvait avec d'autres corps composer des systêmes de forces semblables, ces systêmes devraient, si la théorie était juste, produire les mêmes séries de couleurs que le mica; c'est aussi ce que l'expérience a confirmé.

D'abord, pour imiter les forces dirigées dans le plan des lames, j'ai employé une lame mince de chaux sulfatée qui, sous l'incidence perpendiculaire, polarisait l'indigo du second ordre. J'ai en effet reconnu dans ces lames l'existence d'un axe, duquel émanent des forces analogues à celles dont je viens de parler.

Ensuite, pour produire la force perpendiculaire, j'ai d'abord employé une de ces lames minces de mica qui n'ont point d'axe situé dans le plan de leurs lames; on est assuré de cette circonstance, parce qu'elles n'indiquent aucune apparence de section principale sous quelque incidence qu'on les mette, et qu'elles donnent constamment les mêmes teintes sous chaque incidence quand on les tourne dans leur plan.

J'ai placé cette lame de mica sur la lame de chaux sulfatée : cela n'a rien changé aux couleurs données par cette dernière sous l'incidence perpendiculaire. Mais en inclinant le systême dans l'azimuth de 45°, j'ai vu les couleurs changer progressivement dans l'ordre des anneaux, précisément comme dans le mica. Lorsque l'axe de la lame de chaux sulfatée était dirigé dans le plan d'incidence, et qu'on inclinait le systême des deux lames, le rayon extraordinaire, polarisé

---

(1) Ce Mémoire était destiné à entrer dans un autre recueil, c'est ce qui en a retardé la publication.

(2) J'ignorais alors que ce mode était le même pour tous les cristaux ; je l'ai prouvé depuis.

par ce systême, commençait par monter dans l'ordre des anneaux précisément comme si le systême fût devenu plus mince; c'est-à-dire qu'il passait de l'indigo du second ordre au violet, puis au rouge du premier ordre, à l'orangé, au jaune pâle, au blanc, au bleu, et enfin au noir; après quoi, en inclinant toujours, les teintes redescendaient de nouveau dans le même ordre, d'abord au blanc, puis au jaune, etc. La lame de chaux sulfatée seule, dans les mêmes circonstances, et inclinée de même, ne montait que de l'indigo au violet et au rouge du premier ordre, mais elle n'allait pas plus loin. Voilà ce qui avait lieu quand l'axe de la lame de chaux sulfatée était tourné dans le plan d'incidence. Mais si l'on y plaçait la ligne perpendiculaire à cet axe, ce qui augmentait la longueur du trajet de particules, en laissant la force répulsive constante, les phénomènes étaient opposés; les teintes du rayon extraordinaire descendaient constamment dans l'ordre des anneaux, comme si le systême fût devenu plus épais; c'est-à-dire qu'en partant de l'indigo du second ordre, elles passaient au bleu, au vert blanchâtre, au jaune brillant, à l'orangé, au rouge, au pourpre, tandis que la lame de chaux sulfatée seule, dans les mêmes circonstances, n'aurait descendu tout au plus que jusqu'au vert blafard et imparfait du second ordre. Du reste, on ne changeait rien aux phénomènes si, sans toucher à la lame de chaux sufatée, on faisait tourner la lame de mica sur son plan, ce qui est tout simple, puisque la force exercée par cette lame émane d'un axe perpendiculaire à ce plan lui-même.

Tous ces résultats pouvaient se prévoir rigoureusement par la théorie. Soient, fig. 1, CZ, CX, deux axes rectangulaires, perpendiculaires au rayon incident, et dont le premier, CZ, représentera la direction primitive de sa polarisation; soit CA l'axe de la lame de chaux sulfatée, tourné dans l'azimuth ACZ, que je supposerai tout de suite de 45°, afin de rendre les phénomènes plus sensibles. Le rhomboïde qui sert pour analyser la lumière a sa section principale située dans l'azimuth o. Alors, sous quelque incidence qu'on place le systême, la lumière commence à osciller dans cette lame, que je suppose exposée la première au rayon. Une partie des molécules lumineuses fait un nombre d'oscillations impair, et tourne ses axes dans un azimuth égal à deux fois 45°, ou à 90°. Cette portion forme le faisceau spécialement polarisé par la lame, et sa teinte, sous l'incidence perpendiculaire, est l'indigo du second ordre. Le reste des molécules lumineuses ayant fait un nombre d'oscillations pair, reprend sa polarisation primitive suivant CZ, et, traversant le rhomboïde, y forme un faisceau ordinaire d'un vert pâle, complément de l'indigo du second ordre. Voilà donc deux faisceaux qui sortent de la première lame, l'un polarisé suivant CX, l'autre suivant CZ; c'est alors qu'ils subissent l'action de l'axe de la lame de mica. Cet axe étant incliné dans le plan d'incidence, exerce sa force à droite et à gauche de ce plan. Or les observations nous apprennent que cette force est répulsive, c'est-à-dire qu'elle tend à repousser les axes de polarisation des molécules lumineuses, que C A attirait; en sorte qu'elle fait osciller ces axes dans le sens XZ′X′Z et ZX′Z′X, au lieu que CA les faisait osciller dans le sens ZAX et XAZ. Par conséquent l'axe de la lame de mica produit sur les couleurs le même effet que produirait un axe attractif qui serait dirigé suivant BB′ à angle droit sur CA. Une partie des molécules qui formaient le faisceau CX dans la première lame reste polarisée dans cette direction, après avoir fait un nombre d'oscillations paires dont les limites sont CX et CZ, et la direction XZ′X′Z. Une autre partie fait un nombre d'oscillations impaires dans les mêmes limites, et se trouve ramenée dans la polarisation primitive CZ. La même chose arrive aux molécules de l'autre faisceau, qui, en sortant de la première lame, était polarisé suivant CZ. Si l'incidence est telle que l'action répulsive de la plaque de mica soit égale à l'action attractive de l'axe CA; alors tout le faisceau qui avait changé de polarisation dans la première lame en change aussi dans la seconde, parce qu'il y fait également le même nombre impair d'oscillations, et il se trouve ramené suivant CZ en parcourant l'arc XZ′X′Z′; de même le faisceau qui avait conservé sa polarisation dans la première lame la conserve dans la seconde, parce qu'il y fait encore un nombre d'oscillations pair, et ainsi il reste dirigé comme auparavant; alors toute la lumière incidente se trouve avoir repris sa polarisation primitive quand elle a traversé le système entier des deux lames, et le rayon extraordinaire donné par le rhomboïde est nul. Généralement, la teinte extraordinaire qui s'obtient sous chaque incidence est la même que celle qui serait produite par une seule lame égale en épaisseur à la différence des actions que les deux lames exercent. Il se passe ici absolument la même chose que dans les plaques de chaux sulfatée dont les axes sont croisés à angles droits; car on pourrait à l'axe répulsif de la lame de mica dirigé suivant CA dans notre expérience, substituer un axe attractif dirigé suivant la ligne BB′, rectangulaire sur CA, et alors les circonstances deviennent absolument pareilles à celles que présentent les lames croisées rectangulaires, lorsque les axes sont situés dans leur plan (1).

La même théorie montre également pourquoi, lorsque l'axe de la lame est perpendiculaire au plan d'incidence, les couleurs du rayon

(1) J'ignorais alors l'existence générale de deux forces de double réfraction, l'une attractive, l'autre répulsive, ce phénomène en était le premier indice.

extraordinaire descendent constamment dans l'ordre des anneaux; car alors l'action répulsive de l'axe, s'exerçant toujours à droite et à gauche du plan d'incidence, agit dans le même sens que le premier axe attractif CA qui se trouve alors tourné perpendiculairement à ce plan; ainsi les molécules lumineuses, après être sorties de la lame de chaux sulfatée, continuent leurs oscillations dans la plaque de mica, comme elles auraient fait, si les premières forces qui les sollicitaient eussent continué d'agir dans le même sens, mais avec une intensité différente. Les circonstances sont alors absolument pareilles à ce qui arrive lorsque la lumière traverse successivement plusieurs lames de chaux sulfatée, dont les axes sont disposés parallèlement; l'action totale du systême est égale à la somme des actions des lames superposées.

Comme les lames de mica qui n'ont point d'axe dans le plan de leurs lames doivent probablement cette propriété à une cristallisation confuse relativement à ce plan, elles sont toujours moins diaphanes que les lames régulièrement cristallisées. Pour éviter ce défaut, j'ai pris une de ces dernières lames très-diaphane et très-mince. Elle était tirée d'une belle feuille de mica, qui m'a été donnée par M. de Drée. Cette lame, sous l'incidence perpendiculaire, polarisait le blanc du premier ordre, et était d'une épaisseur parfaitement égale dans toutes ses parties, comme l'uniformité de sa teinte l'indiquait. Je l'ai coupée en deux, et j'ai croisé ces deux moitiés l'une sur l'autre. Par ce croisement je neutralisais les actions des axes situés dans le plan de ces lames; et, en effet, en exposant ce systême au rayon polarisé, sous l'incidence perpendiculaire, on pouvait le tourner sur son plan dans tous les azimuths, sans qu'il déviât aucunement les axes des particules lumineuses. Mais en inclinant ces deux petites lames, l'action du troisième axe perpendiculaire à leur plan se développait et faisait naître un rayon extraordinaire, dont les couleurs, partant d'abord du bleu de premier ordre, allaient continuellement en baissant dans l'ordre des anneaux. Ce nouveau systême de forces pouvait donc être substitué à la lame mince de mica sans axes que j'avais d'abord employée; et en effet, les phénomènes qui en résultèrent furent précisément les mêmes. Lorsque l'axe de la lame de chaux sulfatée se trouva dirigé dans le plan d'incidence, l'action répulsive de l'axe perpendiculaire des lames de mica fit monter les couleurs dans l'ordre des anneaux beaucoup plus rapidement et plus loin que si la première lame eût été seule. Le rayon extraordinaire arriva au zéro des teintes, le dépassa, et revint de nouveau au blanc du premier ordre. Au contraire, quand l'axe de la lame de chaux sulfatée fut devenu perpendiculaire au plan d'incidence, les couleurs descendirent dans l'ordre des anneaux, comme si le systême fût devenu plus épais; mais, de même que dans le cas précédent, les variations furent beaucoup plus étendues et plus rapides qu'elles ne l'étaient dans la lame de chaux sulfatée, lorsqu'on la présentait isolément au rayon polarisé.

Dans ces expériences, les lames de mica ne servaient plus que pour produire une force perpendiculaire au plan du systême. En conséquence, on devait pouvoir les remplacer par tout autre corps susceptible de produire une force ainsi dirigée, par exemple, par une plaque mince de cristal de roche, taillée perpendiculairement à l'axe. Je pris donc une pareille plaque; mais je la choisis assez mince pour que l'action des forces qui font tourner la lumière y fût tout à fait insensible, de sorte qu'elle n'altérait nullement la polarisation primitive des particules lumineuses, lorsqu'on l'exposait seule et sous l'incidence perpendiculaire au rayon polarisé. Mais en l'inclinant sur ce rayon, la force émanée de l'axe se développant par l'obliquité, produisait un rayon extraordinaire qui descendait continuellement dans la série des anneaux. Je posai cette petite lame sur la lame mince de chaux sulfatée dont j'ai parlé tout à l'heure, et successivement sur plusieurs autres; j'obtins encore des effets tout pareils à ceux des expériences précédentes, et à ceux qu'aurait produits une simple lame de mica cristallisée. En plaçant tour à tour dans le plan d'incidence l'axe de la lame de chaux sulfatée et la ligne perpendiculaire, et inclinant le système sur le rayon polarisé, il arriva que, pour l'une des deux positions, les couleurs descendirent constamment dans l'ordre des anneaux, comme si le systême était devenu plus épais, tandis que pour l'autre, elles commencèrent à monter comme s'il était devenu plus mince, jusqu'à ce qu'enfin elles arrivèrent au blanc du premier ordre et de là au noir, après quoi elles redescendirent de nouveau par les mêmes degrés.

Mais quelle était celle des deux lignes qui, par son inclinaison, devait déterminer chacun de ces mouvemens opposés? Pour le savoir, il faut se rappeler deux choses : la première, que lorsqu'on incline le systême, l'axe de la plaque de cristal de roche reste toujours dans le plan d'incidence; la seconde, que l'action de cet axe est tout à fait de même nature et de même signe que celle du premier axe de la chaux sulfatée, puisqu'il faut les croiser à angle droit pour les opposer l'un à l'autre, comme le prouvent les expériences des plaques épaisses, taillées parallèlement à l'axe. D'après cela, quand le premier axe de la lame de chaux sulfatée sera dirigé dans le plan d'incidence, son action s'ajoutera à celle de la plaque de cristal de roche; et si l'accroissement que cette dernière éprouve par l'inclinaison surpasse la diminution de l'autre, ce qui dépendra des rapports d'épaisseur des deux lames, les couleurs du rayon extraordinaire descendront dans l'ordre des anneaux comme si le systême devenait plus épais : c'est ce qui est arrivé dans l'expérience que j'ai faite.

Si, au contraire, l'axe de la lame de chaux sulfatée est dirigé perpendiculairement au plan d'incidence, il se trouve croisé à angles droits avec la section principale de la lame de cristal de roche, et la variation des teintes est égale à la différence des actions des deux lames qui composent le systême. Si donc l'action de la lame de cristal de roche augmente par l'inclinaison plus que celle de la lame de chaux sulfatée, ce qui est le cas de notre expérience, leur différence, dans cette position, diminue de plus en plus, jusqu'à devenir nulle et ensuite négative. Alors les teintes du rayon extraordinaire commenceront par monter dans l'ordre des anneaux comme si le systême devenait plus mince; elles arriveront au blanc du premier ordre, puis au noir, après quoi l'action de la lame de cristal de roche devenant prédominante, elles redescendront de nouveau par les mêmes degrés comme si le systême devenait de plus en plus épais.

On voit que la marche de ces phénomènes dépend du rapport qu'ont entre elles les épaisseurs des deux plaques que l'on combine. Si cette épaisseur était telle que l'action de la lame de chaux sulfatée variât par l'inclinaison, plus que celle de la lame de cristal de roche, celle-ci pourrait ralentir ou accélérer la marche progressive des teintes, mais elle ne pourrait pas l'intervertir. Pour réaliser cette considération, j'ai substitué à la lame mince de chaux sulfatée, le systême de deux plaques épaisses de cette substance, croisées l'une sur l'autre à angles droits. J'ai prouvé qu'un pareil systême exposé au rayon polarisé, sous l'incidence perpendiculaire, produit le même effet qu'une seule plaque égale à la différence des plaques superposées. Mais les variations d'intensités produites par les changemens d'inclinaison sur un pareil systême, sont beaucoup plus considérables, comme je l'ai fait voir dans la suite de mes recherches où j'ai donné le calcul et la mesure de leur étendue. Je devais donc m'attendre qu'en plaçant sur ces deux plaques la petite lame de cristal de roche, dont j'avais fait usage dans les expériences précédentes, l'accroissement de son action, causé par l'obliquité, ne suffirait pas pour compenser les variations occasionnées par la même cause dans les deux plaques croisées. Ce fut en effet ce qui arriva. Lorsque l'axe de la plaque la plus forte était dirigé dans le plan d'incidence, si l'on examinait le rayon extraordinaire donné seulement par les deux plaques, il montait dans l'ordre des anneaux, comme si ce systême fût devenu plus mince. Quand on regardait à travers la portion sur laquelle était placée la plaque mince de cristal de roche, les teintes de ce rayon montaient encore dans le même ordre, mais plus lentement. De même, quand on mettait dans le plan d'incidence l'axe de la plaque de chaux sulfatée la plus faible, les teintes du rayon extraordinaire donné par le systême des deux plaques épaisses descendaient dans l'ordre des anneaux; mais elles descendaient plus lentement dans la partie où la lame de cristal de roche agissait, parce que celle-ci, par son action croissante, retardait la diminution d'énergie éprouvée par la plaque que l'inclinaison affaiblissait.

Quand on forme ainsi des systêmes composés de lames superposées, il se produit entre elles des réflexions qui, en général, s'exercent inégalement sur les deux faisceaux donnés par les lames successives, parce que ces deux faisceaux sont polarisés dans des directions diverses, et se trouvent disposés d'une manière non symétrique relativement au plan de réflexion. Mais cette dissimilitude n'a pas lieu quand on incline le systême dans l'azimuth de 45°, parce qu'alors, dans les deux faisceaux émanés de chaque lame, les axes des molécules lumineuses forment des angles égaux avec la trace du plan d'incidence; ce qui fait que la condition de la réflexion est la même pour chacun de ces faisceaux. Il se réfléchit donc de chacun d'eux une proportion pareille, et par conséquent le rayon réfléchi est blanc, de sorte que l'intensité relative des teintes ordinaires et extraordinaires qui se transmettent, n'est point altérée. Cette égalité n'a plus lieu dans les autres azimuths, et l'on peut aisément s'en convaincre, puisque même à l'œil nu et sans prisme de spath d'Islande, la lumière qui a traversé obliquement un systême de lames ainsi superposées paraît colorée; ce qui ne saurait avoir lieu si la réflexion s'exerçait sur chaque faisceau de la même manière, proportionnellement à son intensité. Par conséquent, quand on emploie de pareils systêmes, si l'on veut étudier l'action qu'ils exercent, par réfraction seulement, sur la lumière incidente qui les traverse, il faut nécessairement les incliner dans l'azimuth de 45°, puisque dans tout autre, les phénomènes se trouvent compliqués par l'inégalité de la réflexion. Aussi n'ai-je cherché à imiter les phénomènes du mica que dans cet azimuth, et seulement pour l'ordre de la succession des teintes que le rayon extraordinaire présente sous diverses inclinaisons; car il est évident que les quantités absolues n'étant point très-petites, ne peuvent pas résulter également d'actions successives et d'actions simultanées.

Les expériences que je viens de rapporter montrent, par un exemple frappant, qu'en effet les phénomènes de polarisation produits par le mica, la chaux sulfatée et le cristal de roche, sont, comme je l'ai annoncé, susceptibles d'être ramenés à des forces attractives et répulsives agissant suivant les directions et d'après les lois que j'ai déterminées; car en développant ces forces par des sections convenables dans les corps qui les possèdent, et les combinant les unes avec les autres, conformément à ce que la théorie des oscillations indique, on peut reproduire artificiellement tous les phénomènes de polarisation que la nature nous présente dans chacun de ces corps en particulier; d'où il suit, qu'au lieu d'avoir à considérer ces phénomènes dans leurs détails, souvent compliqués et en apparence bizarres, il suffit désormais de considérer généralement des forces connues qui les produisent, ce qui est incomparablement plus simple.

Note sur une difficulté relative à l'intégration des équations aux différences partielles du premier ordre; par M. Poisson.

Mathématiques.

Lorsqu'on a une équation aux différences partielles du premier ordre, à trois variables et non linéaire par rapport aux différences, on fait dépendre son intégration de celle d'une autre équation linéaire et à quatre variables. L'intégrale de celle-ci renferme une fonction arbitraire de deux quantités, ce qui semblerait devoir en introduire une semblable dans l'intégrale de la proposée, laquelle ne doit cependant contenir qu'une fonction d'une seule quantité. Dans les leçons sur le calcul des fonctions (*), M. Lagrange dit que cette difficulté l'a long-temps tourmenté, et qu'il est enfin parvenu à la résoudre, en employant un changement de variables au moyen duquel il fait voir que la fonction double se réduit toujours à une fonction simple; mais cette méthode a l'inconvénient, ainsi que M. Lacroix l'a rémarqué dans la seconde édition de son Calcul intégral (**), de compliquer la forme générale de l'intégrale, qui se trouve alors représentée par le système de trois équations, tandis que dans chaque cas elle doit être exprimée par deux équations seulement. En suivant une marche différente, on parvient, d'une manière qui me semble plus directe, à lever complètement la difficulté dont nous parlons, ou plutôt à montrer qu'elle n'est qu'apparente, et l'on a en même temps l'avantage de conserver à l'intégrale la forme simple qu'elle doit avoir : c'est ce que je me propose de faire voir dans cette note.

Représentons l'équation proposée par

$$f(x, y, z, p, q) = 0; \quad (1)$$

p et q désignant les différences partielles de z par rapport à x et à y. On tirera de là la valeur de p pour la substituer dans

$$dz = p\,dx + q\,dy; \quad (2)$$

et l'on disposera de la quantité q, qui reste indéterminée, pour rendre intégrable cette valeur de dz. Or on sait que q devra alors être donnée par l'équation

$$\frac{dp}{dy} + \frac{dp}{dz} \cdot q - \frac{dq}{dx} - \frac{dq}{dz} \cdot p = 0, \quad (3)$$

(*) Journal de l'Ecole Polytechnique, douzième cahier, page 311.

(**) Tome II, page 555.

dans laquelle il faudra aussi substituer la valeur de p, et qui sera, en x, y, z et q, l'équation auxiliaire dont nous venons de parler.

L'intégrale de cette équation (3) dépend de trois équations différentielles ordinaires que nous n'aurons pas besoin d'écrire ; nous représenterons leurs intégrales complètes par

$$a = f_1(x, y, z, q), \quad b = f_2(x, y, z, q), \quad c = f_3(x, y, z, q); \quad (4)$$

a, b, c étant les constantes arbitraires : l'intégrale générale de l'équation (3) sera

$$a = \Pi(b, c); \quad (5)$$

Π désignant une fonction arbitraire.

Supposons l'une des équations (4), la première, par exemple, résolue par rapport à q; soit

$$q = \psi(x, y, z, a) \quad (6)$$

la valeur qu'on en tire; substituons-la dans les deux autres équations, ce qui donne des résultats de cette forme :

$$b = \psi_1(x, y, z, a), \quad c = \psi_2(x, y, z, a);$$

substituons ensuite ces valeurs de b et c dans l'équation (5), nous aurons

$$a = \Pi\Big(\psi_1(x, y, z, a), \psi_2(x, y, z, a)\Big); \quad (7)$$

et nous pouvons dire maintenant que la valeur la plus générale de q qui satisfasse à l'équation (3), et qui ait, par conséquent, la propriété de rendre intégrable l'équation (2), est exprimée par l'équation (6), en y considérant a comme une quantité donnée par l'équation (7).

Cela posé, la valeur de a sera, ou une quantité variable dépendante de la forme qu'on donnera à la fonction Π, ou une constante arbitraire quand on prendra pour cette fonction une semblable constante. Supposons d'abord que le second cas ait lieu ; concevons qu'on ait intégré l'équation (2), après y avoir substitué, à la place de p et q, leurs valeurs tirées des équations (1) et (6), et désignons son intégrale par

$$F(x, y, z, a) = k, \quad (8)$$

k étant la constante arbitraire. Si l'on veut présentement avoir l'intégrale de la même équation (2), dans l'hypothèse de a variable, il est évident qu'on peut encore supposer qu'elle soit représentée par l'équation (8), pourvu qu'on y regarde k comme une nouvelle variable, et qu'on détermine convenablement sa valeur, c'est-à-dire, de manière que la différentielle de l'équation (8) reste la même quand a et k sont constantes, et lorsque a et k sont devenues variables. Il faudra donc qu'on ait

$$\frac{d.F(x, y, z, a)}{da} d^a = dk; \quad (9)$$

or cette équation ne saurait subsister, à moins que le coefficient de da, dans le premier membre, ne soit une fonction de a et k sans x, y, z; ainsi Π_1 désignant une fonction arbitraire, il faudra que l'équation qu sert à déterminer a revienne à celle-ci :

$$\frac{d.\,F(x, y, z, a)}{da} = \Pi_1(a, k), \quad (7')$$

laquelle, par conséquent, devra être identique avec l'équation (7). Cela étant, on aura $dk = \Pi_1(a, k)\,da$; et de cette équation on tirera $k = \varphi a$, ce qui change les équations (8) et (9) en celles-ci :

$$F(x, y, z, a) = \varphi a, \quad \frac{d.\,F(x, y, z, a)}{da} = \frac{d.\,\varphi a}{da}, \quad (10)$$

qui représenteront l'intégrale générale de l'équation (2). Quant à l'équation (7), elle est maintenant superflue, car elle peut être remplacée par l'équation (7'), qui devient

$$\frac{d.\,\varphi a}{da} = \Pi_1(a, k) = \Pi_1(a, \varphi a),$$

et qui ne fait qu'établir une relation entre les deux fonctions arbitraires désignées par φ et Π_1, dont la seconde n'entre pas dans les équations (10).

Nous pouvons conclure de là :

1° Que l'intégrale générale de l'équation (2), ne contient qu'une fonction arbitraire d'une seule quantité, quoique la valeur de q soit donnée par une équation renfermant une fonction de deux quantités;

2° Que, pour l'obtenir, il suffit de connaître une intégrale particulière de l'équation (3), renfermant une simple constante arbitraire, c'est-à-dire une des trois équations (4); ce qui coïncide avec la méthode ordinaire.

On vérifiera sans peine tout ce qui précède, sur l'équation $z - pq = 0$, que M. Lagrange a prise pour exemple, et particulièrement l'identité des équations (7) et (7'), que nous avons démontrée d'une manière générale.

P.

Note sur l'Ours gris d'Amérique.

ZOOLOGIE.

Société Philomat.

M. Clinton, dans les notes ajoutées à son discours d'introduction lu devant la Société littéraire et philosophique de New-Yorck, en 1815, donne quelques observations assez intéressantes d'histoire naturelle, parmi lesquelles nous avons extrait cette note sur l'ours que les Américains nomment *ours grisâtre* (*grissley bear*), et dont nous avons eu l'occasion de voir l'année dernière en Angleterre une patte, qui nous a réellement étonné par sa grandeur.

L'ours blanc, brun ou grisâtre, dit M. Clinton, car il peut être de toutes ces couleurs, depuis le brun jusqu'au blanc presque pur, est d'une taille beaucoup plus considérable que l'ours commun (*). Un individu, tué dans l'expédition de Clarke et Lewis, pesait entre cinq et six cents livres au moins; il avait huit pieds sept pouces et demi du nez à l'extrémité du pied de derrière; la circonférence était de cinq pieds dix pouces à la poitrine, de trois pieds dix pouces au cou, et d'un pied onze pouces à la patte de devant; les ongles avaient quatre pouces trois quarts de long. On a trouvé, empreintes dans le sable ou dans la boue, des traces de ces animaux qui avaient onze pouces de long sur sept pouces un quart de large, sans compter les ongles. Dixon, chasseur indien, a assuré à un ami de M. Clinton avoir vu un individu de quatorze pieds de long. Le pied de devant, couvert de sa peau, que j'ai vu à Londres dans la collection de M. Bullock, paraît avoir appartenu à un individu qui était au moins de cette taille, et même d'une beaucoup plus grande, si l'on admet à la rigueur ce qu'en dit M. Bullock dans la description de son muséum, puisqu'il suppose qu'étendue pour saisir sa proie, cette patte couvrirait un espace de quatre pieds sur trois. Quoi qu'il en soit, l'ours argenté d'Amérique est en général plus haut et plus long que l'ours commun, son ventre est plus mince, sa tête plus grande et plus longue, ainsi que ses défenses ou dents canines. Il a cinq doigts à tous les pieds, comme toutes les espèces du genre, et les ongles qui les terminent sont beaucoup plus longs mais plus émoussés que dans l'ours commun. Sa queue est plus courte; son poil plus long, plus fin, plus abondant sur toutes les parties du corps, forme une grande touffe ou une sorte de crinière à la partie supérieure du cou. Les testicules pendent sous le ventre, chacun dans une poche séparée de deux à trois pouces, au lieu d'être, comme dans l'ours commun et les chiens, situés plus en arrière, entre les cuisses. Le foie, les poumons, le cœur, sont plus grands, même proportionnellement à sa taille, que dans l'espèce ordinaire.

Cette espèce est très-nombreuse au nord-ouest des établissemens américains, spécialement dans les vastes contrées d'où naissent les différentes sources du Missouri, au-delà du Mississipi; on en a même vu jusqu'à la rivière d'Hudson.

Cet ours est très-féroce, et essentiellement carnivore; il attaque l'homme partout où il l'aperçoit, et il est très-avide de sa chair; aussi

(*) Probablement sous ce nom on entend en Amérique, l'onrs noir.

est-il regardé comme le tyran des forêts de cette partie de l'Amérique. Les Indiens ne l'attaquent jamais que lorsqu'ils sont au moins sept à huit réunis; et lorsqu'ils vont à sa poursuite, ils se fardent, se peignent, et en général ont recours à toutes les cérémonies superstitieuses qu'ils emploient en cas de guerre avec une nation voisine. Ils disent que ces ours ont souvent tué les plus braves d'entre eux. On en a cependant vu quelques uns que des Indiens étaient parvenus à apprivoiser.

La ténacité à vivre de cette espèce paraît être étonnante; aucune blessure, si ce n'est à travers la tête ou le cœur, n'est mortelle, et souvent il s'en est échappé après avoir été blessés grièvement dans quelque autre partie du corps. Dans l'expédition de Clarke et Lewis, dont nous avons parlé plus haut, ils ont souvent attaqué les chasseurs, et le capitaine Lewis fut poursuivi lui-même par un de ces ours, et ne lui échappa qu'en se plongeant dans une rivière. Un de ses hommes en blessa un à travers les poumons; il n'en fut pas moins poursuivi par l'ours en fureur l'espace d'un mille, et il ne fut tiré du danger que par le capitaine et sept de ses gens qui suivirent l'animal à la piste de son sang, et qui le tuèrent. Il avait, avec ses griffes, préparé dans la terre une sorte de gîte de deux pieds de profondeur sur cinq de long, et était parfaitement vivant quand ils le trouvèrent, ce qui était au moins deux heures après avoir reçu la blessure. (Bas's Journ. Lewis et Clark Exped. an Missouri, vol. I.)

Le révérend John Hechwelder dit que les Indiens de la tribu *Mohican ont la tradition d'un animal appelé* le grand ours nu (*big naked bear*); ils le disent tout nu, excepté une touffe de poils blancs sur le dos; ils ajoutent qu'il est fort cruel, beaucoup plus gros et plus long que l'ours commun. Il paraît probable, comme le pense M. Clinton, que cet animal est le même que l'ours gris d'Amérique, dont nous venons de parler. C'est à tort que dans les Philosophiques Transactions Am. Soc. tom. VI, on l'a regardé comme l'*ursus arctos* de Linné, et que le docteur *Belknap* l'a représenté comme tel dans son Histoire du *New Hampshire.* Il est également probable que c'est de cette grande espèce d'ours que *Bossu* a parlé dans son Voyage à la *Louisiane,* en disant que dans ce pays il y a des ours blancs dont le poil est très-fin et moelleux, ce qui, comme l'a fait justement observer *Forster* dans les notes jointes à sa traduction du Voyage de Bossu, ne peut convenir à l'ours blanc polaire, dont le poil au contraire est dur comme des soies de cochon.

Il resterait à déterminer si cette grande espèce d'ours est particulière au continent de l'Amérique. D'après ce que dit Pennant, Arct. Zoology. vol. III, que dans le nord de la Tartarie il y a des ours terrestres entièrement blancs, qui parviennent à une très-haute taille; et que les ours argentés, que les Allemands nomment *silber baer,* à cause du mélange des poils blancs avec les poils noirs, ont été trouvés en Europe et dans l'Amérique septentrionale au 70° de latitude, on pourra être porté à penser que cette espèce est commune aux deux continens; c'est en effet l'opinion vers laquelle paraît pencher M. Clinton, mais il ne nous semble cependant pas, ainsi qu'à lui, que ce soit un problême tout-à-fait résolu.

Il en est peut-être de même de la question, beaucoup plus intéressante à éclaircir, savoir, si les ossemens d'animaux que M. Jefferson a fait connaître sous le nom générique de *great claw* ou de *Megalonyx,* ne proviendraient pas de cette grande espèce d'ours; on peut dire d'avance que ce doit être à peu près l'opinion de cet homme célèbre. En effet, d'après l'existence chez les nations sauvages de dessins grossiers représentant une espèce de lion, le rapport des anciens historiens de la colonie, qu'il existait dans ce pays une grande espèce de ce genre, et enfin, d'après le récit de voyageurs modernes, qui ont entendu pendant la nuit des rugissemens terribles qui effrayaient les chiens et les chevaux, M. Jefferson en avait conclu qu'il devait exister dans ces contrées un grand animal carnassier, et que par conséquent il serait possible que les os qu'il décrivait appartinssent à cette espèce. Or la découverte réelle et certaine de ce grand animal carnassier vivant, milite fortement pour l'opinion de M. Clinton, qui pense que les os décrits par M. Jefferson sous le nom de *Mégalonyx,* proviennent de cette grande espèce d'ours vivante, tout en avouant que pour que son hypothèse devînt une vérité, il faudrait une comparaison rigoureuse des squelettes. Nous avouerons également que, malgré la difficulté de la prouver, du moins, dans l'état actuel de nos connaissances, on pourra être porté à adopter cette opinion, en voyant :

1.° Que c'est dans les lieux où se trouve encore, et où devait se trouver beaucoup plus souvent anciennement l'ours argenté, c'est-à-dire, à l'ouest de la Virginie, qu'ont été également trouvés les cinq ou six os les seuls qu'on connaisse du Mégalonyx.

2.° Que ces ossemens ont été découverts dans des carrières calcaires très-nombreuses dans ce pays, assez analogues à celles où se sont trouvés en Allemagne les ossemens de l'ours des cavernes.

3.° Que la taille présumée de l'animal fossile et de l'animal vivant est à peu près la même.

4.° Que la forme et la grandeur des ongles se rapportent assez bien.

5.° Enfin on sera d'autant plus porté à l'admettre, que l'on sera plus convaincu que la connaissance des animaux quadrupèdes même, est loin d'être assez complète pour qu'on puisse regarder comme définitivement perdues d'autres espèces que celles dont on trouve les restes dans la masse même de pierres cristallisées, comme les *anoplotherium*, les *paleotherium*, etc.

Cependant, je le répète, la comparaison du squelette de l'ours argenté avec le peu que nous connaissons de celui du mégalonyx, est le seul moyen d'établir cette opinion d'une manière satisfaisante.

H. B. V.

Sur la déglutition de l'air atmosphérique; par M. MAGENDIE.

MÉDECINE.

Institut. octobre 1815.

M. MAGENDIE a présenté à la première classe de l'Institut un Mémoire contenant des expériences et des observations relatives à la déglutition de l'air atmosphérique; et voici les principaux résultats de ce travail:

1.° Les animaux, tels que les chiens, les chats, les lapins, les chevaux, etc., avalent de l'air en grande quantité quand ils éprouvent des nausées, quand ils vomissent, quand on leur injecte dans les veines des dissolutions aqueuses de sels métalliques, ou une dissolution alcoolique d'iode, enfin quand ils font des efforts musculaires considérables.

2.° Il est probable que l'homme avale aussi de l'air lorsqu'il ressent des nausées ou qu'il vomit.

3.° On rencontre plus communément qu'on ne l'a cru jusqu'ici, des personnes qui ont la faculté d'avaler volontairement de l'air, et d'en remplir leur estomac; chez les unes la présence de l'air dans ce viscère détermine le vomissement, chez d'autres seulement des nausées, chez plusieurs des douleurs très-fortes, d'autrefois l'air au contraire favorise la digestion.

4.° Le plus souvent, l'air qui a été introduit dans l'estomac sort au bout d'un certain temps de ce viscère, par le mécanisme de l'éructation; dans quelques cas, l'air passe par le pylore, parcourt toute la longueur du canal intestinal, et s'échappe par l'anus.

5.° En avalant volontairement de l'air, des individus ont pu simuler la maladie nommée *tympanite*, jusqu'au point de tromper des médecins instruits et attentifs.

6.° Chacun peut, en s'y exerçant, parvenir à avaler facilement de l'air.

7.° Dans plusieurs maladies, les malades avalent de l'air involontairement, et d'une manière convulsive. On voit distinctement ce phénomène morbide dans la tympanite hystérique, les affections vaporeuses, et les fièvres graves quand la salive devient épaisse et filante. Un des faits que rapporte M. Magendie a été observé par M. le professeur Hallé.

Nous ferons connaître le jugement que l'Institut portera sur ce Mémoire.

F. M.

Phénomènes de polarisation successive, observés dans des fluides homogènes; par M. Biot.

Institut.
23 octobre 1815.

Ayant entrepris depuis quelque temps une série de recherches qui exigeaient que je misse des lames cristallisées dans différens fluides, afin d'y faire pénétrer les rayons très-obliquement à leur surface, j'ai été conduit à la découverte d'un phénomène nouveau, d'autant plus remarquable, qu'il paraît tenir uniquement à l'action individuelle des particules des corps sur la lumière, sans aucun rapport quelconque avec leur état d'aggrégation.

Ce phénomène est analogue à celui que l'on observe dans les plaques de cristal de roche, quand on y transmet les rayons lumineux parallèlement à l'axe de cristallisation. Dans ce cas, la force qui produit la double réfraction et la polarisation régulière est devenue nulle, puisqu'elle émane de l'axe du cristal; mais on voit alors se développer d'autres forces, que les premières effaçaient quand elles étaient plus énergiques, et qui, devenant seules actives, modifient les molécules lumineuses d'une façon toute particulière. J'ai étudié, dans mon ouvrage sur la polarisation, les caractères propres à ce genre de forces: j'ai fait voir qu'au lieu de faire osciller les axes de polarisation des particules lumineuses comme les autres forces polarisantes, elles semblent leur imprimer autour de l'axe du cristal un mouvement de rotation continu, plus rapide pour les molécules violettes que pour les bleues, pour les bleues que pour les vertes, et ainsi de suite dans l'ordre inverse de la réfrangibilité. J'ai montré en outre que l'influence de ces forces ne déterminait point seulement des changemens de position dans les particules lumineuses, mais leur communiquait encore de véritables propriétés physiques, semblables à des aimantations permanentes dont la nature et l'intensité modifiaient les mouvemens qu'elles prenaient ensuite quand on leur faisait traverser d'autres cristaux. Par exemple, lorsqu'un rayon lumineux a été simplement polarisé par réflexion sur une glace, si on le transmet à travers un rhomboïde de spath d'Islande dont la section principale soit parallèle au plan de réflexion, il ne se divise point, et subit tout entier la réfraction ordinaire; mais pour peu que l'on détourne la section principale du cristal à droite ou à gauche, le rayon se divise, et il se forme aussitôt un faisceau extraordinaire dont l'intensité va croissant de plus en plus, à mesure que la section principale du cristal est plus déviée. Maintenant supposez que le rayon, ainsi polarisé, soit transmis à travers une plaque de cristal de roche perpendiculaire à l'axe, et dont l'épaisseur n'excède pas $3^{mm},5$; si on l'analyse de même avec un rhomboïde de spath d'Islande dont la section principale soit parallèle au plan de la polarisation primitive, on trouve qu'un certain nombre de molécules lumineuses ont perdu cette polarisation, mais que d'autres l'ont conservée; et, ce qui est le point capital, celles-ci la conservent encore quand on fait tourner le rhomboïde d'un angle plus ou moins considérable, et qui, par exemple, dans une plaque épaisse de 3m,478, va jusqu'à 80°. Pendant tout ce temps, le faisceau extraordinaire ne fait que s'affaiblir de plus en plus, en abandonnant ses molécules à la réfraction ordinaire, jusqu'à ce qu'enfin le rayon se trouve réfracté presque tout entier ordinairement lorsque la section principale a été tournée de 80°. Voilà des propriétés bien différentes de celles que possèdent les molécules polarisées par la seule réflexion.

Ces modifications, et beaucoup d'autres que j'ai constatées géométriquement dans mon ouvrage, forment autant de caractères par lesquels on peut reconnaître l'espèce particulière de forces dont elles sont l'effet. Or je viens de découvrir ainsi qu'elles existent encore dans une autre substance, je ne dis pas solide et cristallisée, ce qui semblerait fort simple, mais fluide, et d'une fluidité parfaite. Je veux parler de l'huile de térébenthine la plus pure.

L'appareil avec lequel j'ai fait pour la première fois cette observation est sous les yeux de la classe; c'est un tuyau d'environ trois centimètres de longueur, dont les deux bouts sont fermés par des plaques de verre, afin de contenir les divers fluides où je plongeais les lames cristallisées que je voulais étudier. Or, quand j'ai employé ainsi l'huile de térébenthine, je me suis aperçu que le rayon polarisé, transmis à travers l'appareil, présentait des traces à la vérité excessivement faibles, mais pourtant reconnaissables, de dépolarisation; le faisceau extraordinaire était d'un bleu sombre presque imperceptible. Alors, en faisant tourner de droite à gauche le prisme rhomboïdal achromatisé qui me sert pour analyser la lumière transmise, je trouvai que ce faisceau extraordinaire allait continuellemennt en diminuant d'intensité, sans changer de couleur, jusqu'à devenir sensiblement nul dans un azimuth d'environ douze degrés; et comme les molécules qui avaient subi primitivement la réfraction ordinaire n'avaient point cessé d'y céder dans cet intervalle, le rayon paraissait polarisé ordinairement tout entier dans cet azimuth. En tournant le rhomboïde davantage, il se formait de nouveau un rayon extraordinaire très-faible; mais au lieu d'être bleu, il était d'abord rouge-jaunâtre. Ces caractères, tout légers qu'ils étaient, étaient cependant précis, et montraient une identité parfaite entre ce genre de phénomènes et celui que présentent les plaques de cristal de roche perpendiculaires à l'axe. Or je savais que dans ces dernières le développement des couleurs augmente à mesure qu'elles deviennent plus épaisses, et que l'amplitude du minimum du faisceau extraordinaire est proportionnelle à leur épaisseur. Je n'hésiterai donc pas à conclure que l'accroissement d'épaisseur dans la masse de térébenthine aurait des conséquences analogues. M. Fortin voulut bien me construire très-promptement un autre appareil, long de seize centimètres; et l'ayant rempli d'huile de térébenthine bien pure, je vis en effet se développer les plus belles couleurs quand je le fis traverser par un rayon polarisé. La nature des teintes dans chaque azimuth, leur marche et les lois de leur succession, furent identiquement les mêmes que celles que j'ai décrites dans les Mémoires de l'Institut pour 1812, page 226, et qui étaient produites par un plaque de cristal de roche de 2m,094, d'où l'on voit que cette action, dans l'huile de térébenthine, est environ quatre-vingt fois plus faible que dans le cristal. Voici, je crois, le premier exemple de phénomènes de polarisation successive produits dans l'intérieur d'un fluide parfaitement homogène, où l'on ne peut supposer aucun arrangement régulier de particules. Aussi avons-nous vu, par l'exemple du cristal de roche, que les forces qui le produisent sont distinctes de celles que développe la cristallisation.

Il n'en est pas de même des phénomènes de polarisation qui dépendent des forces attractives ou répulsives émanées d'un axe: celles-là ne peuvent point exister dans un liquide. Aussi, en enfermant de l'huile de térébenthine dans un prisme de verre creux, d'un angle réfringent considérable, mais dont l'épaisseur n'excédait guère un centimètre, non seulement je n'y ai point observé de double réfraction, mais, à cause de la petitesse de l'épaisseur, je n'y ai plus aperçu de vestiges sensibles de dépolarisation. Je me propose d'essayer si d'autres fluides présenteront des propriétés analogues. Dès à présent je sais que l'eau, l'huile de poisson, l'ammoniaque, n'en offrent point de traces sensibles à des épaisseurs même beaucoup plus considérables que celle où la térébenthine les fait voir complètement. I. B.

Depuis la lecture de cette note, j'ai trouvé d'autres liquides qui jouissent de propriétés analogues. L'huile essentielle de laurier fait tourner la lumière de droite à gauche comme la térébenthine. L'huile essentielle de citron, au contraire, et la dissolution de camphre dans l'alcool, la font tourner de gauche à droite. Ainsi l'on retrouve dans ces fluides l'opposition que j'ai depuis long-temps reconnue entre les actions de ce genre dans des plaques de cristal de roche tout à fait semblables par les caractères extérieurs. Si l'on prend deux liquides qui fassent ainsi tourner la lumière en sens contraire, qu'on évalue par l'expérience l'intensité absolue de leur action individuelle, et qu'on les mêle dans des rapports de volume inverses de ces intensités, on produit des mélanges neutres. On obtient ce résultat, par exemple, en mêlant une partie, en volume, d'huile de térébenthine pure, avec trois parties de dissolution de camphre dans l'alcool à 40°. Mais il faut élever la température de l'appareil, parce que ce mélange n'est transparent que lorsqu'il est chaud. Le camphre seul, dissous à froid dans l'huile de térébenthine, diminue sa force rotatoire, mais il ne s'y dissout pas alors en quantité suffisante pour la neutraliser. J'ai lu ces résultats à l'Institut le 30 octobre.

I. B.

Note sur l'existence des nerfs olfactifs dans le dauphin, et, par analogie, dans les autres cétacés; par M. H. DE BLAINVILLE.

ANATOMIE.

Société Philomat. Juillet 1813.

DANS le dernier Mémoire que M. de Blainville lut à la Société, sur la nourriture des oiseaux-mouches préjugée de la forme de leur langue, il eut l'occasion de faire observer qu'autant l'analogie bien maniée est un moyen bon et sûr qui conduit à la vérité, autant au contraire elle nous entraîne de plus en plus dans de graves erreurs, pour peu que le point de départ ne soit pas bien raisonné. Il en donna un exemple frappant pris chez les oiseaux-mouches, en faisant voir comment d'un fait mal observé on s'est égaré de plus en plus, au point qu'après avoir conclu de la nourriture supposée de ces oiseaux à une structure particulière de leur langue, on est venu, quand on a élevé des doutes sur celle-là, à donner pour preuve le *cui bono* de la forme de celle-ci, qui était cependant également supposée. La note actuelle offre un exemple tout à fait contraire, c'est-à-dire que l'analogie aurait dû faire conclure qu'il ne se pouvait pas que les nerfs olfactifs fussent entièrement nuls dans les cétacés. En effet l'anatomie exacte de la très-grande partie des mammifères n'offre pas, à ce qu'il semble, l'exemple d'un organe important qui ait disparu entièrement, et qui n'ait été conservé au moins en rudiment.

Ainsi l'existence des dents considérées comme elles doivent l'être, c'est-à-dire comme de véritables poils, se trouve commune à tous les mammifères. En effet, M. Geoffroy a démontré les rudimens de ces organes dans la mâchoire inférieure d'un fœtus de baleine, et les supérieures sont remplacées par les fanons, ce qui permet de présumer qu'elles se retrouvent aussi dans tous les animaux plus ou moins édentés.

Le nombre des extrémités, ou mieux des appendices, qu'on nomme membres, paraît aussi être constant dans ce premier groupe des animaux vertébrés : du moins le dauphin et le marsouin ont-ils bien certainement des rudimens de bassin dans un petit os suspendu dans les chairs, et qui doit être regardé, suivant M. de Blainville, comme l'analogue de l'os ischion. A plus forte raison doit-on retrouver un os pareil dans les lamantins, qui sont encore moins descendus vers la conformation des poissons (*).

L'existence du poil qui est propre aux mammifères, du moins dans les animaux vertébrés, semble aussi devoir être regardée comme un caractère distinctif de cette classe, et par conséquent leur être commun. Ainsi dans les *Tatous*, les *Pangolins*, etc., on en trouve d'é-

(*) Cela est certain pour le lamantin de Steller, d'après la description que ce naturaliste en a donnée dans les Mémoires de l'académie de S.-Pétersbourg.

videns, qui sortent des intervalles de leurs bandes ou de leurs écailles. Dans les animaux qui vivent dans l'eau, il devient court et très-serré, comme dans le *phoque*, le *morse*, etc. Dans le lamantin ordinaire, et dans celui de Steller, il y en a encore autour de la bouche, et qui même semblent jusqu'à un certain point servir de dents incisives pour arracher probablement l'herbe dont ces animaux se nourrissent. (**) Quant au reste du corps, il paraît, d'après l'observation de Steller, que les poils sont si serrés entre eux, qu'ils forment une enveloppe épidermoïde toute particulière, et il semble qu'il en est tout à fait de même dans les dauphins. Depuis que cette note a été lue à la Société, M. de Blainville a eu l'occasion de voir en Angleterre, dans la célèbre collection de Hunter, un morceau de peau de baleine sur laquelle était fixée une *coronule*, nommée vulgairement *pou de baleine*. Au dessous de son attache le derme était couvert d'un très-grand nombre de filets perpendiculaires fort longs, blancs, et qui, sans presque aucun doute, doivent être regardés comme les poils non agglutinés, non réunis.

Mais c'est surtout dans les organes des sens et leur composition générale qu'il y a une fixité remarquable parmi les mammifères, malgré les habitudes particulières de certaines espèces qui semblaient, pour ainsi dire, en demander la suppression. Ainsi, chez les animaux qui vivent toujours sous terre ou dans des lieux où la lumière ne pénètre pas, l'organe de la vue, quoique entièrement inutile, se compose de toutes les parties qui se trouvent dans l'œil de ceux qui sont le mieux organisés sous ce rapport; mais toutes sont rudimentaires, et la peau, qui en s'amincissant et se repliant devant l'organe devait former les paupières et la conjonctive, est aussi épaisse, aussi fournie de poils, que dans aucune autre partie du corps. C'est ce qu'on voit dans le zemni ou *mus typhlus*, etc.

Il en est de même de la conque ou appareil auditif externe, la seule partie de l'organe de l'ouïe qui soit susceptible d'être oblitérée. Chez les animaux qui étaient appelés à vivre dans un milieu plus dense que l'air, comme l'eau et la terre, les vibrations du corps sonore leur pouvant être transmises par contiguité immédiate, la conque auditive et le canal auditif externe se sont de plus en plus oblitérés; mais toujours il en reste un rudiment, surtout de ce dernier organe.

L'analogie n'aurait donc pas dû permettre de douter qu'il en devait être de même de l'organe de l'odorat dans le cas où un animal serait destiné à vivre dans un milieu où cette fonction ne pourrait avoir lieu, ou dont le siége ordinaire serait employé à un tout autre usage.

(**) Les dents incisives existent cependant dans le très-jeune lamantin ordinaire, comme M. de Blainville croit l'avoir vu le premier; elles sont au nombre de deux à chaque mâchoire, et sont très-petites.

C'est cependant ce qu'on n'a pas fait pour les cétacés. Présumant de la nécessité que ces animaux ont de rejeter l'eau par les narines, modifiées pour l'appareil mécanique de la respiration, à ce qu'il semble à M. de Blainville, et non pas pour la déglutition des alimens, que leur membrane pituitaire ne pourrait plus être assez molle, assez spongieuse, pour permettre l'odoration, on s'est laissé conduire à cette conclusion, que l'organe n'existant pas, ou du moins à l'endroit où il devait être, le nerf qui devait l'animer ne pouvait pas non plus exister. En effet, les meilleurs et les plus modernes anatomistes admettent unanimement, à ce qu'il semble, que les nerfs olfactifs n'existent pas dans les cétacés. Non seulement l'analogie, comme M. de Blainville vient de le faire observer, est contre cette opinion, mais bien plus l'observation directe anatomique; c'est ce dont il s'est assuré avec M. Jacobson, son ami, sur un jeune dauphin de deux pieds et demi de long au plus. Il a vu très-distinctement ces nerfs à leur place ordinaire, sous les lobes antérieurs du cerveau, naissant par deux racines, mais d'une ténuité telle, qu'il fallait, pour ainsi dire, une volonté expresse pour les découvrir. M. de Blainville pense aussi avoir trouvé, du moins en partie, les véritables cavités nazales qui ont été séparées et rejetées sur les côtés de la face, mais il se réserve d'en faire part à la Société, avec d'autres points non moins curieux de l'anatomie du dauphin, quand il aura pu les confirmer sur d'autres individus.

Il termine cette note en faisant remarquer qu'il semble que plus un animal mammifère a été disposé par la nature à faire un long séjour sous l'eau, plus les nerfs olfactifs ont diminué de volume, ce qui semblerait conduire à conclure, avec M. Duméril, que l'organe qu'on a jusqu'ici regardé comme celui de l'odorat dans les poissons, ne peut être le siége de l'odoration proprement dite, c'est-à-dire la sensation d'un corps dissous dans un fluide gazeux. Il restera maintenant à déterminer si c'est réellement le sens du goût qui a pris sa place, comme le veut M. Duméril, ou si ce ne serait pas une sorte de démembrement de l'odorat plus ou moins analogue à l'organe de M. Jacobson; mais c'est ce qui sera peut-être toujours impossible, l'homme ne pouvant juger des sensations des autres animaux que par analogie avec ce qu'il éprouve au moyen d'un organe identique, et dans les mêmes circonstances, et l'identité de l'organe n'étant rien moins que prouvée, et ne pouvant, même par expérience, se mettre dans la circonstance où sont naturellement les animaux aquatiques.

Une autre petite découverte anatomique à laquelle M. de Blainville a été conduit encore par l'analogie, est celle de l'existence de deux ovaires dans les oiseaux, qu'il a annoncée depuis long-temps dans ses cours, et spécialement dans celui qu'il fit pour M. Cuvier, au collége de France, en 1811, sur les bases que l'anatomie comparée fournit à la zoologie.

H. B. V.

Démonstration générale du théorême de Fermat sur les nombres polygones; par A. L. Cauchy, *Ingénieur des ponts et chaussées.*

Mathématiques.

Institut. Novembre 1815.

Le théorême dont il s'agit consiste en ce que tout nombre entier peut être formé par l'addition de trois triangulaires, de quatre quarrés, de cinq pentagones, de six hexagones, et ainsi de suite. Les deux premières parties de ce théorême, savoir, que tout nombre entier est la somme de trois triangulaires et de quatre quarrés, sont les seules qui aient été démontrées jusqu'à présent; ainsi qu'on peut le voir dans la *Théorie des nombres* de M. Legendre, et dans l'ouvrage de M. Gauss, qui a pour titre *Disquisitiones arithmeticæ*. J'établis dans le Mémoire que j'ai donné à ce sujet la démonstration de toutes les autres; et je fais voir en outre que la décomposition d'un nombre entier en cinq pentagones, six hexagones, sept heptagones, etc., peut toujours être effectuée de manière que les divers nombres polygones en question, à l'exception de quatre, soient égaux à zéro ou à l'unité. On peut donc énoncer en général le théorême suivant :

Tout nombre entier est égal à la somme de quatre pentagones, ou à une semblable somme augmentée d'une unité; à la somme de quatre hexagones, ou à une semblable somme augmentée d'une ou de deux unités; à la somme de quatre heptagones, ou à une semblable somme augmentée d'une, de deux ou de trois unités, et ainsi de suite.

La démonstration de ce théorême est fondée sur la solution du problême suivant :

Décomposer un nombre entier donné en quatre quarrés dont les racines fassent une somme donnée.

Je réduis ce dernier problême à la décomposition d'un nombre entier donné en trois quarrés, en faisant voir que, si un nombre entier est décomposable en quatre quarrés dont les racines fassent une somme donnée, le quadruple de ce nombre est décomposable en trois quarrés dont l'un a pour racine la somme dont il s'agit. Il est aisé d'en conclure que le problême proposé ne peut être résolu que dans le cas où le quarré de la somme donnée est inférieur au quadruple de l'entier que l'on considère, et où la différence de ces deux nombres est décomposable en trois quarrés; ce qui a lieu exclusivement, lorsque cette différence, divisée par la plus haute puissance de 4 qui s'y trouve contenue, n'est pas un nombre impair dont la division par 8 donne 7 pour reste. Si aux deux conditions précédentes on ajoute celle que le nombre entier et la somme donnée soient de même espèce, c'est-à-dire, tous deux pairs ou tous deux impairs; on aura trois conditions qui devront être remplies pour qu'on puisse résoudre le problême dont il s'agit. Mais on ne doit pas en conclure que la solution soit possible toutes les fois qu'on pourra satisfaire à ces mêmes conditions. Pour qu'on soit assuré d'obtenir une solution, il faut en outre, et il suffit, que la somme donnée soit supérieure, ou égale, ou inférieure au plus d'une unité, à une certaine limite dont le quarré augmenté de deux équivaut au triple du nombre donné.

En appliquant ces principes aux nombres impairs ou impairement pairs, on reconnaît facilement que tout nombre entier impair, ou divisible une fois seulement par 2, peut être décomposé en quatre quarrés, de manière que la somme des racines soit un quelconque des nombres de même espèce compris entre deux limites dont les quarrés soient respectivement le triple et le quadruple du nombre donné.

On démontre avec la même facilité que tout nombre entier peut toujours être décomposé en quatre quarrés de manière que la somme soit comprise entre les deux limites qu'on vient d'énoncer. On doit seulement excepter parmi les nombres impairs les suivans

1, 5, 9, 11, 17, 19, 29, 41;

et, parmi les nombres pairs, tous ceux qui, divisés par une puissance impaire de 2, donnent pour quotient un des nombres premiers

1, 3, 7, 11, 17.

A l'aide de ces propositions et de quelques autres semblables, on parvient sans peine, non seulement à prouver que tout nombre entier est décomposable en cinq pentagones, six hexagones, etc.; mais encore à effectuer cette décomposition de telle sorte, que les nombres composans soient tous, à l'exception de quatre, égaux à zéro ou à l'unité.

Experiments, etc.; c'est-à-dire, *Expériences pour déterminer l'influence de la moelle épinière sur l'action du cœur dans les poissons; par* William CLIFT.

Transact. philosop. an 1815.

L'AUTEUR conclut des expériences qu'il rapporte dans son Mémoire:

1.° Que les muscles du corps d'une carpe, quatre heures après que le cerveau et le cœur ont été enlevés, peuvent présenter une contraction énergique.

2.° Ces muscles perdent toute faculté d'agir dès l'instant que la moelle épinière est détruite.

3.° Lorsque l'eau pénètre jusque dans la cavité du péricarde, et que le poisson est libre dans l'eau, l'action du cœur cesse plus tôt que lorsque cet organe est exposé à l'air et le poisson tenu immobile.

4.° Que si le cœur est exposé ou non au contact de l'air ou de l'eau, son action continue long-temps après que la moelle épinière et le cerveau sont détruits, et encore plus long-temps quand le cerveau est enlevé sans que sa substance soit lacérée.

5.° Que l'action du cœur est un peu accélérée pendant quelques battemens, par *l'exposition* de cet organe, par celle du cerveau, la blessure du cerveau, par la destruction de la moelle épinière quand elle est encore unie au cerveau, par la section de la moelle près du cerveau; l'enlèvement du cerveau en entier ne produit aucun effet sensible sur l'action du cœur; la destruction de la moelle épinière, après qu'elle a été séparée du cerveau, ralentit l'action du cœur pendant quelques battemens. F. M.

Experiments, etc.; c'est-à-dire, *Expériences faites dans la vue de déterminer le principe d'où dépend l'action du cœur, et les relations qui existent entre cet organe et le système nerveux; par* Wilson PHILIP.

Transact. philosoph. an 1815.

DES expériences contenues dans ce Mémoire, l'auteur déduit les conséquences suivantes:

1.° Que les muscles du mouvement volontaire obéissent aux mêmes lois que ceux du mouvement involontaire.

2.° Que la différence apparente dans la nature de ces muscles, dépend de ce qu'ils sont sous l'influence de stimulans différens.

3.° Que les uns et les autres sont susceptibles d'être stimulés par le système nerveux.

4.° Que la force des deux espèces de muscles est indépendante du système nerveux.

5.° Ce qu'on appelle système nerveux est formé de deux parties distinctes; l'existence de l'une n'est pas immédiatement dépendante de l'existence de l'autre; l'une exerce les fonctions sensoriales, l'autre transmet les impressions au sensorium et les déterminations de celui-ci, et sans donner aucune force au système musculaire, agit sur lui comme stimulus.

6.° Il y a donc dans les animaux les plus parfaits une combinaison de trois pouvoirs (*powers*) vitaux distincts, mais ne dépendant pas immédiatement les uns des autres, le musculaire, le nerveux proprement dit, et le sensorial.

7.° Que le système musculaire, quoique indépendant du système nerveux, en est cependant tellement influencé, que sa force peut être détruite par l'influence du système nerveux.

8.° Que les systêmes musculaire et nerveux, quoique indépendans du système sensorial, sont cependant tellement influencé par celui-ci, que leur action peut être détruite.

9.° Quoique la vie musculaire existe seule dans les animaux moins parfaits, et qu'on trouve aussi la vie musculaire et nerveuse existant sans la vie sensoriale, elles sont cependant si intimement unies dans les animaux les plus parfaits, qu'elles ne peuvent subsister long-temps d'une manière indépendante.

10.° Que la nutrition, la circulation et la respiration sont leurs moyens d'union (*).

(*) Ce Mémoire, dont les conclusions ne sont pas plus intelligibles en anglais qu'en français, contient un grand nombre d'expériences, dont quelques unes sont opposées à celles de Legallois. Je m'occupe en ce moment de les répéter; je publierai, quel qu'il soit, le résultat auquel j'arriverai.

F. M.

TABLE DES MATIÈRES.

HISTOIRE NATURELLE.

ZOOLOGIE.

BOTANIQUE ET PHYSIOLOGIE VÉGÉTALE.

MINÉRALOGIE ET GÉOLOGIE.

CHIMIE.

PHYSIQUE ET ASTRONOMIE.

MATHÉMATIQUES.

ANATOMIE ET PHYSIOLOGIE.

MÉDECINE ET SCIENCES QUI EN DÉPENDENT.

Fin de la Table des matières.

ERRATA.

Pages 18, ligne 2; située, lisez situé.
id. ligne 35, l'inégalité, *lisez* l'irrégularité.
19, ligne 17, ces, *lisez* ses.
22, ligne 22, placée, *lisez* placé.
id. ligne 31, Drosua, *lisez* Drosera.
Pages 22, ligne 38, Drosua, *lisez* Drosera.
37, ligne 12, tronc, *lisez* bout.
41, ligne 36, au-dessus, *lisez* au-dessous.
id. ligne 39, au-dessus, *lisez* au-dessous.

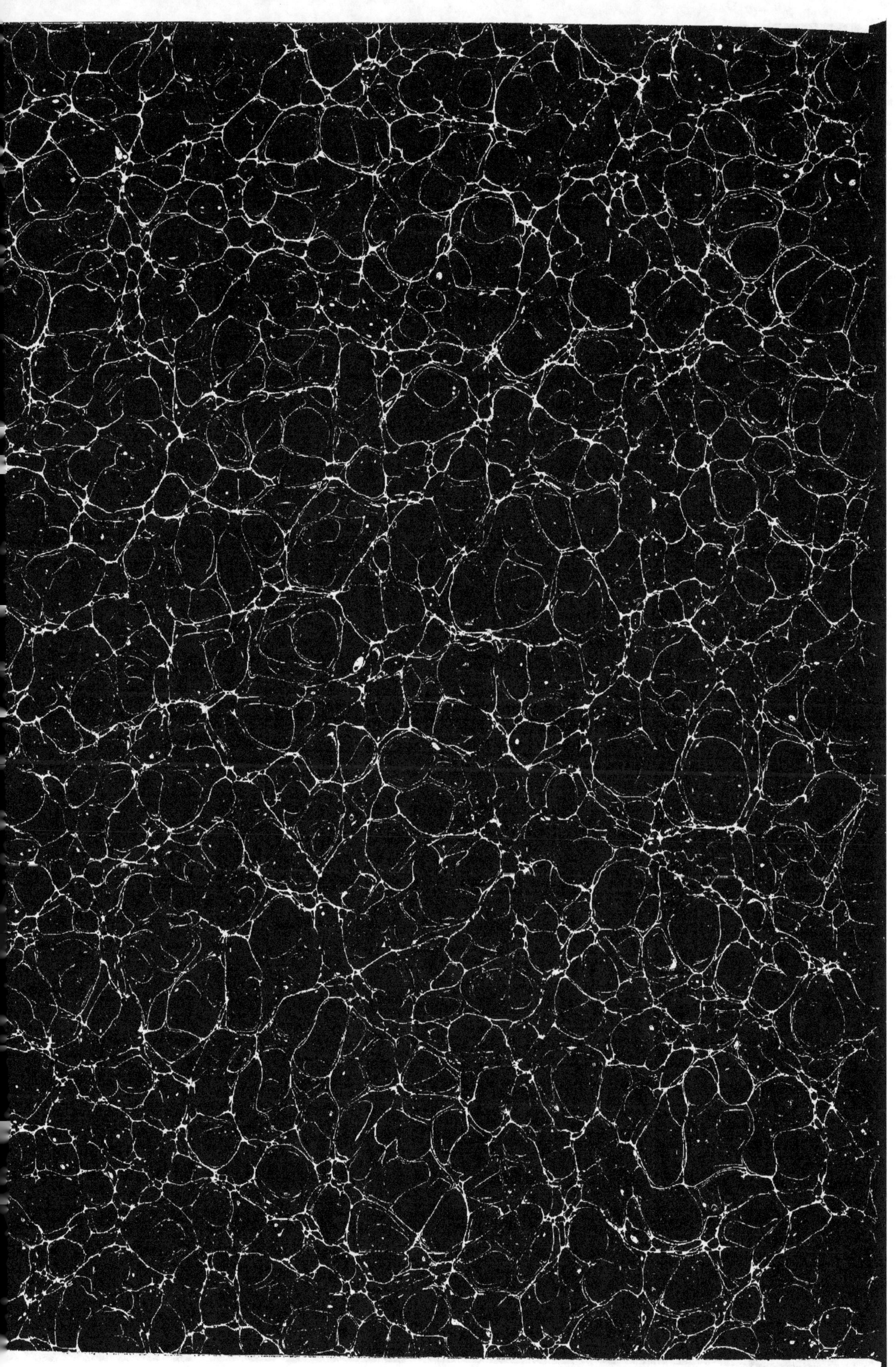

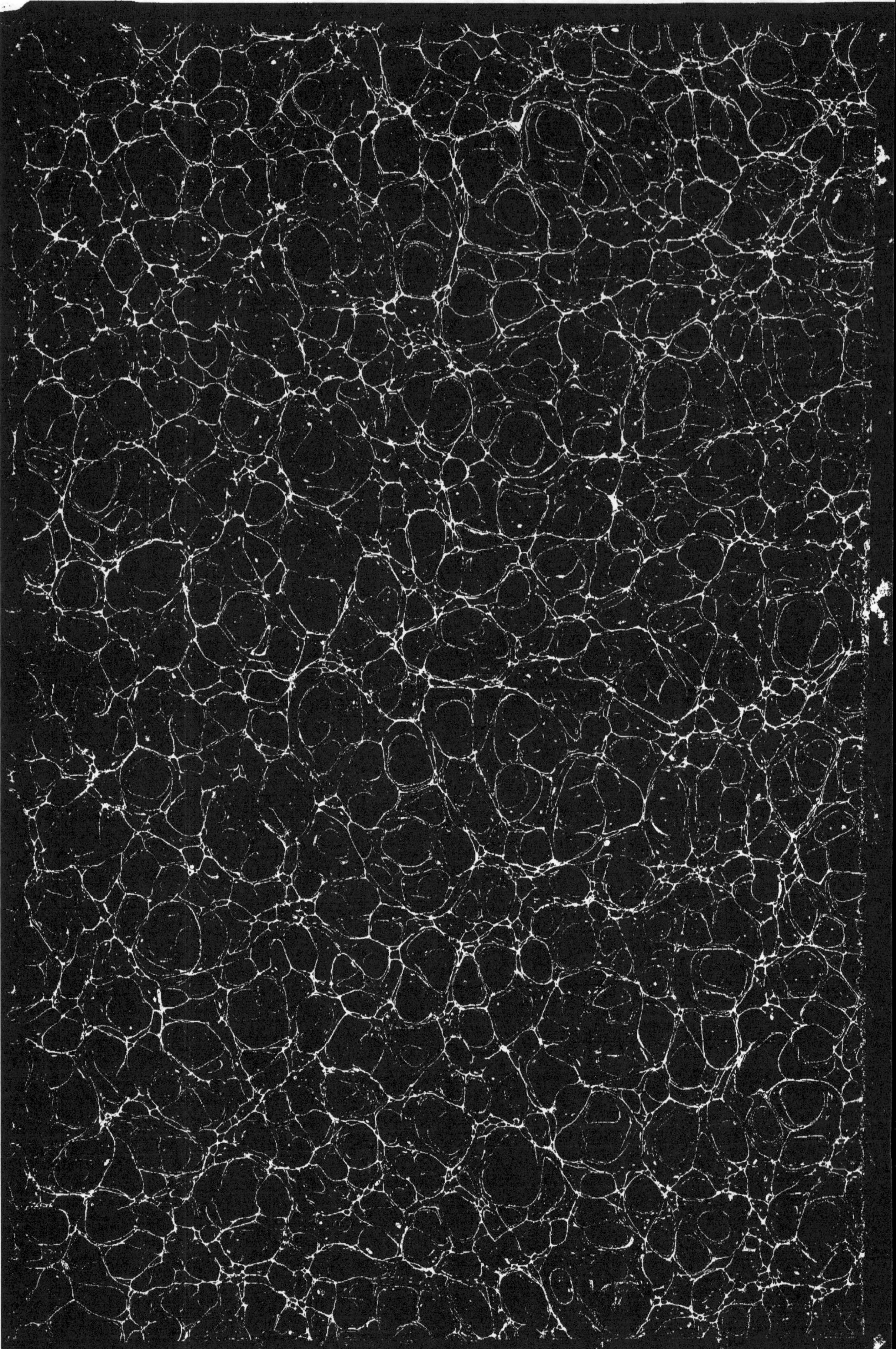

BULLETIN
ES SCIENCES
1813-1815

www.ingramcontent.com/pod-product-compliance
Lightning Source LLC
LaVergne TN
LVHW080957230826
846092LV00006B/1056
* 9 7 8 2 3 2 9 7 0 1 4 6 2 *